分子探秘

分子探秘

影响日常生活的奇妙物质

[英] 约翰·埃姆斯利　著

刘晓峰　译

世纪出版集团　上海科技教育出版社

出版说明

自中西文明发生碰撞以来，百余年的中国现代文化建设即无可避免地担负起双重使命。梳理和探究西方文明的根源及脉络，已成为我们理解并提升自身要义的借镜，整理和传承中国文明的传统，更是我们实现并弘扬自身价值的根本。此二者的交汇，乃是塑造现代中国之精神品格的必由进路。世纪出版集团倾力编辑世纪人文系列丛书之宗旨亦在于此。

世纪人文系列丛书包涵“世纪文库”、“世纪前沿”、“袖珍经典”、“大学经典”及“开放人文”五个界面，各成系列，相得益彰。

“厘清西方思想脉络，更新中国学术传统”，为“世纪文库”之编辑指针。文库分为中西两大书系。中学书系由清末民初开始，全面整理中国近现代以来的学术著作，以期为今人反思现代中国的社会和精神处境铺建思考的进阶；西学书系旨在从西方文明的整体进程出发，系统译介自古希腊罗马以降的经典文献，借此展现西方思想传统的生发流变过程，从而为我们返回现代中国之核心问题奠定坚实的文本基础。与之呼应，“世纪前沿”着重关注二战以来全球范围内学术思想的重要论题与最新进展，展示各学科领域的新近成果和当代文化思潮演化的各种向度。“袖珍经典”则以相对简约的形式，收录名家大师们在体裁和风格上独具特色的经典作品，阐幽发微，意趣兼得。

遵循现代人文教育和公民教育的理念，秉承“通达民情，化育人心”的中国传统教育精神，“大学经典”依据中西文明传统的知识谱系及其价值内涵，将人类历史上具有人文内涵的经典作品编辑成为大学教育的基础读本，应时代所需，顺时势所趋，为塑造现代中国人的人文素养、公民意识和国家精神倾力尽心。“开放人文”旨在提供全景式的人文阅读平台，从文学、历史、艺术、科学等多个面向调动读者的阅读愉悦，寓学于乐，寓乐于心，为广大读者陶冶心性，培植情操。

“大学之道，在明明德，在新民，在止于至善”（《大学》）。温古知今，止于至善，是人类得以理解生命价值的人文情怀，亦是文明得以传承和发展的精神契机。欲实现中华民族的伟大复兴，必先培育中华民族的文化精神；由此，我们深知现代中国出版人的职责所在，以我之不懈努力，做一代又一代中国人的文化脊梁。

上海世纪出版集团

世纪人文系列丛书编辑委员会

2005年1月

分子探秘

目录

对本书的评价

欢迎大家跟随约翰·埃姆斯利进行一次独特而又内容丰富的游览，你将会看到大自然创造的各种分子杰作。化学世界还从未像这本非凡的著作中描绘得那样生动有趣。

——罗阿尔·霍夫曼(Roald Hoffmann)，

康奈尔大学，1981年诺贝尔化学奖获得者

约翰·埃姆斯利是化学卢浮宫里最棒的导游：他有让你永远不知满足的本事。

——卡尔·杰拉西(Carl Djerassi)，

斯坦福大学

无论读者有无化学背景，都能阅读本书并乐在其中。

——《自然》杂志

优秀科普作品的典范。融教育性、趣味性于一体，具启发性，将获得极大的读者群。

——《泰晤士报教育专刊》

十分有趣，非常值得一读。

——《新科学家》

内容提要

巧克力中的哪种成分能使人们觉得它好吃？哪种天然药物可以保护心脏？哪种分子可以让男性兴奋？可口可乐配方的秘密是什么？这些问题以及其他许多令人感兴趣的问题都能在本书中找到答案。这本由英国著名科学作家约翰·埃姆斯利撰写的科普名著，为我们描绘了影响人们日常生活方方面面的分子。全书按照展览馆的形式组织，作者收集的展品涉及范围很广。例如，里面就有硒这种能够预防心脏病和癌症、人体也必不可少的元素的展位，但你知道哪些食物里含有硒呢？这里展出的还有能够保护胎儿的叶酸，以及一旦缺乏就会给早产儿带来严重问题的花生四烯酸。这里有专为家庭、环境和能使我们生活得更轻松的物质设计的展馆。在“恶毒的分子”展馆中，展出了一些对人体有害甚至会致命的分子。

本书是一本通往已成为现代生活一个重要组成部分的神秘分子世界的指南，作者用人人都能够理解的方式进行了讲解。全书共设8个展馆，你可以根据自己的喜好随便参观。每个展馆中都有10个左右的展位，对每种展品的来龙去脉、奇闻轶事以及令人称奇的科学道理作了详尽的说明。

作 者 简 介

约翰·埃姆斯利(John Emsley)，在伦敦大学讲授了25年的化学，曾发表过100多篇学术论文。现为剑桥大学化学系常驻科学作家。埃姆斯利博士为《独立报》(*The Independent*)撰写的“每月分子谈”专栏从1990年一直延续到1996年，使化学怎样影响日常生活的方方面面变得家喻户晓。1993年，他以其杰出的科学著作荣获Glaxo奖。1994年，又因科学传播工作荣获化学工业联合会主席奖。约翰·埃姆斯利受到高度评价的《消费者化学制品指南》(*The Consumer's Good Chemical Guide*)一书于1995年荣获了罗恩—普朗科学图书奖。

致　谢

在撰写本书的过程中，我曾查阅过大量资料，并同许多人交谈过。为了找到这些资料，我常求助于伦敦Novartis基金会的媒体资源服务系统（MRS），该基金会是由兰利（Chris Langley）、伊曼斯（Jan Pieter Emans）和利明（Janice Leeming）管理的。

我所做的大部分工作都是由报刊编辑们委托的，其中有些人还成了我真正的朋友。他们包括克拉克（Tim Clark）、法菲尔德（Dick Fifield）、胡克（Victoria Hook）、柯比（Ron Kirby）、金（Chris King）、彭德伯利（David Pendlebury）、奥德里斯科尔（Cath O'Driscoll）、雷德福（Tim Radford）、理查森（Karen Richardson）、罗森（Gill Rosson）、史蒂文森（Rick Stevenson）和威尔基（Tom Wilkie）。

我在帝国学院化学系现在和过去的同事们，特别是托尼·贝雷特（Tony Barrett）、杰克·贝雷特（Jack Barrett）、克雷格（Don Craig）、吉布森（Sue Gibson）、格里菲斯（Bill Griffith）、琼斯（Tim Jones）、利（Steve Ley）、菲利普斯（David Phillips）、朗布尔斯（Garry Rumbles）

和已故的威尔金森(Geoffrey Wilkinson)，他们给予我的精神上的支持，以及与我进行的有关生命的意义和化学在其中的角色问题的有益讨论，使我受益匪浅。

本书是按照“分子展览馆”的形式组织的，这一想法可以追溯到我与巴德(Alfred Bader)的友谊，他不但是一个非常成功的化学家，而且是一个收藏颇丰的艺术品收藏家。

《分子探秘》(*Molecules at an Exhibitoon*)也要献给不断给予我支持的出版商罗杰斯(Michael Rodgers)，当然，我还要感谢格雷戈里(Jane Gregory)娴熟的编辑技巧，以及读过本书初样的朋友及其家人们，是他们向我指出了书中让他们难以理解的地方。在原稿阶段，格林伍德(Norman Greenwood)也提供了令人心悦诚服的帮助，他指出了原稿中存在的一些错误，并建议我增加一些非常有用的内容。对于内容以及文体上存在的任何错误，以及任何仍没发现的科学上的错误，我将承担全部责任。

译者前言

大多数没有受过专业训练的人士在看到"分子"二字时，常常会联想到艰涩难懂的化学理论，联想到高深莫测的化学反应方程。其实，化学——这门古老而常新的学科，并不只是象牙塔里科学家的专宠，它早已从各个层面渗透进我们日常生活的每一个角落，越来越多地为人类的生活带来福祉。

由于生活水平的迅速提高，人们越来越关注自己的身心健康，关注日常的饮食、保健、疾病和环境污染。《分子探秘》正是一本由专业人员写给非专业读者的作品，信手翻阅，你会发现"分子"就散落在离我们生活这么近的柴米油盐、健康、饮食、保健、疾病和环境污染等等问题当中。在这本书里，作者向我们解释了许多在日常生活中接触到的物质所含化学成分对人类的影响。如可口可乐、茶、咖啡为什么有提神作用，吃巧克力为什么会感到大脑轻松，大蒜到底像不像许多人相信的那样神奇，口味的咸淡对人体的影响大不大，女性或男性最需要关注哪种元素的摄入，预防胎儿出现畸形最简单有效的手段是什么，褪黑激素对人体的生物钟有怎样的调节作用，日用洗洁精是怎样发挥去污作用的，自来水是怎样被净化的，吃快餐时经常使用的白色泡沫饭盒对环境有什么影响，汽车尾气对环境的污染有多大，鸦片、可卡因、海洛因、大麻、摇头丸、安非他明等流行毒品对人体的作用机制是什么、能达到多大的危害程度，等等。

这本书提供给读者的不仅仅是知识和趣味，我认为，有求知欲和钻研精神的年轻人将从作者轻松活泼的行文中体会到思维的技巧，即如何从现象出发，通过缜密的推理，揭示事件的真相或获得对事物的理解。用“深入浅出”来评价这本书的行文风格是再适当不过的了。这本书适合于不同知识背景、不同文化层次、不同职业的人群阅读，它可以作为青少年朋友的课外读物，以培养对科学的兴趣，也可供关心家居生活的人们学习一些生活的技巧。对于那些家中有子女的父母们，了解一些讳莫如深的毒品分子，也许可以起到预警的作用。

很显然，加深对事物分子层次的理解将不仅仅对提高个人的生活质量有帮助。2001年，我在张家界挂职锻炼，发现当地的产业结构正在向更合理的方向调整，即重视武陵山区植物资源的开发和利用。其中尤其成功的是当地茅岩莓有效成分的提取和葛根素快速提取工艺的研究。这些研究成果给了我很大的启发，它表明我们对中医传统药材作用机制的理解正在从思辨的层次进一步深入，正在利用现代化学和医学的理论，在分子层次理解药物的作用机制。这不但使中医所使用的药物更容易被世界主流文化理解和接受，也能够发展出一项庞大的产业，为山区经济的发展开拓出一条新的道路。

荀子曰：“不为而成，不求而得，夫是之谓天职。如是者，虽深，其人不加虑焉；虽大，不加能焉；虽精，不加察焉，夫是之谓不与天争职。”如果真像荀子所言，明理的圣人能力再广大，也不会为天去多做什么，那么化学的研究早在几百年前就停滞不前了。还是马克思说得好：“哲学家只是用不同的方式解释世界，但问题在于改造世界。”化学就是一门改造世界的学问，它不仅为我们提供了一套在分子层次上理解自然的结构和变化的解释方案，更重要的是创造了一个非自然的化学世界。现在，化学家们每年精心设计出来的分子已超过100万种。这些分子中有些与自然界里的某些分子性质相似，有些则根本找不到自然界中的对应物。在这个经过化学家们改造过的世界里，人们赖以生存的自然环境正在经历着巨变，唯有以理智和克制的态度善用化学家们的研究成果，才能造福于人类。

由于译者在知识面和知识水平方面的不足，本书在翻译过程中曾遇到许多困难。在此，我要感谢我的妻子、北京大学化学与分子工程学院的孙颖博士，以及北京大学医学部的马朝来博士，他们不辞辛苦地通读了全文并协助解决了大量沉淀下来的疑难问题。虽经反复修改，译文中可能仍然会有不妥甚至错误之处，请读者批评指正。毋庸讳言，翻译过程中的不当之处均由译者负责。

最后，衷心感谢本书的作者埃姆斯利博士。让我们一起徜徉在他所描绘的飞扬的分子世界里吧。

刘晓峰

2001年12月

导　言

本书是由我最初为报刊和各种内部出版物撰写的文章发展而来的。其中有些内容在我为《独立报》(*The Independent*)撰写的"每月分子谈"专栏中刊载过，该专栏从1990年一直持续到1996年。一些比较轻松的主题是由在《英国化学》(*Chemistry in Britain*)杂志(送给皇家化学会会员阅读的月刊)"原子团"栏目上发表的一些文章发展而来的。《分子探秘》(*Molecules at an Exhibition*)中有几个展位上的分子是属于我的私人"藏品"。它们只不过引起了我的好奇心，而且我也是第一次写关于它们的内容。

为报刊写文章就意味着要受截稿期限和固定字数的限制。这些限制对于集中注意力可能很有好处，但也有其不足。因为这些限制就意味着许多背景材料、有趣的花絮、历史的透视和我自己的个人观点必须要被省略。写一本书能使我把这一切都放进去，还能使我对一些只在新闻中出现过几天尔后就很少露面的分子进行范围更广的透视。

本书是按照展览馆的形式来组织的，强调这是我认为特别有趣的化学分子的个人收藏。每一个展位都自成体系，而我也试图尽可能多收集一些各不相同的展品。我把这些分子分别放进8个展馆，每个展馆都有一个共同的主题。你也许会认为我把某些展位上的展品放错了位置，而如果我在几年以前组织这个展览的话，有些展品也很有可能被放在不同的位置。我们曾经认为非常令人讨厌而且危险的分子，现在却被证明对于维持人体的正常机能是必不可少的。硒和一氧化氮就属于这一类，所以你会发现它们并不在“恶毒的分子”之列。这两种分子，一种位于第一展馆，被归为日常饮食中并不常见的化学物质，另一种位于第三展馆，被归为与性欲有关的重要分子。

自从18世纪化学开始发展以来，已有数以百万计的分子被合成出来。我们选的一些分子，也许是千里挑一，经过证明都是非常重要的，而且也是我们日常生活中不可缺少的一部分。多数新分子“存在”的时间比较短暂。它们被合成或发现以后，人们会对其进行研究并记录下它们的性质，然后在科学杂志上发表出来或在专利中提及。这就是这些物质的归宿。它们也许还被储存在某个地方，但大多数如今已经找不到了。[西格马·奥尔德里奇化学公司的创始人巴德(Alfred Bader)博士就比较重视从这些化学药品的发现者那里购买一些样品储存起来，以备化学家们未来之用。]

这种说法也同样适用于绘画作品。绘画作品数量无疑会超过已知分子数量许多倍，但它们中的大多数同样经受被忽视并被遗失的命运，而一些比较重要的作品仍被保存着，也就是你在参观艺术馆或艺术作品展时希望看到的那些。但当你在参观艺术馆或艺术作品展时，也许会发现有些很不知名的艺术家的作品恰恰很有吸引力。

正是基于这种想法，我希望你能走进这个展览馆，好好看看里面的一般展馆、恶毒的分子展馆和风景画陈列室。我们的展品涉及厨房用调味品、健康、塑料、家庭技艺和交通运输等诸多方面。这里展示的有些分子你可能已经听说过了，但我希望这次你能了解得更多一些，并有机会更近距离地审视它们。有些分子你可能不太熟悉，即使如此，它们也会对你的日常生活产生一些影响，我希望你会发现，审视这些展品也是一次富有意义而又愉快的经历。

你在欣赏一幅伟大的绘画作品时，不需要拥有美术专业的学位也能从中体会到快乐。同样，欣赏一场交响音乐会，你不需要音乐专业的学位；欣赏一部电影，你不需要传媒专业的学位；被一本好书迷住，你也不需要文学专业的学位。所以，阅读并理解《分子探秘》，你也不需要化学专业的学位。语言依然是基本的交流媒介，但它也会成为一种障碍，而科学语言对理解来说可能是最大的障碍之一。我希望本书不存在这种情况，因此我没有在书中放任何的化学公式、化学方程式或分子结构图。如果你想对某一种特定的分子了解得更多一些，可以参考书末的“进一步的读物”。

来吧！这里有8个展馆可供你参观，你可以根据自己的喜好随便看。每个展馆中都有10个左右的展位——可有许多出乎你意料的东西。

表征物体大小的量

在英国我的体重是13英石，在美国就是182磅，而在欧洲大陆则是83千克。在英国和美国，我的身高为6英尺，到了欧洲大陆却是1.83米。如果我在英国购买1吨的沙子，在美国就能得到更多一些(2 240磅对2 000磅)，但和欧洲大陆的1吨差不多，在那里1吨等于1 000千克(2 205磅)。我还能举出许多其他的例子，对于同一个量，用英制、美制和公制单位表示，得出的数字会很不相同。

科学界本身也有其度量物体的标准，被称为国际单位制(SI)，它是由公制发展而来的。这使得我们可以讨论非常小的量，而这对于化学来说是非常必要的，因为这门学科研究的是一个我们无法亲眼看到的世界，一个原子、分子和微量的世界。这些东西也曾经用基于较大重量和尺度的量测量过。如果你对这些内容或国际单位制不熟悉，那么下面的一些例子也许会对你有所帮助。

成年人的平均体重为11英石，约合154磅或70千克。从现在开始你最好忘掉前两个数字，而要注意第三个数字的下面这些关系：

70 千克等于70 000 克(g)

70 000 000 毫克(mg)

70 000 000 000 微克(μg)

这几个更小的重量单位，可以分别形象地表示如下：

1 克约等于一粒花生的重量。

1 毫克约等于一粒沙子的重量。

1 微克约等于一粒灰尘的重量。

在土壤、水、空气或者人体中，有许多分子的含量都非常低。当我们谈到这些分子的时候，需要用占总量的比例来表示其数量。

少量(small quantities)常用来表示百分之一。例如，0.1%就表示1 千克中有1 克。

微量(tiny quantities)常用来表示百万分之一(ppm)，就相当于百万分之一克，换句话说就是1 吨(1 吨等于1 000 000 克)中含有1 克。

痕量(incredibly small quantities)用来表示十亿分之一(ppb)，相当于1 吨中含有1 毫克。

皮量(unbelievably small quantities)用来表示万亿分之一(ppt)*，相当于1 吨中含有1 微克。

有些化学药品的生产规模很大，这样我们就需要对重量和体积的单位更加熟悉，这两个单位分别为千克和升。在公制单位中，如果我们谈到的是水，这两个单位就非常容易联系在一起，因为1 升水的重量正好等于1 千克。

---

* 如果用于时间度量，1ppt 相当于30 000 年中有1 秒。

对于非常大的重量，我们一般用吨来表示。一个底边长1米(约为1码)、高1米的水池，可以装下1立方米的水，其重量正好等于1吨。1立方米就等于1 000升(1升约等于1夸脱)。

第一展馆
这一切好像是自然界的意愿
——日常饮食中的奇特分子

围绕我们的日常饮食有许多说法：吃巧克力容易上瘾；可口可乐不过是一些化学药品的混合物；大蒜可以预防心脏病和癌症；一日

一片阿司匹林，再也不用看医生。上述说法可以说没有一句是正确的，但都包含有一隙真理之光。在本展馆里，我们将详细考察在日常饮食中所包含的自然的以及非自然的化学物质。

人们从饮食中得来的快乐虽然甜蜜，但难以持久，而有关食品的告诫好像总是让人不寒而栗，永远也没个完。我们应该注意的是那些职业营养学家的建议，因为他们是和营养不良以及饮食失衡进行长期不懈斗争的“先头部队”。当这些专家向那些真心求教的人提供帮助时，我们其他人就只能得到一些道听途说的建议，甚至我们根本就不去理会这些建议。这也许可以解释1/5的美国人和1/10的英国人被归入肥胖人群之列(体重超过正常水平33%以上)的原因。

在那些位居“前沿”的营养学家后面还有一大批饮食顾问，他们向任何愿意听的人提供建议。通常，这些人所提的建议听起来也有根有据，他们告诉我们怎样既能减肥又能保证营养，但实际上有很多建议并没有多大用处，只是大骂一些流行的食品是一堆“垃圾”，也不解释任何原因(虽然“垃圾”一词常用来指那些含有太多的糖、盐、饱和脂肪和添加剂的食品)。这样的垃圾食品可以举出很多：巧克力、可乐、汉堡包和法式油炸食品。遗憾的是，生芹菜、矿泉水、小扁豆之类的健康食品，对许多人(尤其是对孩子们)缺乏吸引力。

与垃圾食品相比，更可怕的似乎是某些食品里含有的化学物质，尤其是当加入这些物质只是为了调色或调味，或者这些物质是来源于农药，或保鲜、加工过程中的“污染物”时，情况就更危险了。令人惊讶的是，绝大多数与食品有关的疾病都并非源于这些化学物质，而是源于像细菌和真菌这样的微生物。当我们吃下了未经适当储存或加工的食物时，我们最有可能得病。理想的情况是食物应当不要沾染一切有害物质，如细菌、真菌和某些化学物质。

自然界本身就含有许多化学物质，其中一些是我们相当喜欢的，如苯乙胺和咖啡因，也有一些是我们应尽力回避的，如草酸和磷酸。另外，还有一些化学物质是我们应该多食用一些的，如水杨酸盐和硒。在本展馆里，我们将看到一些日常饮食里就包含的分子。所有这些分子，除了邻苯二甲酸盐(它来源于塑料工业)以外，其他都是自然界里本来就有的。这些分子中，有些会使我们感到更为舒服，有些能对我们产生伤害，还有一些会使我们散发某种气味。

这些分子里有三种可以在巧克力中找到。没有哪一种食品能像巧克力那样引起情感反应。对有些人来讲，它就是垃圾食品，但它对人们的诱惑似乎比魔鬼还略强一点。为什么它如此令人难以抗拒呢？在现实中，似乎大多数人都喜欢它，有些人还到了难以摆脱的程度，另有少数不走运的人则必须避免享用这种美味。有些人见了它就狼吞虎咽地塞个饱，直到吃得生病才罢手；另有一些人却说只要舔一下巧克力就会过敏。巧克力糖制造商们采用各种方法为他们的产品做广告。他们强调巧克力有益健康和富含营养的一面，并声称巧克力中充满了能量。他们建议你把巧克力作为礼物送给你所爱的人。如果你想自我奖励或自我放纵一下，吃巧克力也是一个好办法。无论巧克力对人们有多少好处，它还是存在不利之处，有些人之所以把巧克力当作垃圾食品，是因为巧克力中所含的糖会把牙齿腐蚀坏，里面所含的脂肪会对心脏产生伤害，它所产生的大量热量会使体重增加，而其含有的可可会引起偏头痛。

在英国，针对巧克力购买者进行的一项调查分析显示，购买巧克力食品的消费者大多是女性，约占总销量的40%，此外儿童占35%，男性占25%。它位居“令人难以克制的食品”排行榜榜首，占了“人们渴望吃的食品”的50%。有些女性甚至自称吃巧克力上瘾，说她们根本就不可能抗拒其诱惑，尤其是在来月经之前。很明显，对于她们来讲，巧克力已不仅仅是一种美味的食品或难得一吃的好东西了。科迪(Chantal Coady)——《巧克力》(*Chocolate*)一书的作者，却怀疑这些人是否真的对巧克力上瘾。她写道："尽管巧克力中包含了多种对人体有影响的化学物质，其中有些还类似于天然激素，但其中任何一种化学成分都不会致人上瘾。"她认为，当女人需要一点安慰时，她们就会向巧克力寻求慰藉，这时她们想要寻求的是巧克力糖那种浓烈的甜味、丰富的口味以及放在口中如丝一般滑的感觉。

巧克力是一种营养结构相当均衡的食品。它含有8%的蛋白质，60%的碳水化合物和30%的脂肪，虽然最后一种成分所占的比例已达到了上限。一块普通的100克(约合4盎司)巧克力棒，能产生520大卡(约合2 177.14焦)热量，同时，它还能提供一些必不可少的无机盐和维生素，如表1所示。

表1　100克巧克力中的无机盐与维生素含量

无机盐		维生素	
钾	420毫克	维生素A	8微克
氯	270毫克	维生素B_1	0.1毫克
磷	240毫克	维生素B_2	0.24毫克
钙	220毫克	维生素B_3	1.6毫克
钠	120毫克	维生素E	0.5毫克
镁	55毫克		
铁	1.6毫克		
铜	0.3毫克		
锌	0.2毫克		

在下一展馆里，我们将看到无机盐在饮食结构中的重要地位。从表1所列出的无机盐和维生素来看，把巧克力棒作为士兵和探险家在紧急情况下的配备食品是很有道理的。但这张表上还缺了一些东西，如维生素C和维生素D，这说明巧克力远不是一种营养全面的食品。

巧克力中还有一些与营养无关的成分，例如苯乙胺、草酸和咖啡因。这些东西没什么营养价值，但确实会对人体产生影响。上述三种成分中的两种在其他的食品和饮料中的含量也很丰富。本展馆的前三个展位就是有关这几种化学成分的。

展位1　阿兹特克人之梦——苯乙胺

巧克力中唯一能使我们的大脑感到舒服放松的物质就是苯乙胺(PEA)。公元250—900年，中美洲的玛雅人在墨西哥地区非常兴盛，他们是在发现巧克力时发现了这种物质的奇妙作用的。那时，玛雅人将巧克力当作一种饮料，而且专供部落里的重要人物饮用。当西班牙人15世纪末到达这里时，阿兹特克文化已成为这里的主导文明，他们的经济主要依赖于可可豆——被征服的部落必须缴纳可可豆作为贡品。另外，阿兹特克贵族自己也拥有一些巧克力，他们把它当作一种催欲剂，并禁止女人饮用。当可可豆被运回欧洲，巧克力可作为催欲剂的说法也传到了欧洲。同时，其名声也与日俱增：这时，不论男女都能享用这种饮品了。1624年，一位名叫罗奇(Joan Roach)的作家，用了整整一本书的篇幅谴责这种能激发人们情欲的东西，他认为这种能令人“激情似火”的东西会使人道德沦丧。18世纪的一位大情圣——意大利的卡萨诺瓦(Casanova)，就声称巧克力是他至爱的饮品。

可可豆是从可可树上采摘来的，而可可树最适合生长在温暖、潮湿的气候条件下，一般集中在赤道附近20°的纬度范围内。世界上可可豆的年产量是200万吨，产于巴西和墨西哥的可可豆供应北美洲市场，产于西非的可可豆则供应欧洲市场。

人们采摘了可可豆的豆荚后，先把可可豆从豆荚里剥出来，然后放在太阳下让其发酵。这一曝晒过程会使新剥下来的可可豆的颜色变成褐色，并把部分糖先转化成酒精，然后又转化为醋酸。醋酸在我们日常调味用的醋里最常见到。它能杀死嫩芽并释放出具有调味作用的分子。PEA 就在发酵阶段形成。然后可可豆会被烘干，以去除大部分醋酸，接下来就要对其碾磨，使可可豆里所含的脂肪变成熔化状态。碾磨的程度决定了巧克力的不同等级。

如今，当我们谈到巧克力时，我们想到的是一块巧克力糖，但最初巧克力却是一种饮料。chocolate(巧克力)这一英文名称就源于意为"苦水"的阿兹特克语单词 xocalatl，把它与肉桂皮和麦片掺在一起就可制成一种相当浓稠的饮料。后来，为了更符合欧洲人的口味，人们往巧克力中加了些香料和糖，以使它更香甜、更好喝。

不管卡萨诺瓦怎么想，巧克力并不是一种催欲剂，但它能影响人的大脑却可能确有其事。研究人员已在巧克力中找到了 300 种以上的化学物质，其中只有 2 种有刺激作用，即咖啡因和可可碱。我们在本展馆就会详细讨论咖啡因。可可碱(theobromine)在化学性质上与咖啡因类似，并由可可树的植物学名称 *Theobroma cocoa* 而得名，而可可树学名的意思是"上帝赐予的食物"。另外，在茶叶里也存在可可碱。

巧克力中具有使人感觉舒服作用的化学物质是 PEA，在 100 克巧克力棒中 PEA 的含量可以高达 700 毫克(0.7%)。绝大多数巧克力中的 PEA 含量低于这一数值，较典型的含量是 50—100 毫克。纯净的 PEA 是一种油状液体，闻起来有鱼腥味，在实验室中可以由氨水制成。(PEA 最令人惊异的特性是能从空气中吸收二氧化碳。)当一个人被注射了 PEA 之后，血液里的葡萄糖浓度上升，血压也会上升。这些效果合在一起就会使人体产生舒服的感觉。PEA 能够触发人体释放多巴胺。多巴胺是一种产生于脑部的能够让人感到快乐的化学物质，在这里 PEA 起作用的方式可能类似于苯丙胺（安非他明）。PEA 和苯丙胺分子在形状和大小上很相似，这些特点很可能使它们以相近的方式发挥作用，但这还只是猜测，尚缺乏确切的科学证据来证明。

我们的身体也能够产生少量但足以检测到的 PEA，它由通过饮食才能获得的必需氨基酸之一——苯丙氨酸转化而来。人体自然产生的 PEA 的量会随情况的改变而变化，在人们感到紧张时，体内 PEA 的含量就会增加。精神分裂症患者和儿童多动症患者的体内，PEA 的含量高于一般正常人的含量，但 PEA 含量过高更可能是患有这些疾病的症状，而不是原因。

并不是每个人都能对 PEA 含量的突然增加泰然处之，这就是有些人对巧克力非常敏感的原因。如果这些人吃了太多的巧克力，会引起头部的剧烈疼痛，这是因为过量的 PEA 会对脑部的血管壁产生压力。PEA 对人体的正常功能而言几乎没有用处，所以人体会利用一种叫单胺氧化酶的酶来清除它。那些不能多吃巧克力的人似乎就是因为体内无法合成足够的单胺氧化酶，来防止 PEA 在体内的含量增加到会引起偏头痛的程度。

PEA 会使人成瘾的说法似乎不太可能成立，但还有一个理由可以解释为什么一些人自称不喜欢巧克力。巧克力所含的脂肪叫可可脂，基本上是一种饱和脂肪。事实上，可可脂中 60% 是饱和脂肪，这和我们平常吃的奶油中的饱和脂肪的含量一样高，可以把两者看作类似的东西。然而，在罗伯特（Hervé Robert）博士的《巧克力的治疗功效》（*Les vertus thérapeutiques du chocolat*）一书中，他认为可可脂不同于奶油中的脂肪，因为可可脂不会使血液中的胆固醇水平升高。

巧克力中所含的脂肪还有一个异乎寻常之处。普通的脂肪是饱和脂肪与不饱和脂肪的混合物，而不饱和脂肪超过了一定的温度范围就会变软熔化。我们都不希望一块巧克力出现这种情况。巧克力放在嘴里，在35℃左右的温度下就会熔化，这一温度稍稍低于人们的正常体温37℃。所以，享用巧克力的最佳方法是把它放在舌面上，慢慢地等它熔化，享受这一过程中释放出的丰富味道和特有的香气。

可可脂本身能够以不同的方式固化，而以不同方式固化的可可脂会在不同的温度下熔化。其中只有一种方式对于固化巧克力是正确的。这就可以解释为什么巧克力的生产过程会被看作一门科学，也被当作一门艺术；也能解释为什么只有小心谨慎地固化巧克力才能够得到我们想要的形态。如果你把巧克力储存了过长的时间，巧克力就会渗出一层白色的油脂覆盖在表面上，使它看起来像是已经发霉了。实际并非如此：这种白色物质并不是霉斑，而只是可可脂的另一种晶体形式而已，完全可以食用。

在巧克力还被当作一种热饮料时，没有人关心巧克力所含脂肪的化学性质。到了1847年，位于英国布里斯托尔的贵格糖果生产商弗赖伊父子公司引进了一种可以像糖块一样吃的固体巧克力。他们的制作方法是先把熔化的巧克力通过挤压将其中的可可脂榨出来，然后再把这些可可脂加到其他的熔化巧克力里面去。这样就可以使普通的巧克力平添一种浓烈的香味。市面上更为流行的牛奶巧克力最早生产于1876年，是由瑞士化学家内斯特莱（Henri Nestlé）发明的。他往熔化的巧克力里面加入了浓缩过的牛奶，使巧克力的味道（和颜色）更淡了一些，从而打开了儿童食品市场。其他贵格食品家族——吉百利、朗特里和好时，也进入了巧克力行业，并在英国和美国建立了规模都很大的巧克力帝国。

自此以后，巧克力的流行就从未走过下坡路。虽然仍不能排除一些潜在的危险，虽然过量食用巧克力还会造成一些威胁，特别是会导致肥胖，但它还是风行于市。

展位 2 大黄饼——草酸

除了苯乙胺外，巧克力中还含有草酸——一种能致人死亡的危险的化学物质，但这种情况极少出现。我们每天都通过许多不同渠道摄入草酸。草酸在很多食品中都有少量存在，而在少数几种食品中含量很高，可可便属含量最高的食品之一，每 100 克可可中含有 500 毫克草酸。绿色蔬菜中的草酸含量一般都很高，像瑞士甜菜，每 100 克中含 700 毫克的草酸，而 100 克菠菜含 600 毫克，100 克大黄含 500 毫克。大黄在美国也被称为“食用大黄”，一般被认为是一种危险程度很高的东西，因为曾经有人就死于这种食物。也许人们还很少意识到，甜菜(300 毫克)和花生(150 毫克)中也含有较多的草酸。

平均来讲，一个人一天大约摄入 150 毫克草酸。在那些喝茶较为流行的国家里，草酸的摄入量还会更大，因为一杯茶里就含有 50 毫克的草酸。草酸的致死剂量是 1 500 毫克左右。我们在普通的一天中会摄入致死剂量的草酸吗？摄入较低剂量的草酸会对我们人体有些什么影响呢？

和以前相比，现在大黄不那么流行了。在过去，人们常把它和糖放在一起炖了吃。大黄最著名的特性是治疗便秘，因为它含有能刺激人的肠道排出自然毒素的物质——草酸。一碗炖烂的大黄里含有的草酸已接近于使人中毒的剂量。事实上通过吃牛奶巧克力中毒是不可能的，无论你对巧克力多么喜爱。因为巧克力中的草酸含量太低了，在你已吃得无法下咽时，体内的草酸含量还达不到能使你腹泻的程度。

大黄在第一次世界大战期间臭名远扬，这是因为当时有人把大黄叶当作蔬菜吃，以至于引发草酸中毒身亡。大黄叶中的草酸含量远远高于大黄茎，但你即使吃的是大黄茎也很难说就没有危险。

大黄在很久以前便被人们当作一种药物。公元70年，希腊著名的医生和植物学家迪奥斯科里季斯(Dioscorides)就建议使用大黄治疗多种疾病。这里说的是欧洲大黄，它的使用一直延续到公元12世纪，这时出现了来自东方的更为有效的大黄。生长在不同地区的大黄有不同的性质。世界上绝大多数大黄产自中国。数百年来，大量的大黄根被碾成碎末，从遥远的中国运到欧洲。

传统的中医把大黄根作为一种药材已有4 000年以上的历史。英国皇家艺术、制造与商务促进协会决定鼓励人们在英国自己的土地上培育出新品种的大黄。在18世纪和19世纪，他们向培育出最好的大黄品种的种植者颁发了好几块金质奖章。1784年，瑞典药剂师谢勒(Carl Wilhelm Scheele)在大黄根中检测到了草酸(他所知道的酢浆草中所含的酸)，结果还显示，大黄叶中的草酸含量已高得远远超出可以食用的范围。草酸被看作植物自我保护的一种方式，它可以使牛群远离那些草酸含量高的植物。1860年出版的维多利亚时代流传最广的一本书《比顿夫人家务管理大全》(*Mrs Beeton's Book of Household Management*)就提到，大黄是家庭厨房里的必备品，在书中比顿夫人还给出了烹制大黄饼、大黄酱甚至大黄酒的方法。最简单的方法还是把大黄茎和糖放在一起炖。当铝锅流行起来后，用这种锅来炖大黄还会带来一个意想不到的好处：它能把铝锅“炖”得非常干净。之所以会有这样的效果，是因为草酸能把铝锅的表层金属溶解掉。当然，这种方法溶解的金属量极少，不会对健康带来危害。

草酸这种与金属相互作用的特性还能解释其他一些令人惊奇的反常现象，这也是营养学家们总说大黄不利于健康的原因。草酸与一些基本的无机盐，如铁离子、镁离子，尤其是钙离子，会发生相互作用。20世纪早期，人们认为菠菜是一种富含铁的蔬菜，的确，菠菜里所含的铁元素要高于其他多数蔬菜。例如每100克菠菜中含4毫克的铁，相比之下，100克豌豆仅含2毫克，100克布鲁塞尔汤菜含1毫克，而卷心菜中只含有0.5毫克。然而，尽管菠菜中富含铁元素，但它所含的草酸会使95%的铁元素不能对人体产生有益的影响，人体只能够把其中5%的铁元素吸收掉。卡通人物卜派(Popeye)* 把他的力量归功于菠菜，但不幸的是他的这个观念是错误的。无论你采用什么办法，菠菜只能被当作一种普通的蔬菜来吃，除了能从中得到适量的植物蛋白和一点维生素C以外，很难再得到其他营养成分了。

草酸的致命之处在于它能够使人体血液中的钙离子含量降低到临界水平。(解毒剂是葡萄糖酸钙。)钙对血液保持稳定的酸度和黏度起着至关重要的作用，并对在体内运送和凝结磷酸盐也起着关键作用。但是，即使体内的草酸含量还达不到使人有性命之忧的程度，但它对钙离子的作用还是令人担忧的。因为它会形成不溶性的草酸钙，其晶体会在膀胱和肾脏等器官内长成结石，使人十分痛苦。如果平时我们摄入水的量太少，上述情形就很可能发生。有些病人很容易患结石病，医生就会建议他们在饮食中减少草酸的摄入，严格禁食我们上面提到的富含草酸的食物。尽管我们可以避免食用这些食物，但我们却不可能完全把草酸排除在体外，因为人体还可以从其他渠道获得。例如，对于过剩的维生素C，我们在体内是无法储存的，而它就可以转化为草酸。所以，如果摄入过量的维生素C，其中的一个副作用便是可能患上肾结石。

---

* 美国卡通片《大力水手》中的主人公。——译者

廷布雷尔(John Timbrell)是伦敦药剂学院的一位毒理学家，《毒理学导论》(*Introduction to Toxicology*)一书的作者。根据他的说法，通过其他途径也能使体内的草酸含量超过致命剂量。有些人有意无意间喝了乙二醇——一种用作汽车防冻剂的液体，他们就有可能死于草酸中毒，因为乙二醇能够在体内转化为草酸。

人们一向认为，草酸能够为植物细胞所利用，对动物细胞却毫无用处。但是，最近的研究对此提出了质疑。草酸虽然有明显的毒性，可人体能够耐受的草酸的剂量高得惊人。德国的科学家们发现，人体组织中所含草酸的量比我们以前设想的要多。德累斯顿大学的阿尔布雷希特(Steffen Albrecht)博士和他的合作者已对草酸仅仅是一种人体不需要的代谢终产物的传统观点提出了挑战。阿尔布雷希特的研究小组采用了一种灵敏度极高的方法来分析草酸，用这种方法能够检测出每升血液中含有的1微克的草酸。他们的工作表明，血液的不同组分中所含草酸的浓度都有显著差异。血浆是血液中的流体部分，每升含有400微克的草酸；而对于血浆凝结后从血液中分离出来的透明液体——血清，其草酸含量为每升1 200微克。有些血细胞中的草酸浓度高达每升250 000微克，这看上去很高，但转换成质量百分比后就是每100克中含有25毫克，比某些食物中的草酸含量还低。阿尔布雷希特指出，草酸的浓度较高，表明它在人体的新陈代谢中起积极作用，但这种作用是什么，人们还不清楚。

草酸的工业生产方法是把糖和硝酸放在一起反应，或者把纤维素和氢氧化钠放在一起反应。草酸在水中的溶解度很高，每升水可以溶解150克草酸，能够形成具有腐蚀作用的溶液。在工业上，草酸被用于制革、染布、清洗金属以及去除油脂。而在家里，我们所能见到的草酸只有除锈剂而已，它能去除附着在铁质用品上的斑点，如铁锈和钢笔尖上的墨水斑。

展位 3 可口可乐之谜——咖啡因

巧克力中含有少量的咖啡因，而咖啡、茶、可乐等饮料里的咖啡因含量就远高于巧克力。可乐中的大部分成分都在不同时期被人批评过，但是，全世界的年轻人还是一如既往地喜欢可乐。看看可乐瓶或可乐罐上的标签就会知道，你正在喝的不过是一种由多种化学物质组成、能冒气泡并发出嘶嘶响声的溶液。可乐中几乎不含除水以外的天然成分，其主要成分是糖（或一种人造甜味剂）、磷酸、咖啡因和一种混合的调味剂。可乐中的调味剂是一项从未公开过的秘密。自可口可乐诞生以来，它的这项秘密就成了其魅力的一部分。

不可否认，可口可乐的秘密配方取得了极大的成功：它吸引了全世界数十亿人的味蕾。我们不必感到惊讶，因为可乐是一种能使人精力充沛并感到愉快的美味饮料。在炎热的夏日里，一罐冰镇可乐能够一下子解除你的干渴。同样无需惊讶的是，它还有大量的仿制者。

可口可乐的故事始于 1887 年 6 月 28 日，在美国佐治亚州亚特兰大市，当时一位年已 56 岁的药剂师彭伯顿（John Pemberton）博士，得到了他为其发明的一种饮料申请的商标——可口可乐。此时亚特兰大市刚刚通过了禁酒令，这对于这种新饮料来说实在是生逢其时，因此可口可乐的销售势头很好也就不足为奇了。后来，即使禁酒令取消以后，彭伯顿的这种新饮料还是一直都卖得很好。

彭伯顿在《亚特兰大日报》（*Atlanta Journal*）上刊登的一则广告是这样描述他的新饮料的：

可口怡人！振奋精神！愉悦身心！令人为之一爽！这种风行

于世的苏打水新品，含有古柯叶和可乐果那迷人的特质。

事实上，可口可乐这种饮料的名字就是取自这两种植物——古柯叶(coca plant)和可乐果(cola nut)。古柯叶是提炼可卡因的原料，而可乐果中富含咖啡因。我要提醒各位的是，今天的可乐已不再含有从这两种植物中提取的成分了。

彭伯顿偶然配成的一个饮料配方竟成了全世界卖得最好的软饮料，这使得他意识到这一配方的重要性，于是就把其中的调味成分十分严密地保护起来。可口可乐公司声称，只有公司里最高层的两名执行董事才知道这些成分是什么，以及如何把它们调和起来。

可口可乐的主要成分大多已广为人知：糖、焦糖、咖啡因、磷酸、橙汁和香草精。把这些东西放在一起就可以调成一种不错的饮品，其中糖、焦糖和香草精是主要的调味剂。可口可乐中不含任何可卡因，虽然彭伯顿是个有权使用可卡因的药剂师，当然他也可能用可卡因做过实验。那时候，在某些滋补酒里肯定放过可卡因，维多利亚女王(Queen Victoria)本人就以非常喜欢这些滋补酒著称。后来，可乐果也从早先的配方中被去掉了，而代以直接加入提纯后的咖啡因。可口可乐的酸度最初是用柠檬中所含的柠檬酸调配的，以使可乐喝起来清新爽口。但后来，柠檬酸也被更便宜的磷酸取代了。

彭伯顿为了把他的饮料做得与众不同，就用了其他少许调味剂进行试验。最后，他找到了一种自认为相当满意的配方，并将其冠名为7X。从此以后，可口可乐公司便严格保守7X的秘密，甚至不惜与法庭的命令相对抗，也不愿透露这一配方的内容。1977年在印度的生产商被法庭勒令交代这种饮料里到底有些什么东西，但可口可乐公司最后决定放弃可口可乐在印度的市场，而不愿把这一秘密公之于众。

多年来，人们多次尝试着想搞清楚7X里到底包括些什么成分，但由于可口可乐里的关键天然成分含量极低，而且每种关键成分都由多种起调味作用的化学物质构成，所以要通过化学分析的方法来搞清它的配方几乎是不可能的。1983年，《大秘密》（*Big Secrets*）一书的作者庞德斯通（William Poundstone）公开了他推测的7X成分。他认为，7X中含有柑橘、柠檬、肉豆蔻、肉桂、芫荽、橙花油和酸橙。肉桂在中国也被称为桂皮，而橙花油是从酸橙花中提炼出来的。庞德斯通的推测可以说相当敏锐，原因我们马上就会看到。

现代分析技术能使任何配方保密的混合物中最隐秘的细节昭然若揭，但也许这并不会让可口可乐公司过于担心。真正让他们担心的是另一件事。1993年，普伦德加斯特（Mark Prendergast）在《致上帝、国家和可口可乐》（*For God, Country and Coca-Cola*）一书中披露了7X的配方。他声称是碰巧在公司档案室彭伯顿的一本实验笔记残片里得到这一配方的。神秘的7X是由柠檬（120份）、柑橘（80份）、肉豆蔻（40份）、肉桂（40份）、芫荽（40份）和橙花（20份）的油脂按比例调和在一起构成的，彭伯顿把它们和乙醇再调和起来，放置24小时，这就是这项秘密的精华所在。今天我们喝的可口可乐里不含乙醇，但彭伯顿最初也许使用过这种成分，这也可以解释在禁酒令实行期间，他要严守配方秘密的原因。

但可口可乐公司依然声称，要调制出真正的可口可乐，最为关键的是把7X的各种成分严格按照顺序依次加入，而只有公司的两位执行董事才知道这一点。有人说不管拿什么样的可乐来，只要经他一尝就能分辨出来，但这种才能也许不会被人当作鉴赏家的标志。可乐不过是一种提神的饮料，于人无害，而且为许多人提供了从事相关的制造、运输、销售和广告工作的机会。当你买了一罐可乐，至于它如何包装、如何改进以及如何从你的花费中获利95%，这都不关你的事。你在买可乐时也不要以为自己在买一种必不可少的东西，因为一杯水甚至更能让人解渴，而且几乎不用花钱。你真正买到的是一种咖啡因溶液，而这会对你产生影响。

一罐可乐中的咖啡因含量约为40毫克，和一杯茶中的咖啡因含量相同，大约是一杯新鲜咖啡里的咖啡因含量的一半。相同体积的一杯速溶咖啡中，咖啡因的含量为60毫克，而在过去的50多年里，这已成为摄入咖啡因的一种最为常见的方式。速溶咖啡是在1938年由瑞士的雀巢公司首次生产出来的，并以雀巢咖啡的品牌出售（巴西咖啡研究所早在1930年就已指出，咖啡可以被制成一种可溶的粉末）。第二次世界大战期间，速溶咖啡在美国部队里广受欢迎，这时，这种咖啡才开始真正盛行起来。从此，速溶咖啡就成了人们日常生活中的一个组成部分。

年轻人可能主要从可乐中获取咖啡因，但大多数成年人主要从咖啡和茶中摄入咖啡因。味道是这些饮料受人喜爱的最重要因素，但它们所含的咖啡因才能解释为什么这些饮料能够盛行不衰。饮茶在茶叶的几个主要生产国如印度、斯里兰卡，尤其是中国非常普遍，此外，世界上还有少数几个重要的茶叶进口国，如英国和澳大利亚。相比之下，咖啡在巴西、哥伦比亚、印度尼西亚和肯尼亚等国家主要是作为一种专供出口的作物来种植的。咖啡豆在一年里的国际贸易额已超过70亿美元，这使得它成为贸易额高居前四位的贸易商品之一（其他三种是煤、谷物和石油）。

据估计，目前全世界每年的咖啡因消费量已超过120 000吨，平均每人每天消耗60毫克。斯堪的纳维亚人的咖啡因摄入量最大，主要来自咖啡，每人每天超过400毫克；英国人平均每人每天消耗300

毫克左右，主要来自茶。美国人长期以来一直被认为是咖啡和可乐的主要消费群体，但令人惊讶的是，美国人平均每人每天摄入的咖啡因低于200毫克。

通过饮食摄入咖啡因的致死剂量约为5 000毫克，相当于80杯咖啡或120杯茶中所含的咖啡因。当你摄入咖啡因时，你的身体就会调动免疫系统把这种它认为没有营养的入侵毒素排除出去。它能够通过去除咖啡因中的碳原子来排除这种入侵分子，尽管开始时并没什么作用，因为这一过程会产生新的分子，如茶碱和1，7-二甲基黄嘌呤，它们仍然能对人体产生效力。但是，这一过程会不断进行下去，直至生成最终产物黄嘌呤，它能随尿液排出体外或在其他方面得到利用。这一过程就解释了为什么咖啡因对人体的作用只能保持5个小时左右。令人感到奇怪的是，吸烟能够刺激肝脏产生更多可破坏咖啡因的酶，所以对吸烟的人来讲，咖啡因起作用的时间大约是3小时。

世界上有60多种植物能够产生咖啡因，据说这些植物能够因这种化学物质的保护而免遭昆虫的蚕食。咖啡这种灌木原来生长在埃塞俄比亚，并于1 000多年前开始在那里人工种植。公元1600年左右它被运往欧洲，中间可能经过了土耳其，因为它得了一个土耳其名字叫Kehveh。相比之下，茶的历史更为悠久，中国人在公元前2500年就开始喝茶了，但直到17世纪茶叶还没有被运到欧洲。可乐树(cola或者kola)是在赤道非洲生长的一种常青树，它能长出一种富含咖啡因的光滑果实。让这种果实释放出咖啡因的一种办法就是放在嘴里咀嚼。

咖啡因不仅仅是一种兴奋剂，它还有药用价值，可用于镇痛、治疗哮喘、促进饮食。这些功能都依赖于它所具有的刺激新陈代谢、放松支气管神经的作用。咖啡因还一直被用于增强身体耐力。在中国西藏，西藏人不但自己每天要喝大量的茶，而且还给他们的马和骡子喂大量的茶。人们曾根据旅行路程的长短来确定要喝多少杯茶：3杯茶就足以为你提供走上8千米的“燃料”。

从化学的角度看，咖啡因是一种白色粉末，1820年这种物质首次被德国化学家伦格（Friedlieb Ferdinand Runge）分离出来，但直到1897年它的分子结构才被确定。人们能够在实验室里合成咖啡因，但市场上销售的咖啡因则主要来自于人们在制造去咖啡因咖啡时产生的副产品。要去掉咖啡里的咖啡因而不影响其口味，这一过程相当简单，只要利用液态二氧化碳就可将咖啡因提取出来。

对于咖啡因有很多流传甚广的说法。有人说它会引起失眠、消化不良、呼吸不畅，但似乎这还不够，更有人认为咖啡喝多了能使人体中的胆固醇含量升高，从而有患心脏病的危险。20世纪70年代，甚至有人提出咖啡因能引起肝癌，但事实上这种耸人听闻的说法并没有什么根据。咖啡因也不会引起失眠、消化不良或心脏病，这是1993年来自世界各地的175位参加在希腊召开国际咖啡因专题研讨会的科学家得出的结论。随着收集的数据越来越多，进行的分析越来越深入，人们发现许多有关咖啡因危害的种种传言，不过是在设计拙劣的对饮食习惯的流行病学研究中被人杜撰出来的。

咖啡因能在许多方面对我们产生影响。通过肝脏，我们摄入的90%的咖啡因能够在12小时之内被代谢出去。我们头几次摄入咖啡因时，会明显地产生心率加快、血压升高的反应，而随着我们饮用可乐、咖啡和茶次数的增加，身体就不再出现这种反应了。因为会出现这些明显的生理反应，所以有人认为咖啡因是某些常见疾病的诱发因素就不足为奇了。1973年的一份报告指出，如果一个人每天摄入400毫克的咖啡因，即相当于喝5杯新鲜咖啡，则他血栓形成的风险将增大一倍。然而，1990 年进行的一项对 45 000 名男人的研究发现，血栓形成与喝咖啡没有什么联系。在苏格兰进行的一项大规模调查也表明，原来预想的喝咖啡与心脏病之间的联系也不存在。在苏格兰，无论男女，心脏病的发病率都比较高。研究人员对那里的10 000 余名中年男女进行了调查，结果并没有发现咖啡因的摄入量与心脏病有任何联系。

咖啡因有刺激作用，人们在为含有咖啡因的饮料做广告时，也常常会强调这一点，于是我们便知道了咖啡能使人保持清醒，可乐能使人精神振奋，一杯茶就能提神。咖啡因之所以会有这样的功效在于它能刺激大脑分泌多巴胺。一般说来，大约 4 杯咖啡就能产生这种反应，如果喝得再多，就无法刺激大脑分泌更多的多巴胺了。一种流行的说法是，过多的咖啡因会使人彻夜不眠，但实际情况大概是绝大多数人都不会有这种反应，除非他喝得实在太多了。只有那些对咖啡因的代谢异常缓慢的人才可能会出现这种现象。我们在前面说过，咖啡因不会让人上瘾，但对那些已习惯喝咖啡的人来说，脱瘾过程出现某些症状也确有其事，这些症状出现的顺序为：头疼、沮丧、疲劳、易怒、恶心、呕吐。

茶里面除了含有咖啡因外，还有三种化学成分对人体具有潜在的好处。它们是水杨酸盐、表儿茶素棓酸盐和表棓儿茶素棓酸盐。我们将在本展馆的后面介绍水杨酸盐。而另外两种分子是类黄酮的组成部分，有人认为它们能够使机体免遭自由基的损害。自由基是非常危险的天然化学物质，带有自由电荷，正因为这一点，使得它们能够“攻击”活细胞的关键成分，例如 DNA，从而有可能诱发癌症。自由基对人体的无情“攻击”，被认为是衰老的根本原因。

喝茶有可能帮助人们抵御自由基的损害。一个荷兰的研究小组对

50 岁以上的男性进行了 15 年的研究，在 1996 年报告了他们的发现：有喝茶习惯的人和无喝茶习惯的人相比，前者卒中的发病率远低于后者。研究人员将此归功于类黄酮对自由基的破坏作用。另一项研究表明，茶中的类黄酮能够预防肿瘤，至少在动物身上是这样的。

展位 4　除锈剂——磷酸

可乐所含的成分中看起来相当奇怪、相当有威胁性的是磷酸。我们对磷酸的了解一般仅限于它是除锈剂的活性成分，而它的盐，我们称之为磷酸盐，则被用作清洁剂。20 世纪 70 年代和 80 年代，磷酸盐变成了一个令人生厌的词。由于清洁剂的大量使用，人们把其中含有的磷酸盐说成是污染河流湖泊的罪魁祸首。我们将在第六展馆进一步讨论这个问题，那时我们将专门讨论磷酸盐。

人们需要日常饮食中所含的磷酸盐作为组成 DNA 的一种基本材料，构建 DNA 的骨架，形成膜结构。磷酸盐还是形成腺苷三磷酸(ATP)的必不可少的物质之一，而 ATP 在把食物转化为人体所需能量的过程中起到了关键作用。含有磷酸盐的分子还能作为载体，控制钙的传输。除了上述重要作用外，磷酸盐在人体内还有许多较为次要的作用。如此看来，如果我们的饮食中缺少了磷这种关键元素，我们就要遭殃了，但这种情形几乎不可能发生，因为人体能够非常有效地循环利用体内的磷酸盐，而且在任何情况下，我们的骨骼内都储备有大量的磷酸盐。可乐里的磷酸只能说对人体有用，但所起的作用微乎其微。

有时，可乐里的磷酸会有些其他用途。驾驶汽车、摩托车和卡车的司机在 20 世纪 50 年代和 60 年代常用可乐来清洗铬质的保险杠、格栅和前灯，那时候在汽车上采用铬质部件是一种比较奢侈的时尚。

磷酸和铬发生化学反应，能在其表面形成一层坚硬的磷酸铬保护层。磷酸还能溶解各种各样的锈蚀，并形成保护层，使里面的钢铁得到保护。在工业上，磷酸至今仍被用于上述目的，而且所有的防锈涂料都需要磷酸。

磷酸和磷酸盐并没有任何“邪恶”之处。有一本书上曾说，可乐里含有工业清洁剂。严格地说，这并不错。但是，这不成其为不喝可乐的理由。我们所吃食物中的磷酸盐在胃的酸性环境里都会转化为磷酸。每一个活细胞都需要磷酸为其所用，至于它的来源就无关紧要了。

可乐里的磷酸对健康无害，事实上，我们可以把它当作一种基本的无机盐。植物在形成食物链的过程中，起点就是把土壤中的磷酸盐分离出来，以植酸的形式储存在植物的种子里面。发芽时，植物就可以利用种子里的磷酸生根，而不需要再从周围环境里吸收磷酸。尽管植物的种子有很高的营养价值，富含蛋白质、碳水化合物、脂肪和无机盐，但它们几乎不能提供人体所需的磷酸盐。这是由于人体中缺乏一种能够把植酸转化为磷酸的酶，而人体本身又无法消化吸收植酸，所以植酸会被直接排出体外。另外我们也并不需要将它们转化为磷酸，因为我们饮食中的植物和动物细胞里所含的磷酸盐已经够多的了。

在日常饮食中，我们可以从鱼、肉、蛋和乳制品等各种天然食品中获得大多数磷酸盐，另外还能从可乐、奶酪、香肠和熟肉等各种加工食品中获得一小部分磷酸盐，往这些食品中加入磷酸可以使它们的外表看上去更漂亮，酸度更适中。

展位 5　对万灵药的诅咒——二硫化 2，4-己二烯

有些东西，何时是一种调味品，何时却又能被当作一种药？很多

人喜欢吃大蒜，就是因为它有这种特点，既能做调味品，又能做预防疾病的药物，其中起作用的是一种叫二硫化2，4-已二烯的分子。但它真是一种能治病的良药吗？如果真是这样，那它应不应该接受一切药物都必须经受的严格检验，以使我们知道它的功能以及是否安全呢？

当然，如果某种东西在人类饮食中已存在了很久并且主要作为一种调味成分的话，你就不必对它进行药理检验了。因为时间可以为我们作出证明，虽然有时时间的检验也会出错，比如一种曾经应用很广的药草聚合草，就长期被用在色拉里，并被制成聚合草茶。如今在欧洲禁止销售聚合草，因为这种植物含有有害化学成分。所以，有化学家建议把那些被人们当作治病良药的东西都作一次严格的药理检验，这也许并非吹毛求疵。换句话说，我们应该把大蒜里的二硫化2，4-已二烯在各种动物身上，如小鼠、大鼠、狗、猫以及猴子和人等，进行与药理检验同样严格的程序化检验。当然，它并不一定能够通过检验，因为它会产生令人讨厌的副作用，其中最为严重的是能使人产生口臭。任何一种动物都不会愿意接受强行喂给它们的这种令人讨厌的东西，除了那些愿意吃大蒜的人以外。尽管如此，大蒜还是被当作纯天然良药，销路很好。大蒜被制成大蒜油胶囊销售，全世界数以百万计的人都在购买服用。在德国，药店柜台上的药物就数这种胶囊卖得最好。而人们也会逐渐习惯大蒜的味道，并最终喜欢上它。

大蒜种植是一项规模很大的产业。在有些国家，它还是种植业的主要支柱。美国每年大约生产65 000吨大蒜，价值1.8亿美元。美国的大蒜主要在加利福尼亚州种植，特别是在吉尔罗镇(人口33 500)附近。在这个小镇一年一度的大蒜节上，你可以买到大蒜冰淇淋、大蒜雪糕、大蒜烤饼。在欧洲，大蒜一般用于烹饪，尤其用于蒸煮或做汤，也用来制作色拉，而在世界范围内大蒜面包已成为人们喜爱的一种食品。

在用大蒜煮汤和炒菜时，若能加一些辣味调料，大蒜的味道就不会那么刺激了。有人喜欢在色拉中放入生大蒜一起调拌起来吃，但随后与他交谈的人可能就不喜欢了。喜欢吃生大蒜的人多是出于健康的考虑，认为这可以预防癌症和心脏病。那些已养成吃大蒜习惯的人可能会发现，他们呼出的口气的确可以预防疾病，因为那种气味可以拒人于数米之外。甚至有很多人自觉自愿地每天都吃大蒜，而且吃得不少，好像大蒜真是一种驱病良药——但事实上它不是。

大蒜中的活性成分是二硫化2，4-已二烯，在这种分子的中心有两个硫原子，正是这两个硫原子产生了使吃大蒜的人及其亲朋好友都不得不忍受的气味。我们食用的任何带有多个硫原子的化学物质，比如大蒜、洋葱和某些形式的蛋白质，即使不会给我们的身体带来健康问题，也会给我们的交往带来“社会问题”。人体将这些物质去掉一部分硫的方法之一就是把它们转化为具有难闻气味的甲硫醇，这种分子可以通过呼吸排出体外，而这就是产生口臭的主要原因。我们将在下一个展位里探讨甲硫醇这种物质。

除非有人把它切开或碾碎，否则完整的大蒜几乎没什么气味。把大蒜切开以后，蒜酶就会作用于一种叫蒜苷的氨基酸，把它转化为蒜素。蒜素是大蒜提取物的主要成分，也是二硫化2，4-已二烯的前身。这两种物质的分子结构很相似，只是蒜素中有一个氧原子和两个硫原子中的一个结合在一起，这个氧原子很容易失去，使蒜素变成更具有挥发性的二硫化2，4-已二烯。蒜素就是使大蒜产生难闻气味的化合物。

生大蒜能够产生足够多的这种二硫化物，但经过烹制后的大蒜却不再含有这种物质，因为这种物质的挥发性很强，在烹制过程中都挥发掉了。所以你尽可以放心地吃放了很多大蒜的汤或炒菜，不必担心让朋友皱着眉头听你滔滔不绝地说话。有人认为，在吃芹菜或莴苣时放入生大蒜可以中和两者的气味。也许确有其事，但其证据并不充分，到头来仍会有一些气味会通过呼吸散发出来。

在中国和意大利进行的流行病学研究表明，吃大蒜的人患胃癌的较少。在美国，一项对40 000名妇女所作的普查表明，吃大蒜的人患结肠癌的比率较低。然而，马斯特里赫特林堡大学的多伦特(Elisabeth Dorant)和她的同事们给实验室动物喂新鲜的大蒜或大蒜提取物，结果并没有发现癌症病例有所减少，只是发现大鼠身上肿瘤的扩散速度略微慢了一些。

据说如果你每天吃一瓣大蒜，能够使血液中胆固醇的含量降低10%，对预防心血管疾病很有帮助。然而，其证据再次不够服人。1994年，阿德莱德的弗林德斯大学的西拉吉(Christopher Silagy)和牛津大学的尼尔(Andrew Neil)对大蒜与血压之间的关系作了多次测试，他们得出的结论是，大蒜只对有轻微高血压的人有益，而且他们并不主张把大蒜作为临床治疗的常规药物。

这些科学证据并不能打动那些坚信大蒜能够显著地预防某些疾病的人，他们还振振有辞地说，大蒜被作为药物已有数百年的历史。大蒜有益健康的支持者甚至为他们的这种万灵药找出了一点化学证据：蒜素和二硫化2，4-己二烯都是抗氧化剂，它们可以消除体内的过氧化物，防止自由基的形成。

大蒜对预防癌症和心脏病是否真的有效，这实在令人怀疑，但它也并非一无是处。在万圣节，当“魔鬼”招摇过市、“巫婆”手舞足蹈、“恶魔”猛扑过来、“吸血鬼”四处觅食的时候，吃一些大蒜，对于吓退“妖魔鬼怪”绝对有效。当然，真正吓退他们的可能还是你嘴里呼出的甲硫醇的气味，而这种分子正是我们下一个展位所要讨论的主角。

展位 6　世界上最难闻的气味——甲硫醇

官方有一个关于难闻气味的等级标准，其中甲硫醇的气味高居榜首。不管在哪里，只要这种分子散发得稍多一点，它就会成为人们关注的焦点。有时候只因工业生产中用它来制造杀虫剂乐果，这种气体排放得多了一些，就会成为当地的新闻。在英格兰的沃尔瑟姆阿比，有一次甲硫醇偶然从该地区的工厂里泄漏出来，当地居民被这种气味熏得极为恶心，有些人甚至跑到医院，声称自己中了一种致命污染物的毒。还有人忙着给当地的天然气公司打电话。这并不奇怪，因为有类似于甲硫醇的化合物被加入到天然气中，以使其产生气味，一旦泄漏能很容易被人察觉。

甲硫醇也会由环境中的细菌自然产生出来。在靠近苏格兰爱丁堡的海滩上，就经常有甲硫醇释放出来，让那些选择住在海边以观赏美丽海景的居民们深受其苦。

我们在吃了大蒜或大蒜油胶囊之后，身体在消化蒜素的同时就会产生甲硫醇，并随呼吸将其排出体外。另外，我们口腔里的细菌也参与了甲硫醇产生的过程，使口腔中发出的臭味持续不断。这是因为人体中的一些蛋白质在细菌作用下会发生分解，从而产生出甲硫醇。当有人和我们说话时，我们能很轻易地察觉到他口中呼出的甲硫醇——人可以觉察到空气中十亿分之一浓度的甲硫醇——但奇怪的是我们却难以闻到自己产生的这种气体。在日本，你可以用一种口腔检测仪检查自己呼出的气体，这种仪器目前已卖出数千台了。中村（Katunori

Nakamura)已经为他发明的这种检测口臭的仪器申请了专利。这种仪器的大小和磨碎机差不多，它的工作原理是：像氧化锡这样的金属氧化物，在吸收了某种气体（如甲硫醇）后，它的电阻会发生改变。

有难闻气味的分子有很多种，如硫化氢和甲硫醚等，但最难闻的还是甲硫醇。硫化氢是化学实验室里常见的一种刺激性气体，它的臭味远逊于甲硫醇。甲硫醚和硫化氢的情况差不多，在新鲜的咖啡里就含有这种特殊气味。位于卡的夫的威尔士大学的恩贝里（Graham Embery）研究了口腔中由于细菌活动而出现的含硫分子。他发现，口腔中的细菌会使食物残渣中的蛋白质分解，甲硫醇就是从半胱氨酸和甲硫氨酸中释放出来的。如果一个人口腔中甲硫醇的气味非常强烈，就说明他患有牙龈病。甲硫氨酸是所有生物体的基本成分，动物蛋白中这种氨基酸的含量达4%以上。因此，细菌能够释放足够多的甲硫醇，使人的口臭非常强烈。

恩贝里和位于奥斯陆的挪威大学的罗拉（Gunnar Rolla）是《洁齿剂的临床和生物学意义》（*Clinical and Biological Aspects of Dentifries*）一书的作者，他们在这本书里用了整整一章来谈口臭问题。恩贝里建议那些怀疑自己有口臭的人使用含有抗牙斑物质（如锌盐或锡盐）的牙膏。这些金属会与产生甲硫醇的细菌体内的酶发生相互作用。传统上，漱口剂被认为能治疗口臭，但它们不过是清洁口腔和遮掩一下口臭。最知名的漱口剂叫李施德林（Listerine），它含有水和酒精，以及安息香酸和天然香味，如麝香草酚和薄荷醇等。用漱口剂好好漱一下口可以清除口腔内一半的细菌。一种更流行的清洁口腔的方法是通过嚼口香糖来增加唾液流动。

我们的脚也能滋生可释放甲硫醇的微生物，尤其是在我们穿着不干净的袜子和不透气的鞋子的情况下，这为那些微生物提供了一个

"优良的生存环境"。葡萄球菌和需氧棒状杆菌是这里的罪魁祸首，它们在碱性环境里会迅速繁殖，而袜子和鞋子正是形成碱性环境的适宜场所。如果你有脚气，从化学的角度来解决这个问题的方案是，在你的鞋里垫上充有活性炭的鞋垫，里面的炭可以吸收甲硫醇。由于甲硫醇的量一般很少，这种鞋垫可以连续使用数周。

在含有可多达20个碳原子的长分子链上连有1个硫原子的化合物系列中，甲硫醇是最简单的一种。甲硫醇分子只含1个碳原子。带有3个或4个碳原子的硫醇就是我们在闻到煤气泄漏时闻到的气体。分子链上带有18个碳原子的硫醇则被用于银器的抛光上蜡。

在工业生产上，制备和运输甲硫醇过程中的一个最大的不便之处就在于它的沸点很低，只有6℃。好在它能够很容易地转化成化学性质类似的二甲基二硫(DMDS)，一种黄色液体，沸点为110℃。这种物质是由2个甲硫醇通过其硫原子连接在一起形成的，只有很轻微的气味，在运输过程中也安全得多。DMDS大多是在法国西南部的拉克地区生产的，这里的天然气田能开采出大量的硫化氢气体，它和甲醇反应便可生成甲硫醇，然后再进一步转化为DMDS。

在工业上，甲硫醇主要用于制造杀虫剂以及大多用于小麦、玉米和水稻田里的除草剂。在工业生产中，它的主要作用是再生精炼石油用的催化剂。甲硫醇还被用于制造甲硫氨酸——一种在人类饮食中较为缺乏的氨基酸。现在，人们已开始在某些动物饲料中加入甲硫氨酸，以增加所产的肉、奶中的甲硫氨酸含量。

展位7 中药——硒

在日常生活中，甲硫醇和二硫化2，4-己二烯也许是我们所能遇到的最难闻的气味了。但这些分子还有一些更令人讨厌的变种，即它们的硒化物。硒在化学性质上和硫很相近，但硒一旦取代了挥发性分子中的硫，其气味会得到显著增强。和硒化物打交道的研究人员必须要非常小心地避免与其直接接触。任何掉在皮肤或衣服上的硒化物，都很容易被周围的微生物当作含有甲基的化合物排除掉。如果你不小心吃了点硒化物，呼出的气体会变得极其难闻；如果吃下得太多，甚至会使你中毒。

尽管有这种令人不快的特性，但硒对于许多物种(包括人类)来说都是必不可少的。人类只需要微克量的硒，即使如此，人体中的每一个细胞都包含有100万个以上的硒原子。如此少量的硒并不会对我们的社会交往产生影响。

要测出人体到底摄入了多少硒，排出了多少硒，还需要多少硒，这并不是一件容易办到的事。根据我们每天所吃食物种类的不同，硒的摄入量也从6微克到200微克不等。西方人平均每天的摄入量为60微克，这已足以保证我们不会患上缺硒症。只要我们有规律地摄入，人体需要的硒的量大约为10微克。有些时候，我们一天中排出硒的量可能会高于摄入的量，但由于一般成年人的体内都含有大约15 000微克(即15毫克)的硒，所以损失一点也不会有太大问题。对许多人而言，剂量为5 000微克(5毫克)的硒是危险的，50 000微克(50毫克)则是致死的。人体中大部分的硒都储存在骨骼里，但是，人体中硒含量最高的部分却是头发、肾脏和睾丸。

大多数人是从小麦制品中获得硒的，如早餐时吃的麦片和面包。含硒最丰富的食物包括：

海产品，如金枪鱼、鳕鱼和大马哈鱼；

内脏，如肝脏和肾脏；

坚果，如巴西坚果、腰果和花生；

麦芽、麦麸和啤酒酵母。

所有上述食物中，每 100 克的硒含量都在 30 微克以上，虽然小麦和肉食品中的硒含量还取决于种植或养殖它们的土壤和环境。只有孕妇、哺乳期妇女和儿童才有可能缺硒，但也只有当他们几乎一点不吃上面所列的食物时才会出现这种情况。虽然硒是人体必需的元素，但我们体内含有的硒可能还是太多了。专家建议的最高日摄入量为 450 微克，高于这个量，我们就有可能发生硒中毒。硒中毒最明显的症状是呼出难闻的气味，并伴有体臭。这种气味是由易挥发且含有甲基的硒化物分子产生的，人体就是以此来排出体内多余的硒。

尽管有难闻的气味，但如果没有硒，人就不能存活。1975 年，当阿瓦斯蒂（Yogesh Awasthi）发现硒是人体中一种叫谷胱甘肽过氧化物酶的构成成分时，才证明了硒是人体不可缺少的一种元素。1991 年，贝内（Dietrich Behne）在柏林发现，人体中的另一种酶里也含有硒，这种酶叫脱碘酶，它能促进甲状腺分泌更多的激素。如果体内的硒含量过低，人就可能患上贫血、高血压、不孕症、癌症、关节炎、早衰、肌肉营养不良和多发性硬化。然而目前还没有证据表明饮食中缺硒会导致上述疾病，但硒很可能会对此有间接作用。换句话说，硒很可能会控制身体中的其他成分的形成，缺乏这些成分就会直接对人体产生伤害。

据说硒可以使我们免受一些有毒金属的毒害，这些金属包括汞、镉、砷、铅等。例如，镉会对我们的生殖器官和胎儿产生有害的影响，而硒则可以起到保护作用。金枪鱼体内的汞含量远超过正常值，据说这也得益于硒的保护。分析表明，金枪鱼体内每有一个汞原子就有一个硒原子。在像海豹这样的海生哺乳动物以及在水银矿上工作的人的体内，这两种元素的比例似乎也是 1∶1。

正常饮食中一般就含有足够多的硒，因此，人们极少需要补硒的药品，虽然我们能在保健品商店和药店里见到这类药品出售。在日常饮食中硒主要以亚硒酸钠的形式被人体摄入，每天的摄入量是 50 微克。亚硒酸钠是一种水溶性的白色晶体。硒成为食补对象是由刘易斯(Alan Lewis)的《硒：一种你的体内未必充分但却对人体必不可少的元素》(*Selenium: the Essential Trace Element You Might Not be Getting Enough*)一书引发的。此书出版于 1982 年，随后补硒便成了一种时尚。刘易斯认为，硒能够用来治疗风湿病、关节炎、心脏病和癌症，甚至能延缓衰老。然而这些说法大多数更像是想象出来的，其证据也主要基于一些轶事趣闻，其中至少有两个被充分确立：一个是在中国进行的试验已表明硒可以预防某些类型的心脏病；另一个是，如果你想有效地预防癌症，那么体内含有的硒需要达到某一标准。

中国人长期以来一直对硒有一种特殊的兴趣，原因是这个国家有许多地区的土壤缺硒，这影响了当地居民的健康。像中国克山地区的儿童就易患一种由缺硒引起的心脏病——克山病。这种病会导致心脏膨大，并使一半的患者在痛苦中死去。1974 年，在中国南方进行了一次涉及 20 000 名儿童的大规模实验，其中的一半人服用含硒的药片，另一半人则服用对人体没有任何影响的安慰剂。在服用安慰剂的儿童中，有 106 人患上了克山病，其中有 53 人死亡；而服用含硒药片的儿童中只有 17 人得了克山病，1 人死亡。

在中国进行的另一项试验还发现：硒能够降低癌症的发病率。居住在中国中北部林县的居民，胃癌发病率较高，当地居民同意参加一项为期 5 年的实验，有 30 000 名中年人服用了由维生素 A、维生素 B_2、维生素 C、维生素 E、锌和硒的不同组合制成的药片。研究表明，在服用维生素 E 和硒的一组实验者中，癌症发病率有明显下降。

硒是于1817年由贝采里乌斯(Jöns Jacob Berzelius)在瑞典的斯德哥尔摩发现的。他把这种新的物质命名为selene，即希腊语“月亮”。这么命名是为了与另一种相关元素碲的名字相适应。碲的拉丁语名为tellus，意为“地球”。贝采里乌斯是在对一种取自房屋底部的红褐色沉淀物进行研究时发现硒的，这间房屋是用于生产硫酸的厂房。硒元素有两种形态，即有银色光泽的金属或红色的粉末。硒的主要产地是加拿大、美国、玻利维亚和俄罗斯，大多是从炼铜的熔炉和精炼炉中得到的。因为在硫化铜矿石中含有硒化铜杂质。硒的最重要的来源是在用电解法提炼铜时沉淀在精炼炉底部的黏泥，这种沉淀物中的硒含量高达5%。通过这一来源得到的硒占到了硒总产量的90%。另外，每年从工业废料中得到循环利用的硒，以及从旧的复印机中回收的硒，加起来约有150吨。

金属形态的硒有一种非常奇特的性质，当光照射到它的表面时，就会产生电流。这种性质被广泛应用于光电池、曝光表、太阳能电池和复印机等领域。硒产量的大约1/3被用在了光电技术领域，这一领域所用的硒要求的纯度高达99.99%。硒的第二大应用领域是玻璃工业，掺硒之后，玻璃可以变成特种玻璃，比如能够过滤太阳射线的青铜色建筑玻璃。硒的第三大应用领域是制造亚硫化硒，以补充人体和动物体内的硒。此外，硒还用于像蓄电池内的铅板这样的合金中，把交流电转换成直流电的整流器上，以及能去除头屑的洗发香波里。

在自然界中，硒比银的储量更少，总有一天，含硒的矿石会被人们开采完。那时候，我们也许只能靠在富含硒的土地上种植野豌豆来获得硒了。用这种方法，每公顷土地大约能产7千克硒。世界上现在对硒的需求量大约是每年1 500吨，用这种种植硒的方法，大约需要

200 000 公顷的土地。但由于硒在自然界中尚有 100 000 吨以上的储量，看来还需要一段时间才能用得上这种方法。

人们对于富含硒的土地对动物的影响已有了很长时间的了解。在这种土地上吃草的动物可能会得一种“蹒跚病”（blind staggers）。马可·波罗（Marco Polo，1254—1324）曾经记载过土耳其斯坦地区的动物就有这种表现。造成“蹒跚病”的“罪魁祸首”可能是野豌豆，其含硒量可以高达自身重量的 1.4%。美国西部的牛仔们知道这种植物会对他们的牛群产生严重影响，所以将其称为“疯草”（locoweed）。这个单词是从意为“精神错乱”的西班牙语 loco 演变来的。1934 年，生物化学家比思（Orville Beath）证明了“蹒跚病”是由于食物中的硒过量而引起的。当野豌豆有一种刺鼻的气味时，这就肯定说明它已吸收了很多的硒。

展位 8　心脏的状态——水杨酸盐

1763 年，一位住在科茨沃尔德的英国教士斯通（Edmund Stone），用白柳树皮制成了一种液体药物，让村子里发烧的病人喝。时至今日，我们也只能猜测他的教区里的居民患的是什么病。有人怀疑他们大多数人患的是轻度病毒感染，比如流感。无论如何这些人显然都有发热的症状，而用过这种药后，体温就会降下来。现在我们知道，这种药物之所以会奏效，是因为斯通给居民们的溶液能够在体内产生水杨酸，这种物质对于降低发热病人的体温非常有效。

虽然这种药物会产生令人不舒服的不良反应，但在此后的一个世纪里，这种简单而有效的治疗方法还是一直延续了下来。水杨酸有强烈的刺激性，会引起口腔和胃的出血和溃疡。直到在德国拜耳化学公司工作的两位化学家把乙酰水杨酸从中分离出来以后，这种治疗方案才变得相对比较安全。这件事发生在1893年，两位化学家是霍夫曼(Felix Hoffmann)和德雷瑟(Heinrich Dreser)，他们的产品被命名为“阿司匹林”。一个多世纪以来，这种药物给全世界数以百万计的人们减轻了痛苦。阿司匹林的作用在于能够阻止一种合成前列腺素的酶的形成。前列腺素的出现就标志着微生物已经侵入或伤害了人体。前列腺素如果产生过多，其结果就是发炎、疼痛和发热。

如今在美国，每年约有200亿片阿司匹林被人服下，虽然它仍是一种有不良反应的药物，比如会使有些人患上胃炎。阿司匹林最广为人知的形式是“我可舒适”(Alka Seltzer)泡腾片，药片中还含有柠檬酸和碳酸氢钠。碳酸氢盐和阿司匹林反应就可生成其钠盐，从而使其可溶于水，并且能更快地发挥作用；而碳酸氢盐和柠檬酸反应会产生二氧化碳气泡。另外，柠檬酸还能掩盖阿司匹林的味道。

尽管阿司匹林已经使用了很长时间，但它并非没有其更为严重的风险。对一些年幼的儿童来说，阿司匹林甚至会致命。当孩子患了像流感或水痘这样的传染病后，如果服了阿司匹林，就有可能会发展为雷伊综合征(Reye's syndrome)。虽然这种病例极其罕见，但最好不要让不满12岁的儿童服用阿司匹林。

除了上述缺点之外，阿司匹林的作用远非仅限于镇痛而已。医生会为那些心脏病患者开出阿司匹林，因为这种药能抑制引起血小板聚集的化学物质的形成，而这往往是血液凝结的开始。市场上出售的阿司匹林通常每片的含量是300毫克，这能够保证服用者在每4个小时服2片的情况下，一天的服用量不超过4克。一次服用10克(30片)阿司匹林会使一个成年人因血液的酸度太强而死。在这种情况下，人体会为了降低血液酸度而加快呼吸，排出较多的二氧化碳；同时还会加快肾脏的活动，从而引起人体脱水。如果血液酸度不能通过人体的自然反应降下来，组织就会受到伤害，最终导致死亡。

在发达国家，一半以上的人会死于心脏病。有人认为，按照医生开出的剂量服用阿司匹林，远比一直等到心脏出现衰弱迹象后再去治疗要强。现在很多人都相信，每天早上只要服用一片低剂量的阿司匹林，就可以逃脱这一命运。这样一种阿司匹林片仅为正常片剂的1/4，即含有75毫克的乙酰水杨酸。这些人没有意识到，水杨酸可以通过其他途径获得，特别是通过日常饮食获得。

有些人害怕心脏的健康受到威胁，便相信了这么一种说法：食用某种脂肪能够避开死神。他们避免食用一切动物脂肪和氢化植物油，只食用那些含有单不饱和脂肪的植物油。他们可能还获悉了喝红酒的人较少患心脏病。所有这些说法看上去都挺有道理，赞成这种说法的人也能举出例子，说地中海地区的人心脏病的发病率远低于其他地区。他们认为，这显然是那一地区的饮食状况起了关键作用，而最为重要的则在于吃橄榄油和喝红酒。单不饱和脂肪和多酚抗氧化剂常被用来对这一现象进行化学解释。前者是橄榄油的主要成分，而后者则在被酿成红酒的黑葡萄的皮中含量特别丰富。

地中海式饮食可能还有另一个特点：水杨酸盐。这种物质在很多蔬菜、药草和水果中都有。西班牙凉菜汤（gazpacho）是一种把番茄、洋葱、龙蒿混在一起制成的汤，等放凉以后再食用，里面就包含了对健康有益的少许水杨酸盐。普罗旺斯杂烩（ratatouille）是一种用茄子、西葫芦、红辣椒和番茄制成的素菜，这道菜里也含有丰富的水杨酸盐。另一些在气候温暖地区生长的食物里也含有相对较多的水杨酸盐，例如菠萝、甜瓜和芒果，而每100克咖喱粉里水杨酸盐的含量竟高达200毫克以上。

为了使体内的水杨酸盐能够在全天都保持在一个较适中的水平上，你可以设计一套食谱。例如，如果你喜欢在早餐时吃水果，那就应该去吃红莓，一碗红莓能够为你提供4毫克的水杨酸盐。如果你想在午餐时吃色拉，可以选择菊苣叶再加两根腌黄瓜，这两种蔬菜都含有较多的水杨酸盐。另外，在你的汉堡包和油炸食品上多抹些番茄酱也是好主意。如果你白天还要吃点点心，那么抓一把葡萄干慢慢地吃也会对身体有好处。

摄入水杨酸盐最简单有效的办法是喝茶。一杯袋泡茶，可以提供3毫克的水杨酸盐，如果你平均一天喝5杯，就可以摄入15毫克的水杨酸盐。而对于喝咖啡的人，则需要20杯才顶得上这个量。其他能增加人体水杨酸盐摄入量的食物有杏仁、花生、椰子、蜂蜜、辣酱油、甘草、辣薄荷、花椰菜、黄瓜、橄榄和甜玉米等。如果要吃马铃薯，要连皮一起吃，削皮后所有的水杨酸盐就都被削去了。梨也一样，削皮之后的梨已不含水杨酸盐。如果你去参加一个宴会，可以从果汁、红酒和啤酒中获得水杨酸盐。

当然，你可能是少数会对水杨酸盐产生不良反应的人之一，那就要建议你避免服用阿司匹林，因为它可能会引起胃溃疡和胃出血。这种情况下，你可能会对富含水杨酸盐的食物消化不良，所以，最好不要食用这样的食物。如果你对水杨酸盐过敏，那么你甚至要列一份完全不含水杨酸盐的食谱。当然你也不用担心没东西可吃，因为还是有很多不含水杨酸盐的食物可供选择，这些食物包括肉、鱼、牛奶、奶酪、鸡蛋、小麦、燕麦、大米、卷心菜、芹菜、韭菜、莴苣、豌豆和香蕉等。如果你喜欢喝点饮料后再喝烈酒，那么要注意选择合适的搭配。杜松子酒和补酒会对你有好处，朗姆酒和可口可乐也不错，但不要喝血腥玛丽(由伏特加和番茄汁勾兑而成)。

展位9　不能为自己辩白的分子——邻苯二甲酸盐

在本展馆的最后，我们将会看到一种在任何食物中都含有的分子——邻苯二甲酸盐。近年来还发生过几起由邻苯二甲酸盐引起的恐慌，最近的一次就发生在英国，起因是在婴儿食品中出现了这种物质。婴儿的母亲们得到警告说，邻苯二甲酸盐“沾染”了她们孩子吃的食品，而这种分子还被一些有点不怀好意的人说成是一种能够引起“性别模糊”的化学物质。20世纪70年代发生过的一起较早的邻苯二甲酸盐恐慌，是由于人们听说这种物质能够透过包装塑料袋渗进食物内，而这种物质被认为能致癌。尽管出现过这些耸人听闻的说法，但也的确没什么可担心的，因为我们很快就会发现，人体内的邻苯二甲酸盐既不会诱发癌症，也不会引起不育。

邻苯二甲酸盐是苯二甲酸的衍生物。苯二甲酸是一种在一个苯环上连有两个羧基的化合物。苯环上的这两个羧基如果在邻位，它相应的盐就被称为邻苯二甲酸盐；如果两个羧基在对位，则其相应的盐被称为对苯二甲酸盐。(这两个羧基还有第三种形态，即处于间位，但这种分子几乎没有商业价值，这里就不深究了。)邻苯二甲酸盐首次是于19世纪50年代合成的，当时被称为naphthalates(萘盐)，源自天然石油的古希腊名字naphtha，后来被简写为phthalates(邻苯二甲酸盐)。

邻苯二甲酸盐完全是由人工合成的，并以令人忧虑的速度普及开来，甚至在地球上非常遥远偏僻的地区，化学家们也在那里的雨水里记录到了0.5ppm的邻苯二甲酸盐。所以，即使居住在喜马拉雅山和遥远的太平洋小岛上的人们，每天也会摄入这种物质。有关婴儿食品的警告来源于一份由英国农业、渔业和食品部提交的一份报告，其中公开发布的两项调查报告分别为《纸箱和木箱中的邻苯二甲酸盐

(1995)》(*Phthalates in Paper & Board Packaging*, 1995)和《饮食普查报告(1996)》(*Total Diet Survey*, 1996)。报告指出，邻苯二甲酸盐不仅存在于婴儿奶粉之中，在几乎所有经过分析的食品中都能找到它。牛奶和奶制品中的邻苯二甲酸盐的含量高达1ppm左右。有一段时间，人们认为它可能来自制奶机里的PVC(聚氯乙烯)管，但调查表明，这一来源只占奶制品中所含邻苯二甲酸盐的1/10。

前面提到的两种苯二甲酸盐都来自工业生产。对苯二甲酸盐可用于制造聚酯，这是生产瓶子和纤维用的一种原料。对苯二甲酸盐作为聚合物的一个组成部分会被永远固定住，所以对人体无害。我们将在第五展馆详细讨论它的特征。而邻苯二甲酸盐可以被添加到像PVC这样的塑料中，以增加其柔韧性。PVC是一种坚硬结实的固体塑料，常用于制造窗架和下水道管。但是，如果往PVC里加入邻苯二甲酸盐，这种塑料就会变得易于弯曲，因为这种物质会使聚合物的长链相互移位。利用这种方法生产的PVC，可用于制造浇花用的水管、墙纸、沐浴用的帘子、衣服、血袋和水床等。然而，制造电缆和人造纤维地板用去了大部分的邻苯二甲酸盐。在这些制成品中，邻苯二甲酸盐并不是被牢牢地固定在某一位置，而只是作为一种分子润滑剂混合在其他物质中。如果有一个邻苯二甲酸盐分子靠近了PVC的表面，它就很容易脱离——或在磨擦时被擦去，或挥发到空气中。

因为人们曾经对邻苯二甲酸盐的安全性产生过担忧，邻苯二甲酸盐增塑剂目前已成为最受人们关注的一种化学物质。目前工业生产中应用最广的增塑剂是DEHP，即di(ethylhexyl) phthalate[二(乙基己基)邻苯二甲酸酯]的缩写。但根据设在布鲁塞尔的欧盟增塑剂及中间体委员会的卡多根(David Codogan)的说法，这种物质没有什么危险性，“就人们现在已知的而言，邻苯二甲酸盐既不会引发癌症，也不会对人的生育能力产生影响，而且环境中也不会积累过多的邻苯二甲酸盐，因为生物能够分解这种物质。例如，自 20 世纪 70 年代以来，莱茵河河底的沉积物已经减少了 85%。邻苯二甲酸盐极不溶于水，每升水中大约只能溶解百万分之一克，所以，从过去的垃圾填埋场的塑料里泄漏出的邻苯二甲酸盐实在是微不足道”。

1990 年，这个欧盟委员会认为，DEHP 不应被列为致癌物质，因为从鱼、仓鼠、豚鼠、狗或猴子身上并没有看到因这种物质引起的致癌物和雌激素活动的现象。只是在大鼠身上确实出现了肝脏产生肿瘤的可能性增加、睾丸变小的现象。但这些动物与人类不同，本身就特别容易产生肿瘤，这是因为它们经过了特殊的喂养，对致癌的化学物质非常敏感。而人类就没有这种危险。丹麦毒理学研究所得出的结论认为：一天摄入 500 毫克 DEHP 不会对人体造成影响。我们平均每天的摄入量约为 0.35 毫克，整个一生的摄入量加起来也不超过 10 克（一汤勺的量）。对婴儿来讲，每千克体重可以承受的摄入量为 0.05 毫克，但无论吃什么食物都不会含有这么多的 DEHP。无论如何，0.05 毫克的警戒线都是考虑到各种内在因素，并根据在大鼠身上所做的实验得出的结论。邻苯二甲酸盐的影响，甚至对于婴儿来说，也是微不足道的。如果你把一年喝的牛奶里含有的邻苯二甲酸盐让一名婴儿一次服下，也不会使他生病，更不用说其他更严重的症状了。

第二展馆

检测你体内的金属——人体必需的金属元素

展位 1　懒骨头——磷酸钙

展位 2　无可替代的食盐——氯化钠

展位 3　必不可少的毒药——氯化钾

展位 4　谜一般的元素——铁

展位 5　发出眩目的光芒——镁

展位 6　曾经被忽视的联系——锌

展位 7　泛着淡黑色光泽的美丽的物质——铜

展位 8　一组人体必需的金属元素——锡、钒、铬、锰、钼、钴、镍

如果要问对健康而言，哪些金属是必不可少的，我想大多数人会说是锌和铁。有些人还会提到钠和钾，虽然钠常常被认为是对健康有害的物质；少数人还知道钙也是一种金属，而且也很重要。事

实上，人体总共需要 14 种金属元素，才能保证正常身体机能的发挥。

除了那些必不可少的金属以外，人体中还包含其他一些似乎对人体无关紧要的金属。这些金属到底有何作用，我们还不了解，但它们随着我们吃的食物、喝的水以及呼吸的空气进入体内，人体误以为这些元素也很有用，就将其消化吸收。结果，我们发现一般的成年人体内都含有大量的铝、钡、镉、铯、铅、银和锶。另外，人体中还含有多种痕量的金属元素，例如金和铀等。

由于锶和钙非常相似，所以人体会吸收很多的锶元素，平均每人体内含有 320 毫克，远远超过其他许多人体必需的金属。另一方面，金元素在人体中的含量平均只有 7 毫克左右，也就值几个便士。铀元素在人体内只有 0.07 毫克，如果把这些铀完全转化为能量，可使汽车开上 5 千米。人体一般总把这些并不需要的“入侵者”储存在骨骼或者肝脏里。铀元素有一种很特别的性质，它可以和磷酸盐结合在一起，储存在骨骼内；而金元素可以被肝脏内的蛋白质捕获并储存在那里。

表 2 所列的是人体必需的 14 种金属元素在一个成年人体内的平均含量，体重按 70 千克(约合 155 磅)计。正如我们所预料的那样，钙的含量高居榜首，它和磷酸盐一起构成了人体骨骼的主要部分。人体骨骼的平均重量是 9 千克，其中 1 千克是钙，2.5 千克是磷酸盐。事实上，人体内 99%的钙和 85%的磷酸盐都储存在骨骼里面。此外，人体骨骼中还含有水和胶原蛋白，以及钠、钾、铁、铜、氯等元素。在骨骼中还包含铅，这是一种与磷酸盐有非常强烈的亲和作用的元素。

表 2　人体必需的 14 种金属元素

	金属	含量		金属	含量
1	钙	1000 克	8	锡	20 毫克
2	钾	140 克	9	钒	20 毫克
3	钠	100 克	10	铬	14 毫克
4	镁	25 克	11	锰	12 毫克
5	铁	4.2 克	12	钼	5 毫克
6	锌	2.3 克	13	钴	3 毫克
7	铜	72 毫克	14	镍	1 毫克

由于骨骼中能够储存金属元素，这就可以为人们提供法医学和考古学证据。例如，通过分析人体骨骼内的铅含量，就可以了解它属于哪一个文明时代，有时我们发现的骨骼中的铅含量会高达100ppm。在现代，铅在人体骨骼里的含量大约是 2ppm。我们将在第八展馆看到铅这种元素。

在我们一生中的某些阶段，确保摄入适量的钙是至关重要的。这些阶段包括：人体生长期，怀孕期或哺乳期，也许还包括我们变得衰老时，人体骨骼由于钙的流失而变得脆弱时，等等。然而，还没有足够的证据表明，在老年阶段食用高钙食品可以减少这种流失。

在人体中含量仅次于钙的两种元素是钾和钠，它们能够协力处理，传送从大脑来或到大脑去的神经脉冲的电信号。接下来是镁、铁、锌，对于这几种元素，我们在饮食中的摄入量往往不足。当然，我们也可能会过多地摄入了这些元素，尤其是铁。余下的那些元素在我们的日常饮食中几乎从来不缺，我们将在本展馆的最后一起向大家介绍。

展位 1　懒骨头——磷酸钙

磷酸钙非常坚硬且不溶于水，这就是恐龙的骨骼能够保存 1 亿年以上的原因。磷酸钙也是软组织和植物的叶子能够变成化石的原因。我们在湖底或沼泽地底的泥土里可以找到处于无氧状态的细菌，它们能够侵入死亡的组织内部，产生磷酸钙微球体。利用这种方式细菌就能够保存被侵入组织的结构原貌，而且保存得十分真切。一个死亡的有机体在无氧环境下只需经历数周时间就能被细菌“矿化”。细菌利用有机体细胞中的钙和磷酸盐构建了由磷酸钙“砌”成的该有机体的外形轮廓，为后人能够看到以前的生物模样保存了最直接的证据。

即使在普通条件下，人类骨骼也能保存数千年。1994 年，伦敦大学学院考古学研究所的罗伯茨(Mark Roberts)发现了欧洲最早的骨器。这些骨器是生活在 50 万年前的博克斯格罗夫人(Boxgrove Man)曾经使用过的，他们生活的地点位于现在英国博克斯格罗夫的东萨塞克斯村。

我们一般认为骨是惰性的，但是在活的生物体内，在全身骨骼的数百万个重塑点上，破骨细胞和成骨细胞会使骨质不断地损失和重塑。正是以这种方式，骨骼完成了它的第二项功能，即保持血液中钙含量的稳定。钙在肌肉收缩、细胞分裂、激素调节以及血液凝结等许多方面都起着重要作用。当我们的食物无法提供足以完成这些要紧过程的钙时，人体就需要用储存在骨骼中的钙来补充，等以后我们的血液中有了过量的钙时，人体还会将其储存到骨骼中去。

当人们变得衰老时，储存到骨骼里的钙往往不足以弥补流失的钙。为了缓解这一状况，我们就需要每天摄入一定量的钙与维生素 D。维生素 D 在鱼油和鸡蛋中的含量非常丰富，其作用是促进骨骼生长。(我们在第一展馆中已经看到，无需担心骨骼里会缺乏磷酸盐，因为在我们的食物中决不会缺少这种物质。)婴儿如果缺乏维生素 D 会导致骨骼发育不全，患上佝偻病，这样的孩子长大后，会形成罗圈腿。美国印第安纳大学的约翰斯顿(Conrad Johnston)认为，即使是正常的儿童也需要补充钙。他以60对年龄在6—14岁的孪生子为试验对象，把他们分成两组，每一对孪生子都分在不同的组内。在3年里，每天都让其中一组的成员服用一片钙片，结果显示，服用钙片的一组儿童骨骼生长有所加快。

一般说来，那些需要额外补钙的人都能从结构均衡的饮食中获得他们所需要的钙，但如果你经常食用那些富含钙元素的食品，如沙丁鱼、鸡蛋、杏仁、奶酪、牛奶巧克力和白面包，也不会对身体造成伤害。如果你有消化不良的毛病，则可以喝碳酸钙抗酸饮片，这样会使你每天摄取钙的数量成倍增加。对于一般人来说，每天摄入钙的数量约为500毫克，而那些十几岁的男孩子的摄入量应为750毫克，十几岁的女孩子的摄入量应为650毫克，哺乳期妇女的摄入量应为1 100毫克。怀孕的妇女一般说来不需要额外补钙，因为她们的身体能够自动进行调整，更多地吸收食物中的钙，不会让它们白白从体内流失。另一方面，怀孕的少女一定要额外补钙，因为她们既要满足自身的成长需要，又要满足体内胎儿的发育需要。

当我们30岁左右时，骨骼内的磷酸钙含量将会达到顶峰，此后，每年都将流失1%，到我们年纪大了，骨骼就会变疏松，非常容易骨折，特别是髋关节。骨伤科医生对于那些因髋关节骨折被送入医院治疗的老年人数量的增加越来越关注，他们认为，只要人们在年轻时注意增强骨质，在年纪大了之后注意减少骨质流失，这种情况本可以得到避免。

即使采用激素替代疗法进行抑制，那些50多岁的妇女在绝经期仍会出现大量的骨质流失。死于骨质疏松型骨折后遗症的女性数量比死于卵巢癌、宫颈癌和子宫癌的人数加起来还多。某些药物能够减缓钙的流失，例如降钙素，这种药物相当昂贵，它能补充人体内原有的天然降钙素。这种激素由甲状腺分泌，对于抑制骨质流失特别有效。另外还有一种人工合成的药物鲑降钙素(salcatonin)，经过2年治疗，可以明显提高骨密度，使骨折的发生率降低1/3。

另外还有一些其他方法可以治疗骨质疏松。例如，运用激素替代疗法就可以减缓甚至中止骨质流失。选择性雌激素受体调节剂这样的化合物可以模仿雌激素对骨骼的保护作用，而且没有这些药物的副作用。另外，二磷酸盐也能预防骨骼内磷酸钙的流失，如果坚持服用2年以上，它甚至能够增强骨质。还有一个简单便捷的办法是服用更多的维生素D，它能够控制骨质流失。老年人可以通过日光浴来生成这种分子，增强控制骨质流失的能力。

有一些国家也采用氟化物治疗方案，每天给人体补充20毫克的氟化物，它能通过渗入磷酸钙形成一种叫做氟磷酸钙的物质来强化骨质。它的优点是费用低廉，并在防止脊椎的骨质流失方面有很好的作用。氟化物还能通过同样的化学反应过程来坚固牙齿。牙齿表面的牙釉层是磷酸钙的一种变体，叫做羟基磷灰石。这种物质和普通的磷酸钙相比更为坚硬，而且溶解度更小。即使如此，口腔里的细菌可将糖转化成酸，还是能侵蚀牙釉层，而氟化物能够在牙釉层的表面把羟基磷灰石的一部分转化成氟磷酸钙，更好地保护牙齿免遭酸性物质的腐蚀。

在发现了氟化物对人体的特殊作用后，有些地方就在公共供水系统的自来水中添加了氟化物。1945年1月25日，美国密歇根州格兰德拉皮德县成为第一个有意识地把氟化物添加剂加到自来水供水系统中的地区，以保护该地区儿童的牙齿。早在20世纪初，美国的移民官就发现，从意大利那不勒斯来的人，其牙齿虽然奇黄，却非常健康。研究表明，那不勒斯地区的自来水里含有4ppm的氟化物。英国政府卫生机构的官员在二战时期也有一个类似的发现，当时他们负责把城市里的大批儿童疏散到乡村地区，以避开德机的轰炸。他们注意到，从南希尔兹疏散出的孩子比从邻近的北希尔兹疏散出的孩子的牙齿要好得多。究其原因，原来南希尔兹的饮用水中含有1ppm的氟化物，而那里的水都取自自流井。

二战之后，美国的许多城镇都把氟化物加入其供水系统中，英国的少数地区也如法炮制。尽管英国的许多地方政府都已要求在自来水中加入氟化物，但并没有强制自来水公司执行，所以只有少数公司这么做了。在水中加入的氟化物是氟硅酸盐，这是在生产磷酸过程中余下的一种富含氟的副产品。

如此看来，往供水系统中加氟是降低牙病发病率的最省钱的做法。尽管有这些好处，但也有人反对这种做法，因为他们希望喝到不含任何人造化学物质的自来水。另有一些人从伦理的角度看待这一问题，认为这是强制医疗；还有些人对氟化物的功效表示怀疑；更有少数人认为它实际上有害健康。这最后一组人引用了流行病学的研究成果，认为加氟地区的居民骨癌和肝癌的发病率较高。他们还声称，氟会破坏人体的免疫系统。当然这几乎是不可能的。

不管怎样，人们只要愿意，都可以使用含氟牙膏，里面一般都含有0.1%(1 000ppm)的氟。含氟牙膏中的氟一般是以氟磷酸钠的形式存在的，它比氟化钠毒性更小。这种牙膏不适合儿童使用，因为他们有时会把牙膏咽下去。父母们应该让孩子使用含氟0.05%(500ppm)的牙膏。

含氟牙膏在20世纪70年代开始流行起来，这要归功于英国一位长期致力于降低牙龋病发病率的专家，他就是英国泰恩河畔纽卡斯尔大学牙科学院的鲁格-冈恩(Andrew Rugg-Gunn),他从事氟化物对儿童牙齿影响的研究已近20年,并发现使用氟化物能使儿童牙病的发病率降低一半。在那些供水系统里没有加入氟化物的地区,一旦含氟牙膏的使用普及起来,儿童牙病的发病率就会明显下降,但最终会保持在一个相对稳定的水平上。要想进一步降低牙病发病率,只有要求儿童们少食用含糖的食物和饮料。

氟在化学性质上与我们每天都要吃的氯化钠(即食盐)中的氯相似。但氯化钠与氟化钠不同,我们可以在一道菜里放几克氯化钠,如果放入几克氟化钠就会致人于死地。氟化钠曾被用作杀灭蟑螂和蚂蚁的高效杀虫剂。虽然氟有一定的危险性,但我们每个人体内都含有大约2克的氟,而且每天的摄入量也有2毫克左右。1升经过氟化的自来水中含有1毫克的氟,但大多数人是从鸡肉、猪肉、鸡蛋、马铃薯、奶酪和茶中摄入氟的。鳕鱼、鲭鱼、沙丁鱼、大马哈鱼和海盐中都富含氟化物,因为海水中的氟含量为1ppm。我们无需对氟产生恐惧心理,因为它是人体必需的一种化学成分。如果给实验室动物喂不含氟的食物,它们就不能正常生长,而且会患上贫血和不育。可以肯定地说,如果人被断绝了氟化物的摄入,也会出现同样的情况。

如果我们的饮食中含有太多的氟,人体就会产生慢性氟中毒,刚开始的症状是出现牙斑,就像那不勒斯人那样。随后将出现骨硬化,会引起骨骼变形。在印度的一些地区,如旁遮普邦,就出现过地方病,特别是在村民所饮用的井水里的氟含量高达15ppm的地区。印度有2 500万人患有轻度氟中毒,数千人有明显的骨骼变形。在有些村子里,6个孩子中就有1个受到影响,但这一比例正随着降氟计划的实施而下降。

氟化物含量如此之高的例子并不多见,在这些地区之外生活的人们一般说来需要多摄入一些这种元素，同时适当摄入一些钙元素，就能够确保我们的骨骼更加强健，还能预防年纪大了以后骨质变得脆弱。其中的关键在于保持两者的平衡，这很容易做到，只要每天有规律地吃点点心，如白面包片夹沙丁鱼，因为这两种食物中都富含钙。

展位 2　无可替代的食盐——氯化钠

如果你的心脏有问题，就不要摄入太多的食盐或含钠的化合物，因为它对你的心脏有害。心脏病医生也常会为他们的病人制订严格的低盐食谱。一般来讲，一个人平均一天摄入食盐的量约为 10 克，这是人体真正需要量的 3 倍。其中的 1/3 来源于我们的天然食物；1/3 来源于一些加工食品中所含的盐分，如麦片和面包；再有 1/3 来源于我们放入菜中用来调味的食盐。

食盐吃多了真的对身体有害吗？如果你本来就身体健康，也许并非如此。

许多人都喜欢食盐的咸味，而且许多食品，尤其是快餐食品，在加食盐时也比较随便。如果你对食盐的危害很警觉，你就会去寻找袋子上标明“低盐”的食品。你可能已经在试图用一种食盐的替代品来避免摄入食盐，但这也许是在浪费钱。你最好还是训练自己的味蕾逐渐习惯低盐生活方式，因为食盐是无可替代的。

当你在杂志和书本上读到食盐时，“盐”、“钠”、“氯化钠”这些词表达的经常是同一个意思。在化学家看来，这些术语的意义差别很大。任何一种无机盐都是正离子和负离子结合生成的化合物，正离子一般是金属离子，负离子一般是非金属离子。氯化钠只是无机盐中的一种而已。我们在日常生活中还能碰到许多无机盐，如碳酸钠（洗碗用的苏打水）、硫酸铝（明矾）、碘化钾（用于碘盐之中）和磷酸钙（骨粉)。钠是一种金属元素，在人体中，钠以正离子的形态出现，而且不一定和氯连在一起，可以自由运动。从饮食的角度看，不说食盐直接说“钠”也没有错，尽管食盐是我们消化吸收这种必需元素的主要途经。

氯化钠能触发我们的舌头产生一种特定反应，即对咸味的反应，它是人的四种基本味觉之一。这的确令人有些迷惑不解，因为除此之外，在我们的食物中没有其他任何一种盐或无机盐能引起这种反应。在自然界中有食糖的替代物却没有食盐的替代物，但还有很多人是这么看待食盐的：纯净、白色而且致命。这种说法有其正确之处，因为某些疾病需要病人吃低盐食品。但即使在这种情况下，病人也不能生活在完全不摄入钠的状态下。

人体中的每一个细胞都需要一点钠，人体的有些系统像血液和肌肉，还需要相当多的钠。钠的主要作用是与钾一道沿着神经纤维传递电脉冲。此外，钠和钾还有其他用途，但传导电脉冲是钠和钾这两种金属元素在人体内最重要的功能。我们的身体产生了热量，汗腺就会分泌汗液以降低体温，汗腺分泌的汗液和血液经肾脏过滤出的尿液都会带走盐分，所以人体每天都需要摄入一定量的食盐来进行补充。

人体可以循环使用一部分钠，但是，如果我们吃的食物里没有食盐，那么每天从体内排出的钠还是会高达1克。正常情况下，流失的钠会从食物中得到补充，因为不管吃什么，在我们吃的每一口食物中都会含有一些钠，所以我们根本不需要在食物中加盐来补充身体每天必需的1克钠。

食盐对人体非常重要，但人体对食盐的来源却并不“在意”。有些人花很多钱买海盐吃，用来代替普通的食盐，但只要吃进肚子，这两者其实并无分别。有些人从不买食盐，但身体仍会自动从他所吃的食物中获得必需的食盐。还有些人会买食盐的“替代物”，这是一种把氯化钠和氯化钾按1∶1的比例混合起来的混合物。虽然钠和钾都是人体必需的元素，但我们没有必要有意识地去吃某些含钠和钾的食物，因为它们几乎存在于所有的食物中。一杯啤酒和一把咸味花生就能提供人体一天所需的这两种无机盐。同样，一份烤面包片夹水煮荷包蛋、一碗粥或一碗牛奶也会有相同的功效。

令人奇怪的是，氯化钠给人们留下了坏印象，而氯化钾却给人们留下了好印象。如果从这两种物质对人体产生的毒害作用来讲，印象应该恰恰相反才对：一个想自杀的人如果吞下大量氯化钠（这只能使他呕吐）或者注射氯化钠溶液，都不会致命；相反，如果他注射的是氯化钾溶液，在几分钟之内就会死于心律紊乱。这并不是说在低盐食谱中用氯化钾来代替氯化钠食用就是危险的。事实上，只要剂量不大就不会出事。我们在饮食中需要摄入的氯化钾数量远高于氯化钠，但正常情况下我们从食物中就能完全满足身体对氯化钾的需要。在下一个展位，我们将更进一步地讨论氯化钾，在这里我们先讨论氯化钠。

食盐从地下刚挖出来时被称为岩盐，而海盐是通过蒸发海水得到的盐的结晶体。盐岩和沙土混在一起，而海盐则和海里的岩屑混杂在一起。除了杂质不同，这两种盐没有什么区别。岩盐是来自古代海洋里的盐，是数百万年前大海干涸以后沉积而成的；而海盐则来自今天的大海。要提炼这两种盐，都要先将其溶解在纯净的水里，把“脏”东西过滤掉，再蒸发滤过的溶液，直到形成纯净的氯化钠晶体。食盐中一般还含有少量的碳酸镁，加入这种物质的目的是让食盐流动自如。

一个人如果患上了像肾病这样的疾病，医生会建议他采取低盐（low-salt）、微盐（no-salt）甚至无盐（salt-free）饮食。低盐饮食意味着你必须限制食盐的摄入以及做菜时的食盐用量。一些含盐量较高的食物，如薯片和某几种奶酪，也都不允许吃。即使采用这种低盐饮食，人体每天仍然能从面包和麦片这样的食物中获取6克的食盐。微盐饮食是指限制更多种类的食物，每天不能超过3片面包，这样每天摄入的食盐约为3克。无盐饮食是指根本就不能吃面包，目的是除了那些不得不吃的食物中天然含有的食盐外，完全排除其他盐分的摄入。无论如何，病人总是要吃一些像大米饭这样的主食的。

过多地摄入食盐会使肾病患者的血压升高，所以对身体有害。那么对于一般人来说，食盐是控制血压升高或降低的主要因素吗？如果真是这样，吃的盐越多，血压越高，那么卒中和心脏病就显然和摄入的盐分有关。然而，下面我们将要看到，针对这一问题进行的问卷调查得到的分析数据显示，食盐和血压之间的关系并不那么一目了然。

1992年，伦敦圣巴托罗缪医院的一个研究小组对47 000人进行了调查分析，结果显示：食盐的摄入量和高血压之间有着某种联系。他们得出的结论是，只要在饮食中降低食盐的摄入，全英国（人口5 700万）每年可以减少70 000人死亡。这条颇为引人瞩目的新闻还含有这样一层意思：传统的药物治疗还不如降低盐分摄入更能挽救人们的生命。许多人认为这简直难以置信。还有什么东西能和食盐一样普通，对人体是如此的不可缺少，而且又如此的危险呢？

在日本的一些城镇，人们每天平均的食盐摄入量为20克，而那里40—49岁的中年人的平均血压是143/86。前者指的是收缩压，后者指的是舒张压。收缩压是血液离开心脏时的血压，舒张压是血液进入心脏时的血压。一般来说，这两个数越低越好，但随着年龄的增大，它们都会升高。收缩压是一个值得注意的指标：如果你的收缩压接近了你的年龄加上100，那就需要特别警惕了。如果你现在50岁，则收缩压为150就是一个危险的信号。日本人的平均寿命比其他任何国家都高，虽然他们吃的食物中含有大量盐分(他们吃的海鱼很多)。

与日本人吃食盐较多的情况相反，有一个居住在委内瑞拉南部森林的部落叫雅诺马马，大约有20 000人，靠在村庄里种田为生，而他们吃食盐就很少。这是全世界为数极少的几个未受到西方文化影响的部落。部落里的男子每天花3个小时照料其田地，其余时间全用来计划、实施对其他部落的烧杀抢掠。雅诺马马人根本不吃食盐。研究人员对这个部落里的46位40多岁的成年人进行了研究，发现他们的平均血压只有103/65。另一个亚马孙河流域的部落叫卡洛加斯，其居民只食用很少量的盐，加起来一天只有0.5克。从该部落抽样调查的10个中年人的平均血压低于101/69。(这些人的寿命没有记录，但如果食盐、血压和寿命之间真有联系的话，估计他们都能活到100岁。)

除去这些极端的例子，对我们一般人来讲，要控制饮食中食盐的摄入量并不容易，因为有太多的食物里都含有盐。如果不加盐，我们会觉得面包、奶酪和早餐里吃的麦片的味道都变得很奇怪。然而，由于消费者对于有关食盐的警告越来越担心，生产厂家也开始生产标有“低盐”甚至“无盐”标签的食品。有些厂家标得稍微复杂一些，会写上“低钠”字样。然而，医学研究人员对于食盐是否对健康人群有不利影响仍持不同意见。

国际协作研究食盐组织对来自全世界52个地区的10 000名男女进行了调查，并于1988年得出结论：如果我们从每天平均摄入9克食盐减到每天平均摄入4克，则收缩压会下降2个单位，而舒张压则不会有任何改变。1996年，该组织的有关报告语气更加肯定。在《英国医学杂志》(*British Medical Journal*)上，该组织的主任研究员、伦敦帝国学院医学院的埃利奥特(Paul Elliott)发表文章说，由于生产厂家生产的低盐食品导致的食盐摄入量下降，对心脏病引发的死亡的正面影响比所有治疗高血压的药物加起来的正面影响还要大。

同样，在1996年，《美国医学会会刊》(*Journal of the American Medical Association*)发表了一份报告，该报告由安大略市芒特赛奈医院的研究人员完成，他们得出的结论与上述结论恰恰相反。这个研究小组由洛根(Alexander Logan)领导，他们发现对血压正常的健康人来讲，摄入食盐的多少对他们并没有多大影响。唯一需要限制钠的摄入量的人群是那些上了年纪并已经患有高血压的人。

专家间的分歧尚且如此，留给普通老百姓的困惑就可想而知了，他们想知道这场有关该不该吃食盐的争论将以什么样的结果告终。实际上，唯一值得采纳的就是你自己医生的建议，如果他告诉你要降低食盐的摄入，你就不要愚蠢地反其道而行之。如果你能够很好地控制影响健康的主要因素，也就是说你不吸烟，也不过胖，还能专心致志地开车，那么还是值得考虑一下日常饮食中食盐的摄入量的要求。即使如此，长寿的主要因素还在于遗传，而这就不是我们自己能够控制的了。

尽管糖和食盐被指责为垃圾食品的主要成分，但在热带国家它们却能给人们带来福音，挽救数以百万计的生命。腹泻和因腹泻引起的脱水，每年都会夺去1 200万儿童的生命。战胜这种致命疾病的办法不是昂贵的抗生素，而是糖和食盐。8匙糖、1匙食盐再加1品脱(约合0.57升)水就能挽救一名儿童的生命。糖和食盐可能是垃圾食品的成分，但它们合在一起就能补充失去的体液，既便宜又有效。

展位3　必不可少的毒药——氯化钾

当很多人把钠当作要小心翼翼回避的东西时，他们可能对金属钾离子有着全然不同的态度，甚至会不遗余力地寻找富含钾的食品，因为他们认为摄入的钾越多对他们的健康就越有帮助。这种想法并不错，因为我们的饮食中需要的钾比钠多得多，而且人体中含有的钾的确比钠多40%。平均每个成年人体内钾的含量约为140克(约合5盎司)，而只含有100克(约合3.5盎司)的钠。这个比例反映了两者的建议摄入量之比，即对成年人来讲，一天需要摄入3.5克的钾、1.5克的钠。

除了植物油、奶油和人造黄油以外，几乎所有的食物中都含有钾。钾是人体必需的一种元素，而在很多食物中都富含钾，比如种子和坚果，其钾含量可能高达1%，而一般食物中的钾含量是0.1%—0.4%。钾含量达0.5%以上的常见食物有雄鲑鱼、花生、葡萄干、马铃薯、腌肉和蘑菇等。有些食物的钾含量高达1%以上，如全麦麸(1.1%)、棉豆(1.7%)、干杏肉(1.9%)、酵母精(2.6%)以及速溶咖啡(4.0%)。

钾在身体的各个部分都能找到，其中血液的红细胞里含量最多，其次是肌肉和脑组织。人们发现，钾主要存在于体细胞之间作为电解质的流体内，它最重要的功能是作用于人体的神经系统。带正电的钾离子和钠离子能够通过神经细胞细胞膜结构上的通道，但有些通道只允许钾离子通过。这种运动的结果就相当于电流通过神经纤维进行传导。

有一种黑色的眼镜蛇，其毒液能够阻塞上面说到的这些通道，从而阻断生物电脉冲沿神经进行传导，使猎物因剧烈痉挛而亡。研究人员已在利用这种毒蛇的毒液来研究钾离子在人脑中进出的通道。他们把极微量的带放射性的这种毒液注入志愿者体内，跟踪观察这些已做了“标记”的毒液在人体的哪些部位被吸收。结果表明，这种通道最集中的部位位于大脑的海马区，这是人脑中用于学习的重要部位。（但到目前为止，似乎还没有人提出一套理论，说高钾饮食可以帮助学生们通过考试。）

有些情况能够引起人体缺钾，如饥饿、肾功能障碍以及使用某些利尿剂(即能促进排尿的药物)。我们需要钾元素持续不断地补充到体内，以使缺营养的组织和肾脏能够正常工作。如果得不到足够的钾，会导致肌肉无力，这将影响心肌的正常功能，引起心律不齐甚至心脏停跳。慢性钾缺乏症还会导致意志消沉和精神错乱。

有时在进行药物治疗时也需要补充钾，而有些药物(如利尿剂)本身可能就含有过量的钾。在现实生活中，因缺钾而导致疾病的情况极少出现，因为要想不从我们所吃的食物(尤其是从蔬菜和水果)中吸收钾几乎是不可能的。所有的植物都会从土壤里吸收大量的钾，而potassium(钾)这个词也是从木头燃烧产生的potash(灰烬)一词演变来的。爱喝啤酒的人可能会吸收过多的钾，而他们喝完啤酒后就想找点咸点心吃，这正是人体保持钠—钾电解液平衡的一种方式。

如果人体长期处于钾过量状态，就会引起中枢神经系统抑制。多达几克的大剂量氯化钾能使中枢神经系统麻痹，引起痉挛、腹泻、肾功能不全，甚至会导致心脏病发作。另一种打破体内钾平衡的方法是注射氯化钾溶液，这可是致命的。如果有太多的钾离子游离于神经细胞之外，细胞内的钾离子便无法出来，于是本应由它们传导的神经脉冲逐渐消失，身体的所有功能都会受到影响，其中最严重的就是心脏停止跳动。

英国的一名医生、医学博士考克斯(Nigel Cox)，就利用上述方法使他的一位无药可救的病人70岁的博伊斯(Lillian Boyes)夫人摆脱了疾病的折磨。考克斯为她注射了一针氯化钾溶液，使她平静地离开了人间，但后来考克斯被逮捕、审讯并被判犯有谋杀罪。很多人都感到奇怪，一种如此简单的盐，对所有生物体都不可缺少，而且在超市的货架上作为食盐的替代品公开出售，竟会是致命的。更令人奇怪的是，考克斯博士的所做所为在英国属于违法，在美国的一些州却被合法地用来作为执行死刑的一种方式。被宣判死刑的人如果自愿捐献出器官用于器官移植，就可以利用上述方法，注射没有任何毒性的氯化钾溶液来对他执行死刑。这种化学方法与毒气和电椅不同，它能使所有器官保持完好。

世界上钾矿石的产量大约是4 000万吨，主要产自英国、德国、加拿大、智利以及死海里的海水。智利产的钾矿石是硝酸钾（即硝石），而其他地方产的钾矿石都是氯化钾、氯化钠和氯化镁的混合物。英国的氯化钾矿位于地下1 000米处，每年可开采100万吨这种略带粉红色的钾盐矿石。提取钾的程序是先粉碎矿石，然后用浓缩的氯化钠溶液把氯化钾和其他矿物质分离开来。氯化钠溶液必须配得非常精确，以保证氯化钾不被分解。氯化钾主要用于制造农用化肥，其余的用来生产化学药品，如氢氧化钾和碳酸钾。前者可用于制造液体肥皂和清洁剂，而后者则可用于制造电视机上用的特种玻璃。还有少量的氯化钾被用于制造药品、点滴和生理盐水。

氯化钾还有一个很不寻常的用途，就是在将要出现旱情的地区用它做人工降雨的原料，以加大降雨量。正常情况下，云层中只有1/3的含水量可变成雨水降落地面，如果有合适的微粒形成雨滴，降雨量可以加倍。在某些地区，降雨量只要增加10%就会使农民获得极大的收益。南非的马瑟（Graeme Mather）发明了这种新的人工降雨方法，他在飞机的机翼上安装上燃烧装置，飞机在云层下飞行，点燃可燃物，这时形成的氯化钾浓烟可以使云中的水雾结成水滴，就可以产生一场大雨。1995 年，位于科罗拉多州博尔德的美国大气研究中心独立进行的试验证明了这一方法的有效性。

展位 4　谜一般的元素——铁

没有铁，人就会患贫血症，这是常识。但使人体的红细胞正常工作只是铁元素在人体中的一项作用而已，当然这是最重要的作用。没有铁，血细胞就无法从肺部的空气里捕捉到氧，也就不能将其传遍全身，产生使人存活的温度。铁扮演的另一个角色在于酶：用于合成 DNA 的酶、利用葡萄糖能够使细胞释放能量的酶、清除自由基以保护人体的酶（事实上，铁元素可能也参与了某些自由基的形成），都含有铁元素。脑要行使正常功能也需要铁。大脑的某些区域铁的含量很高，这也许可以解释为什么缺铁的婴儿和儿童智力发育比较缓慢。

从微生物到人类，铁对几乎所有的生物体都是必需的。因为人体每天都通过胃壁和肠壁排出一些铁，所以人们需要有规律地摄入铁元素。即使如此，正常人一般也不会出现缺铁的症状，甚至有时在大量失血的情况下，也不会造成缺铁。一般情况下，我们都会通过饮食补充过多的铁元素，这是因为有一个流行却是错误的观念，认为铁元素能使人感觉机敏、精力充沛。

成年男性平均每天需要摄入 10 毫克的铁，成年女性平均每天需要摄入 18 毫克的铁。一般说来，我们每天的饮食就足以提供所需要的铁。当女性处于怀孕期，她们就需要摄入更多的铁元素，应该多吃一些含铁量较高的食品，如肝脏、腌牛肉、加铁的麦片、炒豆子、花生酱、葡萄干、面包、鸡蛋以及用黑糖蜜做的蛋糕。如果上述这些食品都太普通以至于使你缺乏胃口，那么你可以吃一些“贵族食品”，如鱼子酱、鹿肉和红酒，这些食品中都含有大量的铁。

人体吸收的铁和排出的铁一般能很好地保持平衡。人们通常总希望能摄入足够的铁来补充消耗，但也不应摄入过多，因为这可能对人体有害。正常饮食每天可以提供大约20毫克的铁，看起来好像很充足，但我们需要摄入许多的铁，因为被人体消化吸收的铁中只有2毫克能够进入血液循环系统。食物中所含的绝大多数的铁都因存在的形式不合适或者聚积在食物中不可消化的部分而被人体直接排出体外。每天吸收到人体之中用以补偿流失的铁只有2毫克。这几个数字如果变化太大，人体就会出现缺铁或铁元素过多的情形。相比之下，缺铁的情况更为普遍，据估算全世界有5亿人患有贫血症。问题可能会变得更糟，因为在全世界范围内推广的高产农作物，并不能为人体提供多少食用铁。

在人体内，铁被转铁蛋白(一种存在于血清或其他分泌物中，能在细胞间输送铁的蛋白质)紧紧束缚住。转铁蛋白能把铁牢牢抓住，也正因为这样，转铁蛋白才能起到强大的抗生素的作用，使铁不会被侵入的细菌获得，从而阻止了细菌的繁衍。没有铁的参与，细菌便无法分裂。在母乳中含有一种叫乳糖转铁蛋白的蛋白质，蛋清里含有卵转铁蛋白，这两种转铁蛋白能以同一种方式把铁紧紧抓住，因此都具有抵御细菌侵袭的抗生素作用。

有些人的体内积聚了太多的铁，就会遭受由于铁摄入过多引起的各种问题，这会给他们带来灾难性的影响。大脑铁含量的增加已被认为是大脑退化性疾病，如帕金森综合征的部分病因。患有遗传性血色素沉着病的人会吸收过量的铁，主要将其储存在胰腺、肝脏、脾和心脏等处，从而会妨碍这些器官的正常功能。还有一些人患有遗传性疾病，如贫血症，尤其是地中海贫血症，需要大量输血，也会在体内积聚大量的铁。以前，这些人由于体内的铁含量过高，都会早死。现在，他们可以通过服用螯合物药品，帮助人体排出一部分铁。

体内铁元素过多还可能会导致患癌症的概率增加。研究表明，那些依赖于输血生活的地中海贫血症患者，以及在铁矿场和铸铁车间工作的人，比正常人患癌症的概率高。在俄罗斯，很多年以来人们都把癌症称作一种“铁锈”病，这可能是因为他们认为铁对癌症起到了诱发作用。然而，至今仍不清楚铁到底在诱发癌症过程中起了什么样的作用。我们现在只是认识到铁能够产生可以诱发癌症的自由基。

尽管铁在地壳中的含量排第四位(前三位依次是氧、硅和铝)，但地球上仍有很多地区由于铁元素含量太少，以至于制约了生命体的存在。特别是在广阔无边的海洋上，那里比陆地上任何一块沙漠都更加荒芜。我们可能对海洋有着这样的印象：鱼群翻涌、海草茂密，但这只是少数海域的情形，这些海域的确有大量的鱼群。事实上，80%以上的广阔海域里根本就没有生命。20 世纪 80 年代中期，加利福尼亚的莫斯海陆实验室的马丁(John Martin)提出了他的理论：正是因为海洋的上层缺少铁元素，才使得浮游生物不能生存，没有浮游生物，其他海洋生物就没有食物，当然也不能生存。

20 世纪 90 年代中期，马丁的理论被一个英美联合研究小组证实了。他们在太平洋上加拉帕戈斯群岛以西 60 平方千米的海域里撒进硫酸铁溶液，结果令人振奋：在一周之内，原来这块毫无生命气息的海面由于飘荡着浮游生物而变成了绿色。这就证明了马丁的理论：正是因为缺乏铁元素才限制了浮游生物的生存。人们突然意识到，可以像在陆地上施肥一样给海洋施肥，而且这很容易办到，把废弃的生锈铁器制成硫酸亚铁撒进海洋里就可以了。随后这块本无生命的海域就会繁盛起来，成为浮游生物和其他更高级的海洋生物的乐园。如果用海洋里的鱼类取代陆地上的家畜，作为人们摄入蛋白质的主要来源，就能将大量用于农业生产的土地恢复到自然状态。

展位 5　发出眩目的光芒——镁

当人们听到人体内镁的含量几乎是铁含量的 10 倍时，都不免觉得惊讶。这种令人惊讶的金属在人体内到底起什么作用呢？我们对镁的最初印象一般来自中学时代化学教师所做的演示：他把镁条点燃，以此来证明这种金属是多么容易燃烧，发出的光是多么明亮。这便是数以百万计的用镁制成的火焰炸弹曾散射到英国、德国和日本城市以使之着火的原因，也是用镁制成的闪光灯在照相技术中得到应用的原因。现在，我们已经有了更为重要的用途去利用这种非凡的金属，而它在人体内也起到了至关重要的作用。

我们最初是通过母乳摄取镁的，为了身体机能的正常运转，我们每天都得摄入这种元素。我们的饮食中是否会缺镁呢？1991 年，英国的医学杂志《柳叶刀》(*Lanct*)发表了坎贝尔(Mike Campbell)博士的文章，他认为，可以用镁盐来治疗慢性疲劳综合征。患有这种病的人把这种令人费解的病叫做“肌痛性脑脊髓炎”(myalgic encelphalomyelitis, 简称 ME)，而有些人则把这种病嘲弄地称为“雅皮士流感”。坎贝尔在文章中报告了他对 30 位患有 ME 的病人所做的双盲实验(是指参与测试的病人和护士都不知道所用的是实验药品还是安慰剂)的结果。参加实验的半数的病人每周都接受硫酸镁溶液的注射，共注射 6 周，而另一半病人注射的是蒸馏水。6 个星期以后，注射硫酸镁溶液的 15 人中有 12 人出现了好转的迹象，与此相比，注射蒸馏水的病人中只有 3 人出现了好转迹象。接受镁盐治疗的病人认为自己与以前相比更有精力了，感觉好多了，对疼痛的忍耐力也增强了。

缺镁是否真的是患上 ME 的一个因素还有待进一步研究，但无论如何缺镁的情况是极罕见的。我们每天大约需要200毫克这种元素，但人体能够非常有效地利用它，既能比较完全地从食物中吸收镁，而且在无法吸收时还可以循环利用体内已有的镁。人体每天摄入镁的量一般为350—500毫克(后者约为1/50盎司)。过多的镁就不易被人体吸收，而且人体一旦吸收了过多的镁，会引起轻度腹泻，与我们吃了泻盐(硫酸镁)或镁氧奶(氢氧化镁)时出现的情况一样。

毫无疑问，镁是所有的生命体都必需的一种元素，因为它存在于叶绿素分子的核心。植物需要它来获取阳光的能量，以合成糖和淀粉。地球上之所以有绿色，就在于镁—叶绿素吸收了阳光中的蓝色光和红色光，并反射出绿色光。植物从土壤里吸收镁，我们直接从蔬菜等植物中吸收镁，或者间接地从草食动物那里摄取镁。

镁在人体中遍布全身，而骨骼系统内含有的镁最多，并成为储存镁的主要场所。人体内的镁有三种功能：调控穿过细胞膜的运动；构成使食物中的能量得以释放的酶；用于构建蛋白质。我们一般无需为能否摄入足够的镁担心，但缺镁的情况有时也会发生，这主要是由于营养不良、酗酒或衰老造成的。缺镁的表现是嗜睡、易怒、沮丧，并有可能产生性格改变，所有这些都被认为是ME的典型症状。

正常的饮食能提供给人体足够多的镁，大多数食物中都含有镁，但雪碧、软饮料、糖和脂肪实际上不含镁。在前一展馆里我们已经了解到，大黄和菠菜会主动阻止人体吸收镁元素，因为它们所含的草酸会与镁形成一种人体不能消化的化合物。如果你喜欢吃大黄或菠菜，也无需担心什么，因为它们不大可能是你摄取镁的唯一途径。烹饪不会对镁产生多大影响，即使你把煮蔬菜的汁倒掉，你也只倒掉了一半的镁元素。有些食品中含镁相对较多，如杏仁、巴西坚果、腰果、黄豆、欧洲萝卜、麦麸、巧克力、可可和啤酒酵母等，所有这些食品每

100 克的镁含量都超过 200 毫克(0.2%)。

特里默(Eric Trimmer)博士在他所著的《镁的魔力》(*Magic of Magnesium*)一书中认为，当代人的饮食妨碍了人体对镁的吸收，这是因为人们摄入的磷酸盐在不断增加。令人吃惊的是，他在书中还认为，镁能够减轻经前综合征，还能对付骨质疏松症。他建议人们多吃含镁较多的食品，如麦麸、可可和巴西坚果，这几种食品的含镁量都超过了 0.4%。

镁是地壳中含量排第五位的金属(前四位是铝、铁、钙、钠)，镁矿矿石主要有白云岩(含碳酸镁和碳酸钙)和光卤石(含氯化镁和氯化钙)。镁盐慢慢地也会被河流从陆地带入海洋，这就是海水中会含有 0.12%的镁的原因，而整个地球海洋中含有的镁达到了 10^{24} 吨。现在世界上镁的年产量已超过了 300 000 吨，其中约有一半是从海水中提取的。大多数镁用于炼钢时清除钢内含有的硫，或者和铝一起制成合金，以增强铝的硬度。现在，用镁制成的设备也越来越多，尽管镁以易于燃烧并发出耀眼光芒而闻名，但是大块的镁并不易燃烧，用镁制成的管子和杆也能够很安全地进行焊接。

1990 年，在环法自行车锦标赛中，丹麦队队长安德森(Phil Anderson)骑了一辆纯镁车架的自行车。这种车架比钢车架更为结实也更为灵巧，是坚固和轻便的完美结合。钢车架是镁车架重量的 5 倍，而镁车架甚至比铝车架更轻，铝车架的重量是镁车架重量的 1.5 倍。纯镁制成的框架可以铸成一个整体，这样就免去了焊接，从而使车子的坚固性和轻巧性都达到了最大。

镁还用于制造行李架、磁盘驱动器和照相机部件，因为在这些场合，轻便性显得非常重要。到 21 世纪初，这种用途广泛的金属的年产量可望超过 500 000 吨，因为汽车制造商们已经发现用镁制造的汽车更轻便，使用时间更长，而且能改善环境。奔驰汽车公司已经在用镁制造座位架，保时捷公司也在用镁制造车轮。更为轻便的汽车就意味着更少的汽油消耗，如果两车相撞，危险性也会小些。

展位6　曾经被忽视的联系——锌

有些营养顾问认为，在现代的西方饮食中可能存在缺锌的情况，而老百姓也逐渐意识到，人们缺锌可能比缺铁更为严重。以后，人们很有可能会在早餐吃的麦片中加入锌。锌在人体中主要以两种方式存在：首先，许多酶里都含有锌，目前已经确认在100多种酶里都含有锌；其次，锌还是具有转录功能(所谓转录就是以DNA为模板合成RNA的过程)的蛋白质的构成元素，而这些蛋白质的种类似乎更多。

锌是酶的构成元素，这是人们认识到的它的第一个功能。另外它还处于许多种酶的核心位置上，尤其对于那些调控人的生长、发育、寿命和繁衍的酶，锌的地位更为突出。生活在某些土壤里锌含量低的地区的人们，特别是在中东和埃及，就可能会出现缺锌的症状，比如发育迟缓。

锌在某些酶中的重要作用在20世纪初即被发现，但直到1968年，人们才在伊朗首次发现了缺锌的病例。当时，普拉萨德(Ananda Prasad)博士在那里遇到了一个令他头痛的病例，他的一位21岁的病人，体重和性器官的发育只能达到10岁儿童的水平。此人的饮食主要包括未发酵的面包、牛奶和马铃薯。后来，普拉萨德还发现了多个发育迟缓的病例。尽管在此之前缺锌症还从未被发现过，普拉萨德仍凭借着他对锌缺乏症的理论知识，以及在动物身上所做的实验，猜测这些病人所患的疾病可能与缺锌有关。后来普拉萨德来到埃及，开始对这个问题做进一步的研究。这一次他以因身材矮小而未被批准入伍的年轻男性为研究对象，利用硫酸锌和安慰剂做双盲实验，从而证明了缺锌的确是他们患病的原因，并于1972年公开发表了他得出的结论。这一下，普拉萨德成了世界上锌代谢方面的权威。他写的一本专著《锌的生物化学》(*The Biochemistry of Zinc*)，一举成为该领域最具影响力的著作。这本书还包括了对肠病性肢端皮炎这种遗传病的描述，对于先天患有此病的婴儿来说，在以前这种病是无可挽救的，但现在可以用含锌制剂来治疗。

对于大多数人而言，摄入足够的锌不成问题。一个普通成年人体内含有2.5克左右的锌，并主要存在于肌肉组织中。依据人们对肉食的偏好不同，每人每天的锌摄入量在5—40毫克之间。对于成年男性，每天应该摄入锌的量约为7.5毫克；对于成年女性，约为5.5毫克。小牛肉、羔羊肉和肝脏里的含锌量最高，牡蛎、鲱和大部分奶酪的含锌量也很高。严格的素食主义者可以从向日葵、南瓜籽、啤酒酵母、槭糖浆和麦麸中获得锌。

在人体中，前列腺、肌肉、肾脏和肝脏里含有的锌元素最多，精子中含有的锌也特别丰富。一些证据表明，即使在西方发达国家，也有一些人的饮食不能为人体提供足够的锌元素。在有些地区，人们发现，缺锌是引起精子数减少的主要原因。牡蛎是锌含量最高的食品之一，每磅(约合0.45千克)中含有120毫克的锌。18世纪的大情圣卡萨诺瓦先生每隔一些日子就会吃一些牡蛎，虽然他并不知道牡蛎补锌。否则，他体内的锌很有可能会被他的放纵所耗尽。

锌还在人体对付酒精的方式中起作用。酒精是由肝脏中含有的一种乙醇脱氢酶分解的，在这种酶的中心有一个锌原子。如果人体摄入酒精过多，会对肝脏产生损害。人们很早便已发现，患有肝硬化的病人的肝脏中，锌含量要比正常水平低。而且如果肝脏受损不太严重的话，补充一些锌就可以使肝脏机能恢复正常。

令人宽慰的是，锌盐对人体无害，而且在任何保健食品商店和药店里都能买到。对于神经性厌食症、经前神经紧张、产后抑郁、痤疮以及流感这样的疾病，通常的治疗方法如果不能奏效，营养顾问们一般会建议食用锌盐。如果上述疾病因缺锌而加剧，那么病人显然需要补锌才会有疗效。

对于一般人来讲，在摄入铁、镁、锌等人体必需的金属元素时，应该注意些什么呢？如果你是女性，就应关注铁的摄入；如果你是男性，则应关注锌的摄入。但无论男女，最好都要遵照你们长辈的建议，在吃早餐时吃一碗以麦麸为主(如全麦麸)的麦片粥。这类食品的好处在于，它含有许多纤维成分，并能提供人们所需的多种金属元素，具体如表3所示。

表3　麦麸和全麦麸中所含的人体必需的金属元素

金属元素	麦麸①	建议摄入量②	全麦麸③
钾	1 160	3 500	480
镁	520	300	88
钙	110	700	45
钠	28	1 600	36
锌	16	7.5，5.5④	2.5
铁	13	9，15④	3.5
铜	1	2	0.4

① 每100克含的毫克数；
② 普通成年人每天的建议摄入量；
③ 建议以40克为一份；
④ 前一数字是男性的建议用量，后一数字是女性的建议用量。

麦麸是小麦的保护层，也就是包着里面麦仁的表皮。我们在做面粉时一般都把麦麸去掉，因为它主要是由人体不能消化的纤维素构成的，尽管由这种纤维素构成的纤维能够使人体器官产生有规律运动。表3给出了人体必需的最重要的7种金属元素的每日建议摄入量，还给出了早餐时吃一碗全麦麸，你所能摄入的这些元素的量。吃的时候最好和稍煮一下的牛奶一起吃，可以促进像钠和钙这样的无机盐的吸收。尽管被称为全麦麸，人们早餐时吃的麦片粥中实际上也只有3/4的麦麸。如果全部用麦麸做早餐，那么味道肯定好不了。如果在麦片粥里加些糖，再加入一些麦芽糖和盐作调味剂，就是一份味道甜美而又营养丰富的早餐。

展位7　泛着淡黑色光泽的美丽的物质——铜

如果你把本书翻到前面的表2，就能看到8种在我们体内只有几毫克但又必不可少的金属元素。它们是铜、锡、钒、铬、锰、钼、钴和镍。如果我们从食物中摄入上述金属元素的量不够，也许还对人体无害；但如果我们摄入的量太多则会对人体有害，因为它们会对体内的其他金属产生对抗作用。铜就是这样一种金属，如果摄入量过多会对人体产生严重的不利影响。

人体中有一些酶，对有效利用氧非常重要，而这些酶的构成需要铜的参与。如果我们的饮食不能提供足够的铜，对人体并没有危险。铜不但富含在某些食品中，而且如果我们生活在软水区，且利用铜管供水，那么我们通过饮水摄入铜的数量也一定少不了。实际上有些情况已表明，我们已经摄入了太多的铜，而它会破坏人体内铁和锌的正常作用，因为铜会取代这些金属在具有生物活性的分子中的位置。

1818 年，布霍尔茨(Christian Friedrich Bucholz)在草木灰中检测到了铜。1850 年，人们在法国圣马洛湾附近收集到的海藻中也检测到了铜。最令人惊奇的发现可能是哈利斯(E. Harless)于 1847 年在章鱼和蜗牛的血液(呈蓝色)中发现了铜。现在，我们还知道蜘蛛的血液也是蓝色的，所有这些动物都是利用血蓝蛋白中的铜原子在体内运载氧的，而哺乳动物则是利用血红蛋白中的铁原子在体内运载氧的。

铜元素对于所有物种都是必需的，但它有毒性，而且只要摄入 30 克(1 盎司)的硫酸铜就可以致死。硫酸铜这种曾经在孩子们的化学装置里得到广泛使用的普通化学药品现在已被禁用。然而，我们不可能因硫酸铜而中毒，因为大剂量的硫酸铜会起到催吐剂的作用，人很快就会把它呕吐出来。

我们每天大约需要吸收 1.2 毫克的铜，哺乳期妇女大约需要 1.5 毫克。我们最好摄入肉类食物中以铜—蛋白形式存在的铜元素。含铜量较高的食物包括章鱼、螃蟹、龙虾、羊羔肉、鸭肉、猪肉、小牛肉(尤其是肝脏和肾脏)、杏仁、核桃、巴西坚果、葵花籽、黄豆、麦芽、酵母、玉米胚芽油、麦淇淋、蘑菇等，当然还有麦麸。我们每天从食物中摄取的铜元素的量差别很大，0.5—6 毫克不等，这主要取决于我们对上述食物的偏爱程度。在人体中，铜主要集中在肝脏和骨骼，平均一个人的体内大约含有 72 毫克的铜。

在自然界里，天然的铜会以晶体的形式存在。大约在10 000年以前，居住在伊拉克北部的人们可能就是以这种天然铜为原料制成铜珠的。纯铜制品可以追溯到古埃及最早的朝代，而铜矿的冶炼则始于7 000 年前的同一地区。但铜被大规模地用来冶炼青铜合金之后，铜才在人类发展史上成为一种至关重要的金属。青铜时代大约始于公元前 3000 年，一直延续到公元前 1000 年左右。这期间，人类文明经历了很大的变化，从一种文明形态发展成了另一种文明形态。青铜是如何被发现的，我们不得而知，我们只知道大约在公元前3000年，埃及、美索不达米亚和印度河峡谷的人们肯定也掌握了这种金属的冶炼技术。

把铜从铜矿石中提炼出来并不难，但提炼出来的铜相当软。只有把锡加入铜内，按2:1的比例形成合金，铜的硬度才能提高，这种铜便是青铜。copper（铜）这个词源于塞浦路斯的罗马名称Cuprum。在塞浦路斯还没有被并入罗马帝国的版图以前，该地区一直是输出金属铜的主要地区。

铜的主要矿石是黄色的硫化铜—硫化铁矿，被称为黄铜矿。这种矿石现在主要产于美国、刚果（金）、加拿大、智利和俄罗斯，这5个国家的产铜量总计可达世界年产铜量的80%（其中还有银和金等副产品）。另外一种更有名气的铜矿石是绿色的孔雀石，可用于刨光的板材、桌面和柱子，在很多国家都有出产。世界的铜产量一年可达600万吨，而已探明的储量预计仅够开采50年左右。这种估计也可能太悲观了些，因为现在的通信线路主要采用光纤，代替了过去的铜线，所以耗铜量就会越来越少。

铜是理想的电线原料，因为它容易加工，可以被拉成细的电线，且电导率高。铜的传热效果也很好，曾被广泛用于平底锅、大茶壶、水壶的制造。传统上铜一直都用于造币，它和金、银一起成为古代最基本的流通货币。由于铜是最常见的金属之一，所以和金、银相比，铜的价值自然较低。

铜不易与空气和水发生反应，所以常用于制造公共设施的顶棚，随着日晒雨淋，其表面能形成一层漂亮的绿色保护层——碱式碳酸铜。

展位8　一组人体必需的金属元素——锡、钒、铬、锰、钼、钴、镍

对于标题上所列的这些金属，人体的需要量极少，即使是一生的需要量加起来也不足30克(1盎司)。它们之所以被认为是人体必需的元素，是因为从动物体内分离出来的多种酶中均含有这些元素，而这些酶的催化作用也被认为是人体系统的一部分。于是我们似乎可以合乎情理地推测，这些金属是人体必需的元素。由于人体对它们的需求量极少，通常也意味着即使摄入量不足也不会对人体产生危害。下面，我们逐一简要介绍它们，先后次序按表2中所列的各种金属在人体中含量的多少排列。

锡

体重为70千克的成人，体内平均含有20毫克的锡，其中一些来自于罐头食品的金属罐。我们一天大约摄入0.3毫克的锡，但目前还没有人类缺锡的任何证据，也没有人体确实需要这种金属的明确证据。只是对于某些动物来说锡可能是不可缺少的，比如如果给大鼠喂不含锡的食物，它就不能正常成长。对于人类来说也许同样如此。

在古代，锡很早就已经为人们所知了。在古埃及第十八王朝(公元前1580—前1350年)的古墓里，人们便发现了锡指环和朝圣者用的锡制瓶子。在铁皮上镀一层锡保护层的马口铁，早在公元前320年就被狄奥弗拉斯图(Theophratus)提到过。tin(锡)是一个盎格鲁-撒克逊单词，而其化学符号Sn却来源于锡的拉丁语名stannum，而stannery(锡矿)这个词也来源于这个拉丁语名。早期的锡贸易是由腓尼基人在地中海沿岸进行的，他们从西班牙、布列塔尼、西西里岛和康沃尔郡购得锡，再卖到其他地方。凯撒(Julius Caesar)在他的《高卢战记》(*Commentaries on the Gallic War*)一书中就提到了英国的锡。

中世纪，在波希米亚和萨克森地区有规模很大的锡板工业。19 世纪初，人们发现如果把食物尤其是肉类，密封在锡制罐子里储存，就能够存放很长时间。然而，吃这种肉可能是致命的，在第八展馆我们将详细讨论这个问题。

大多数形态的锡毒性都很低，但有证据表明，某些锡的有机化合物有致癌和诱发基因突变的作用。在这些化合物里，锡原子和碳原子通过化学键连接在一起，从而形成了具有毒性的物质。某些锡的有机化合物被用作防污涂料，涂在轮船和帆船的船体上，以防止藤壶等甲壳动物在上面繁殖。但是，即便这种化合物的含量很低，对于像牡蛎这样的海洋生物来说也是致命的，好在这种做法已逐渐停止。

锡是一种很软且易于弯曲的金属，但它不会以这种方式被人们利用，因为在低于 13℃ 时锡就会慢慢地变成粉末状——这种性质是因锡带来的一场灾难而广为人知的。但是，这似乎只是一个传说，即拿破仑的大军于 1812 年从莫斯科撤退时，他那所向披靡的士兵几乎都冻死在路上了，这是因为这些士兵军服上的钮扣全是锡做的，在寒冬里都变成了粉末。如今，人们把锡镀在钢板上，制成罐头盒，还可将锡用于焊接。锡矿石的主要成分是氧化锡，主要产地有马来西亚、印度尼西亚苏门答腊、俄罗斯、中国、玻利维亚和刚果(金)。锡在世界上的年产量是 16.5 万吨，按目前的速度，已探明储量的锡矿只够开采 30 年。锡主要用于制造罐头盒，我们也可以回收罐头盒，以对其进行循环利用。

钒

和锡一样，人体内含有的钒比实际需要的多很多。体重为 70 千克的成人，体内平均含有 20 毫克的钒，每天的摄入量约为 2 毫克。人体中有一种酶能够控制钠的作用方式，人们认为钒就是这种酶的调节物质。此外，钒还有其他的作用。钒第一次引起营养学家的关注是在1977年，当时人们发现市场上人工制备的腺苷三磷酸(ATP)能够通过作用于神经系统，扰乱体内作用于神经系统的钠—钾平衡。ATP是一种高能量分子，在参与人体代谢过程的每一个细胞里都有。人们对这种破坏钠—钾平衡过程的进一步研究发现，是钒在其中起了一些作用，从而引起了人们对它的兴趣。然而，至今人们仍然没有搞清楚，为什么钒是人体必需的一种元素。尽管如此，人们还是认为它是必不可少的。对鸡和大鼠进行的实验告诉我们，钒有促进生长的功能，对于人来说估计也差不多。然而，人类不大可能出现缺钒的情况。

钒是一种闪烁着银色光泽的金属，主要用于制造合金，尤其是与钢形成合金。1801年德里奥(Andrés Manuel del Rio)在墨西哥的墨西哥城首次发现了这种元素，此后，1831年塞尔弗施特勒姆(Nils Gabriel Selfström)在瑞典的法伦再次发现了钒。尽管世界上有许多含量很高的钒矿，但人们并不直接从钒矿中提取钒，一般是在提炼其他元素时留下的副产品中得到钒的，或者从委内瑞拉产的石油中提炼钒。钒在全世界的年产量约为7 000吨。

铬

体重为70千克的成人，体内平均含有14毫克的铬。现已证明，动物如果缺铬，身体利用葡萄糖的能力就会下降，从而出现轻度糖尿病以及胆固醇水平下降的情况。动物既然如此，人类的情况估计也差不多。但目前还没有确切的证据表明铬是人体必需的一种元素，尽管人们已发现了几个缺铬的病例。人们已经观察到，随着年龄的增大，美国人体内的铬含量会稳定下降，但这意味着什么我们还不得而知。如果这意味着对人体将产生危害，那么我们就必须注意多吃一些含铬量较高的食物，如啤酒酵母、糖蜜、麦芽和动物肾脏。（在饮食中补充无机类的铬盐绝非明智之举，因为铬盐的毒性很强。）

含铬较多的食物有牡蛎、小牛肝脏、蛋黄、花生、葡萄汁、麦芽以及黑胡椒等。人们每天从饮食中摄入的铬的数量差别很大，从 10 微克到 1 200 微克（即 1.2 毫克）不等，而每天排泄出去的铬为 50—200 微克。人体摄取的铬是有毒性的，达到 200 毫克就相当危险了。人们怀疑铬也是一种致癌物质，而铬酸盐还会对皮肤和组织产生侵蚀作用。

铬主要是通过产自土耳其、南非、津巴布韦、俄罗斯和菲律宾等地的黑色铬铁矿提炼出来的。全世界铬的年产量约为 20 000 吨。铬是一种坚硬的具有蓝白光泽的金属，经过抛光后亮度极高，在空气中不会受到氧化和侵蚀。铬主要用于生产合金、镀铬以及金属陶瓷。chromium（铬）这个名称来源于希腊语 chrome，意思为“色彩”，因为铬盐通常能够发出夺目的光彩。铬黄这种颜料（即铬酸铅）在绘画中用得很多，也是因为它能发出绚烂的色彩。

锰

体重为 70 千克的成人，体内平均含有 12 毫克的锰。所有的动物和植物都需要这种元素。虽然我们已经知道锰参与了葡萄糖的代谢和维生素 B_1 的活动，还与 RNA 有联系，但它的确切功能是什么还不清楚。1931 年，凯默勒（A. R. Kemmerer）和他的同事们证明锰是小鼠和大鼠体内必需的一种元素。1936 年，人们通过实验发现，给小鸡喂锰可以预防锰缺乏症。后来，锰化合物开始被加到肥料和动物饲料中，这是因为有些土壤里缺锰，如果将牲畜在这样的土地上放牧，就可能患上锰缺乏症。

人们每天摄入锰的量平均为 4 毫克，但范围却从 1 毫克到 10 毫克不等，这个上限已与20毫克的危险摄入量相差不远了。然而，锰的毒性主要取决于它的化学形态。我们一般摄入的是锰的二价正离子（Mn^{2+}），毒性并不很大，但高锰酸根离子（MnO_4^-）的毒性很强。人们经过实验测定发现，锰的化合物具有致癌和导致畸胎的作用。在现实生活中极少出现因摄入锰的化合物而中毒的情况，但是身处含有锰的化合物的灰尘或烟尘之中对健康有害。工作环境中的锰的化合物含量不应超过5毫克/米^3，即使时间很短也不行。工人们如果吸入了含有金属锰的气体，就会出现"烟雾热"（fume fever），其表现就是疲劳、厌食、乏力。

人们完全没有必要补充锰这种元素，因为我们从日常饮食中摄入的锰已大大超过了人体所需的量。富含锰元素的食品有：葵花籽、椰子、花生、杏仁、巴西坚果、乌饭树浆果、橄榄、鳄梨、谷物、小麦、麦麸、大米、燕麦和茶。著名大菜法式蜗牛中也含有较多的锰。

世界上锰的年产量超过了600万吨，主要产自南非、俄罗斯、加蓬和澳大利亚。据估计，仅太平洋板块上的锰结核就有1万亿（10^{12}）吨之多，但如果人们要开采这些宝藏，其目的往往是为了获得其中包含的铜、镍、钴，而不是锰。锰的用途主要是制造合金：在人们开采的锰矿石中有95%用于生产合金，而且主要是和铜、铝等非铁金属制成合金；其余5%的锰矿石用于生产锰的化合物。加入锰之后，合金的强度和性能会大大提高，并且具有与钢相同的阻抗。

紫水晶之所以会呈现出紫色，就是因为锰的存在。在中世纪，玻璃工匠们就利用软锰矿（即二氧化锰）来去除玻璃中的绿色——把二氧化锰加入熔化了的玻璃之中可以使玻璃变得晶莹透亮。如果加多了，玻璃就会变成紫色。

锰是人们较早发现的所有生命体中都含有的金属之一。甚至还在

18世纪时，人们便已发现如果把盐酸加入木头灰烬中，就会释放出氯气。这是木头灰烬中有二氧化锰存在的可靠证据，因为这种化合物能够使盐酸放出氯气。如果把盐酸加入其他植物的灰烬中，也能观察到同样的现象。1808年人们在牛骨中发现了锰，1811年又在人体骨骼内发现了锰，1830年还在人体血液中发现了锰。

钼

体重为70千克的成人，体内平均含有5毫克的钼，但是如果有人一次吃下5毫克的钼就会有危险，而50毫克的钼就足以使大鼠死亡。平均而言，一个人一天摄入钼的量是0.3毫克(一生中大约摄入8克，相当于1/4盎司)。含钼较高的食物有猪肉、羊羔肉、牛肝、葵花籽、黄豆、扁豆、豌豆和燕麦。

钼虽然有毒性，却是所有物种都必需的一种元素。哺乳动物都含有一种酶，叫黄嘌呤氧化酶，其中就含有钼。另外钼还是产生尿酸的关键成分，而尿酸是人体从体内排出含氮废物的主要途径。如果黄嘌呤氧化酶活性过强，就会引起痛风。痛风是锐利的尿酸晶体聚积在关节处形成的一种会给人带来剧烈疼痛的疾病。现代的治疗手段就是降低这种酶的活性以减轻症状。

目前人们已发现了20种含钼的酶，其中最广为人知的是固氮酶。这种酶能在某些植物，如豆科植物根部的结节处找到，具体内容我们将在第六展馆谈到氮时再详细介绍。另有一种钼酶能够在酒精的代谢中发挥作用。在体内，酒精首先被一种含锌的酶转化为乙醛，然后乙醛再被一种含钼的酶转化为醋酸，而醋酸可以被人体用作能源，释放能量后，变成二氧化碳。有些人种，如日本人，体内含有钼酶的量较低，其结果就是把酒精转变为醋酸的过程非常缓慢。所以，和其他种族的人相比，日本人喝酒很少，却醉得很快。

钼还是参与新陈代谢的重要物质。因为钼的存在，海藻可以对硫进行处理，将其转变为二甲基亚砜，然后借助于一种钼酶，将其转化为挥发性的甲硫醚。甲硫醚会从海里挥发到大气中去，并被氧化成甲基硫酸，从而形成云团。甲硫醚还能把海鸟吸引到它所在的区域里去，这里一般都是营养丰富、鱼群出没的地方。

世界上钼的年产量约为 80 000 吨。钼矿主要分布在美国、澳大利亚、意大利、挪威和玻利维亚，现已探明的储量仅够开采 50 年左右。大多数的钼被转化为硫化钼，用于润滑油和防腐添加剂的制造。钼还可以用于催化剂、电极和钼合金之中，也能作为灯泡里支撑灯丝的电线，还可用于 X 射线机中。

钴

体重为 70 千克的成人，体内平均含有 3 毫克的钴。由于钴是维生素 B_{12} 分子的核心物质，所以它确实是人体必需的一种元素。但如果饮食中含有太多的钴，就会影响甲状腺的正常功能，并对心脏造成伤害，有人甚至怀疑它是一种致癌物质。我们每天摄入的钴数量差别很大，可能会高达 1 毫克，但除了构成维生素 B_{12} 的钴外，其余的将不被吸收而排出体外。人体需要钴的数量很少，而且在整个人体中可能只含有 1 毫克(比 1/10 000 盎司还少)的钴。食物中含维生素 B_{12} 较多的有沙丁鱼、大马哈鱼、鲱鱼、肝脏、肾脏、花生、豌豆、奶油、麦麸和糖蜜等。

钴具有重要的商业价值，其矿藏主要分布在刚果(金)、摩洛哥、瑞典和加拿大。世界上钴的年产量为 17 000 吨。钴可以像铁一样被磁化，因此也可用于制造磁体。另外，在陶瓷和绘画中也会用到钴。钴的放射性同位素钴 60 还可用于医疗和辐照食品。辐照食品是指利用钴 60 的放射作用，杀灭能引起食品腐败的微生物以及能引起食物中毒的有害细菌，从而达到长期保存食品的目的。

镍

体重为70千克的成人，体内平均含有1毫克的镍。人们现已证明，对一些物种而言，镍是必需的一种元素。镍和生长有关，但它在代谢方面的确切作用还未搞清楚。一个人每天大约需要5微克的镍，但通过饮食摄入的镍可高达150微克。含有刀豆尿素酶的豆科植物中也含有镍，这种酶的每个分子中都含有12个镍原子。另一种含镍相对较多的植物是茶，每千克干茶叶中含有7.6毫克的镍。其他植物的镍含量一般都小于这一数字的一半。

大多数镍的化合物都是无毒的，但也有一些具有毒性，或具有致癌和形成畸胎的可能。羰基镍有剧毒。有些人对镍特别敏感，由于不锈钢中含有镍，他们会遭受不锈钢表带造成的瘙痒和湿疹之苦。镍之所以被认为是致癌物质，原因在于它能够置换出锌和镁，而锌和镁是形成DNA聚合酶必需的金属离子。镍离子与锌离子、镁离子略有不同，所以会影响这种酶的正常催化功能，结果可能会导致把不该结合在一起的核苷酸结合在一起，形成错误的DNA序列。如果这种情况真的发生了，而且发生错误的地方未被发现，也没有得到纠正，那么体内就可能滋生癌细胞。好在人体自身检查、纠正和删除错误DNA序列的过程非常高效，能保护我们免受此种威胁。但很明显，如果有些人因为职业的关系或其他原因，总是要接触到过量的镍，那么他们的机体发生癌变的概率就会增加。

全世界镍的年产量是51万吨，已经探明的储量还够人类开采140年左右。镍矿主要分布在俄罗斯、美国、加拿大和南非。镍是一种具有银色光泽的金属，容易加工，可以拉制成电线，即使在高温下也不会氧化腐蚀，因此，它可以用在燃气轮机和火箭发动机上。镍镉电池充电 1 000 次仍然能够正常工作，但需要注意的是镉会产生环境污染，我们将在第八展馆讨论这个问题。

大多数的镍用于制造不锈钢。不锈钢的成分为：74%的铁，18%的铬和 8%的镍。镍还可以形成多种镍合金，其中一种所谓的“超级镍合金”将来可能会用于火箭发动机和喷气发动机中，那里的温度会高达 1 000℃以上。用途最广的镍合金恐怕还是铝化镍金属间合金，它是由镍和铝形成的一种性能优异的合金，首先由位于田纳西州属于美国政府的研究机构橡树岭国家实验室研制而成，将来有可能成为制造家用摩托车发动机的主要材料。不久以后，这种合金还将广泛应用于火箭、高性能喷气发动机和热交换机的制造。使这种镍铝合金如此不同凡响的主要原因，还在于它在高温下表现出的独特性能。它的强度比不锈钢高出 5 倍，实际上温度越高，这种合金的强度越大。在 800℃时，它的强度为室温时的 2 倍。发动机运转起来后变得越热，其效率就越高，这也是人们要寻找能保证发动机在 1 000℃以上的赤热温度下正常运转的材料的原因。铝化镍合金就是这种超级合金之一，能够在如此高的温度下具有足够的强度。

第三展馆
开始新生命，珍惜新生命，激扬新生命——对年轻人有益或有害的分子

展位 11　坠入梦乡——褪黑激素

在本展馆，我们将会看到一些对我们影响至深的分子。这些分子不但会影响我们自己，而且会影响我们体内孕育着的小生命，或者影响我们满心希望想要创造的新生命。本展馆的后面一部分有一间隐蔽的展厅，那里放了一些不适于公开展览的分子，只有经过挑选的个体才被允许参观。人们虽然认为这些分子害人匪浅，但想把它们一扫而光，即使可能，也非常困难。

对人类来说，几乎很难找到比创造新生命更加重要的事情了，而大自然也似乎对这一过程持一种骑士般慷慨的态度，为人类的繁衍提供了远远超过需要的原材料。按正常情况，女性一生可产生 300 个左右的卵子，而男性在一周之内便可产生 3 亿个精子。虽然有如此丰富的物质条件，但人类的人口数量还会受到多方面因素的限制：高婴儿死亡率、饥饿、疾病和战争等等。即使如此，人类发展到今天，人口还是已经过剩了。这要归功于科学的进步。科学已经把四种自然限制因素的前三种造成的危害大幅度降低了，虽然它也使得第四种变得更加可怕。令人忧虑的是，在世界上的许多地区，科学至今还没有激发起人们对更好地节育的响应，但它已经能使人们进行更为精确的计划生育。如果你决定要生一个孩子，科学还能确保这个被你带到世界上来的小生命健康活泼。在发达国家，那些将要做父母的青年男女们认为唯一需要祈祷的，便是“请保佑我们的孩子平安”。对即将做母亲的女性来说，只需注意几点简单的预防措施，就能够保证她们的孩子避免可能会产生的严重威胁。在本展馆里，有两种分子是这些女性要认真对待的。

展位 1 胎儿的保护神——叶酸

叶酸能够在植物、动物和诸如菌类和酵母等微生物中找到。它存在于青草、蝴蝶翅膀和鱼鳞之中，而人也需要叶酸来作为多种代谢过程的必需成分。另外，子宫内的胎儿，尤其是在胎儿开始生长的前几周也需要叶酸，因为如果没有叶酸，胎儿就不能正常发育，出生时可能会患有脊柱裂。脊柱裂患儿的脊髓暴露在外，容易因受损而引起腿部麻痹。这种疾病能够通过在母体羊水中寻找一种异常蛋白质来加以诊断，也可以利用超声波来检查。如果确诊胎儿患有这种疾病，母亲就必须中止妊娠。不幸的是，并非所有患有这种疾病的胎儿都能被检查出来，所以还是会有一些患有脊柱裂的孩子降生。好在现代外科技术已经能够使他们过上满意的生活。

只要未来的母亲们能在饮食中摄入足够的叶酸，脊柱裂这种疾病是能够预防的。如果不能从母体摄取到足够的叶酸，胎儿是不可能正常发育的。女性可以通过吃一些含叶酸较多的食物，如肝脏、芦笋、菠菜、小扁豆、菜豆(通常是罐装的烘烤后的菜豆)、花生、蘑菇、酵母和麦麸等，在体内储存叶酸。现在，有些面包里也加了叶酸。各种食品中叶酸含量较多的是肝脏，约为 250ppm，另外还有球芽甘蓝(100ppm)、菠菜(90ppm)、花椰菜(65ppm)和橘子(50ppm)。有些牌子的玉米片和麦片中加入的叶酸含量也高达 250ppm。但叶酸含量最丰富的是肉汁类食品，如浓缩牛肉汁，以及酵母的浓缩品，如马麦脱酸制酵母和蔬制酵母，这些食品中的叶酸含量超过1 000ppm。

叶酸对人体的新陈代谢有多种作用，有一些作用至今还无法解释，如能增强人的忍痛能力。人体在核酸合成、生长发育以及造血等活动中都需要叶酸，叶酸缺乏会导致抗体形成减少。我们现在知道，叶酸是维生素 B 族中的一种。但在此之前，人们曾一度把叶酸叫做维生素 M。叶酸的主要功能是帮助构造其他分子，而它的独特之处在于能提供单个碳原子单元。叶酸很善于从其他地方获得这样的碳原子，在需要时将其交给像 DNA 这样的细胞成分和像甲硫氨酸这样的氨基酸。

人体可以在肝脏里储存叶酸，但对于孕妇、老人或患有腹泻的病人来说，如果不能从饮食或肠内细菌中获得足够的叶酸，肝脏内存储的叶酸就会耗尽。寄生在人体肠道内的细菌也能够产生叶酸并为人体所吸收，但它们只能提供人体所需的一小部分叶酸。人体内的叶酸含量可以通过检测红细胞和血浆中的叶酸浓度测得。叶酸不足会使我们患上一种叫巨成红细胞性贫血的疾病，约有 1/4 的孕妇患此疾病。由于体内胎儿的缘故，刚怀孕不久的妇女就需要在饮食中摄入足够多的叶酸，而这时她可能还没有意识到自己已经怀孕了。如果孕妇体内缺乏这种维生素，那么她体内的胎儿就可能出现神经管受损的情况，其中最常见的就是脊柱裂。胎儿的神经管在母亲怀孕一个月左右就会形成。如果一位妇女计划要生一个孩子，那么健康顾问一般会建议她补充叶酸，最好的办法是到药店或保健食品商店里购买每片含 400 微克叶酸的叶酸饮片。一片就能提供人体一天所需的叶酸。如果育龄妇女知道哪些食物中叶酸含量较高，那么她们也可以通过饮食补充每天所需的 400 微克叶酸。她们的肝脏能够储存叶酸，一般只要日常饮食中不缺乏叶酸供应，肝脏中储存的叶酸可以满足人体几个星期的需要。

根据叶酸的分子构成，我们可以人工合成叶酸。叶酸的分子构成包括谷氨酸、对氨基苯甲酸和蝶啶。纯净的叶酸能够在温水中形成深黄色晶体，但如果在沸水中加热就会分解，而且光照之后叶酸也会遭到破坏。因此，食物中所含的这种维生素大部分在烹制过程中被破坏了：那些含叶酸较多的蔬菜，恰恰是我们习惯于长时间烹炒的菜，如球芽甘蓝、花椰菜和菠菜等。事实上，这些菜只要稍煮一下就可以了。

叶酸被看作是一种人体必需的维生素，换句话说，它是一种我们必须要从食物中获取的必不可少的营养成分。其他一些生命体，比如细菌，可以形成它们所需要的叶酸。我们也可以利用细菌的这种功能消灭它们。最早的抗生素是磺胺制剂，它的工作原理便是阻止一种细菌在合成叶酸过程中起关键作用的酶的形成，从而可以阻止细菌的迅速繁殖。这就为人体产生抗体消灭细菌赢得了宝贵的时间。

叶酸在预防神经管损伤中的作用，是由英国利兹大学的史密塞尔斯(Richard Smithells)于1983年提出的。以此为基础，科学家们随后便开展了以1 800名以前生过脊柱裂婴儿的妇女为对象的大规模调查。这些妇女都还想要一个孩子，研究人员就把各种不同的维生素给她们服下，其中一半人给的是叶酸。研究报告在1991年公布，这些妇女中有1 200人又生了孩子，其中27人生下了神经管受损的孩子。在这27个孩子里面，21个孩子的母亲没有额外补充叶酸，只有6个孩子的母亲按要求服用了叶酸。

单靠叶酸可能还无法预防所有的神经管损伤。这个结论是爱尔兰都柏林三一学院的一组科学家得出的。在1993年的《医学季刊》(*Quarterly Journal of Medicine*)杂志中，这些科学家发表了对56 000名孕妇的研究报告。根据研究小组中一位名叫莫洛伊(Ann Molloy)的医生的说法，这项研究表明叶酸和维生素B_{12}都是预防脊柱裂的重要物质。她认为，如果需要在食物中增加叶酸含量，那么同时也需要增加维生素B_{12}的含量。都柏林的研究小组甚至认为，这两种维生素的建议摄入量都还太低。世界卫生组织曾经建议每人每天摄入200微克的叶酸，但在实验中对那些孕妇的用量都是500微克。时至今日，叶酸的建议摄入量至少应定在400微克。这是每一个年轻女性都应该力争达到的摄入量。

展位2 母乳——花生四烯酸

即使胎儿安全地通过了头三个月种种危险的考验，后面可能还会有麻烦，在孩子降生之前，母体仍可能会对胎儿产生排斥作用。这时，医生会根据医学理论对其采取保护措施，然而，采用新式早产儿恒温箱、各种手术器械和监控设备等技术辅助手段，常常不能尽如人意。

即使医生和护士把所有这些医护手段都用在早产儿身上，早产儿仍很难赶上正常生育婴儿的发育速度，甚至当他们一周岁时，体重仍较正常生育的孩子轻。早产儿患残疾的危险性也很高，比如患上脑瘫和失明。研究表明，之所以会出现这种情况，可能是由于他们的饮食中缺少花生四烯酸。孕妇的胎盘能够为胎儿提供足够的花生四烯酸，当胎儿顺利分娩后，婴儿还能继续从母亲的乳汁中获得这种物质。早产儿突然被切断了他所需要的花生四烯酸的供应，他就必须从喂给他的婴儿食品中获取这种物质。而直到现在，绝大多数的母乳替代品都不能提供任何的花生四烯酸，这样，早产儿血液中所含的这种化学物质的浓度会很快下降到那些仍未出生胎儿的一半以下。

伦敦哈克尼医院脑化学研究所的克劳福德(Michael Crawford)从事花生四烯酸对大脑发育影响的研究已超过20年。1992年他提出，缺乏花生四烯酸是威胁早产儿的严重问题，而且这也是他们在出生后的几周里体重不能升高到预期重量的主要原因。克劳福德认为，为新生儿配制的婴儿食品中必须包含花生四烯酸，而且其含量应尽可能与胎盘中的花生四烯酸含量接近。研究表明，早产儿在出生之后会很快陷入严重缺乏花生四烯酸的状态。花生四烯酸及其相关的脂肪酸廿二碳六烯酸(通常简写为DHA)对脑血管及大脑本身的正常发育是必不可少的。

1991年，欧洲儿科、胃肠病学和营养学会发表了一份有关婴儿食品中的脂肪含量的研究报告。报告建议在婴儿食品中应该增加那些母乳中含有的长链脂肪酸的含量，尤其要增加那些婴儿自身无法合成的多不饱和脂肪酸。其中一组是ω-6脂肪酸，这里的数字6与这种分子的化学结构有关，其结构包含了一条由碳原子构成的长链，沿着这条长链，碳原子间隔着以一个或多个双键相连。6表示这些双键(也称不饱和键)中的第一个双键位于从长链末端数起的第六个碳原子上，这个双键把第六个碳原子连在第七个碳原子上。花生四烯酸就是一种ω-6脂肪酸。

人体可以用另一种更常见的ω-6脂肪酸——亚油酸——合成所需的花生四烯酸。亚油酸在由植物种子榨出的油中含量特别丰富，如葵花籽油(50%)、花生油(14%)等，另外，熏猪肉里的亚油酸含量也不少(5%)，很肥的猪油里的亚油酸含量为10%。一旦婴儿能够产生所需的酶，最终他们都能在体内合成花生四烯酸。然而，在此之前，他们就只能依赖母体为其合成所需的花生四烯酸。如果一个胎儿过早分娩，他就只能通过插管被喂食婴儿食品，或由母乳喂养。(用其他母亲献出的乳汁喂养早产儿曾是一种很普遍的做法，但由于存在艾滋病感染的危险，现在已不再采用。)

由于婴儿的大脑和血管在这个重要时期的发育速度很快，并且花生四烯酸又必不可少，所以，即使是为正常分娩的婴儿准备的婴儿食品都应该增加这种必需的脂肪酸的含量。和亚油酸不同，花生四烯酸在动物或植物中很难找到，这为婴儿食品的生产带来了麻烦。第一个提出解决方案的是一家属于荷兰的美乐宝公司，该公司申请了一项从蛋黄中提取花生四烯酸和DHA的专利，他们把提取出的这些物质按照它们在母乳中的含量和比例加入到婴儿食品中去。最近，美国的马尔泰克生物技术公司又发现了一种从菌类中提取花生四烯酸、从海藻里提取DHA的新方法。其他各大婴儿食品公司都同他们签订了技术转让协议。同时，关于正常分娩的婴儿是否需要在饮食中加入这些脂肪酸的争论一直都在进行，因为从理论上讲，他们可以以亚油酸为原料在体内合成身体所需的脂肪酸。

大约在50年前花生四烯酸就被人们发现了，它存在于人体的肝脏、大脑和身体的各种腺体内。花生四烯酸之所以必不可少，是因为我们需要用它来合成前列腺素、激素和细胞膜。大脑构成的一半以上是膜结构，也都需要花生四烯酸和DHA的参与。花生四烯酸可能还有其他作用，实验表明，没有亚油酸和花生四烯酸，大鼠便会患上湿疹。一个人每天只要能获得5克(1/5盎司)与亚油酸类似的脂肪酸，就能使皮肤保持比较好的状态。

在有些情况下，人体细胞会产生身体不需要的花生四烯酸，例如在肌肉紧张、受到感染或患了关节炎的情况下，就会出现这种情形。这是形成前列腺素的第一步。前列腺素过多会导致受损部位出现炎症和疼痛。在这种情况下人们可以吃一些止痛药，如阿司匹林、布洛芬或扑热息痛等。尽管这些药物无法去除花生四烯酸，它们却能对把花生四烯酸转化为前列腺素的酶产生作用，使其不再执行转化功能。

营养化学的进步已经使人们能够生产完全平衡的配方食品，为婴儿提供所需的全部营养。一位母亲可能有很多理由用奶瓶喂养孩子，但如果她用母乳喂养孩子的话，会额外带给孩子一些非常重要的东西——抗体。抗体是由母体产生的能保护母亲和孩子免遭周围环境中的各种感染侵害的物质。母乳喂养可以预防一些威胁生命的疾病，如胃肠炎，这种病在用奶瓶喂养的孩子身上发病率更高。所有的婴儿都处在细菌感染的威胁之下，细菌可以在婴儿的胃和肠道内大量繁殖并会引起婴儿呕吐、腹泻和脱水。在发达国家，受到细菌感染的婴儿还可以用抗生素进行治疗；但在发展中国家，此种感染就有可能夺去孩子的生命。所以，母亲们都应该坚持用母乳喂养孩子。

刚做母亲的妇女第一次产下的奶水被称为初乳。初乳中含有特别丰富的乳铁蛋白，这是一种天然抗生素。初乳中乳铁蛋白的含量高达15 克/升。随着时间的推移，婴儿自身的免疫系统逐渐发展起来，受到细菌的威胁小了，母乳中乳铁蛋白的含量也不断下降。牛奶中不含乳铁蛋白，因为奶牛都是在停止合成牛抗体很久以后才用于挤奶的。另一方面，牛奶中不含乳铁蛋白倒方便了人们向婴儿食品里添加这种物质。但至今还没有任何一种品牌的婴儿食品把乳铁蛋白加入其中。

乳铁蛋白能够捕获铁原子，从而可以防止细菌把铁原子夺走。我们在第二展馆已经说过，细菌必须有铁原子的参与才能分裂繁殖。人体内都含有乳铁蛋白，乳铁蛋白会聚集在铁原子周围，抑制铁原子形成自由基。只要需要，人体就会自动合成乳铁蛋白，所以一般成年人并不需要刻意通过饮食摄入这种物质。人体中乳铁蛋白含量最高的是眼泪、唾液和精子。

展位 3　与性有关的化学物质——一氧化氮

在明媚的春天里，一位多情少年把春的狂想曲吹奏成了对爱的赞歌。

1842年，诗人丁尼生(Alfred Lord Tennyson)在他的名篇《洛克斯利大厅》(*Locksley Hall*)中这样写道。今天，我们从科学的角度来看，多情少年在每小时至少会想到4次与性有关的事情，而且不一定非在春天不可。但是，当多情少年的狂想要吹奏成爱的赞歌时，如果这些想法要变成现实，体内就必须产生一氧化氮分子。没有这种简单的分子，任何东西都无法帮助他完成其罗曼蒂克的欲望。

人体中的一氧化氮可以用来放松肌肉，杀死外来细菌，增强记忆力。一氧化氮能够使血管壁上的肌肉放松，因此可以减轻老年人的心绞痛发作。对青年男子而言，一氧化氮能够触发阴茎的勃起。色情的想象和刺激能够把信号传递给海绵体(阴茎内海绵似的肌肉)内的神经，使其释放出一氧化氮。一氧化氮会使肌肉得到放松，使得血液充入海绵体之中，引起阴茎膨大。一氧化氮的这一功能是以瑞典的伦德大学医院的安德松(Karl-Erik Andersson)为首的一个研究小组在1991年发现的，它改变了我们对这一令人惊奇的分子的看法。因为直到1987年，一氧化氮都只被认为是汽车尾气中的一种环境污染物，是造成酸雨的罪魁祸首。人们从未想到过一氧化氮会是人体新陈代谢的一部分，甚至直到有人提出这一答案之后，它似乎还是与其化学性质相悖，因为这种分子是一种具有高度活性的自由基——它含有一个自由电子。这种分子一般只能存在几分之一秒。虽然一氧化氮本身是稳定的，然而，一旦把它和另一种分子放在一起，就会发生化学反应。

一氧化氮是一种气体，在实验室里很容易制得——你只需把铜放入浓硝酸中，然后在溶液的上面收集无色气体就行了。利用这种方法制取一氧化氮时，决不能让无色的一氧化氮和空气中的氧气接触，否则，一旦遇到氧气，一氧化氮很快就会变成棕色的酸性气体二氧化氮。人们知道一氧化氮的存在已经超过200年了，1800年，它还差一点要了大化学家汉弗莱·戴维爵士(Sir Humphry Davy)的命，当时这位化学家竟试图吸入一些一氧化氮气体。

一氧化氮分子含有一个氧原子和一个氮原子，实在是再简单不过了。但这是一种多么神奇的分子啊，一点也不比占据了化学杂志最显要位置上的主角逊色。一氧化氮的化学符号是 NO，科学杂志也常用一语双关的方式来表示它：NO 与性；NO 的奇迹；NO 的发展方向；NO 的消息才是好消息；有了 NO 人体才能 YES。*

当 NO 由血管内壁的细胞释放出来时，它可以使附近的肌肉细胞放松，降低血压。1987 年，蒙卡达(Salvador Moncada)和他在英格兰贝克汉姆的韦尔科姆研究实验室的同事首次发现了血管能够释放出 NO 的现象。一年后，他们又发现它是由一种叫精氨酸的氨基酸产生的，而这种氨基酸在人体内的含量非常丰富。由此，他们一下子明白了包括亚硝酸戊酯和硝化甘油在内的一类药物的工作原理。这些药物可以通过释放 NO，放松收缩的血管，增加心脏的血液和氧供应，起到遏制心绞痛发作的作用。但是你却不能直接把 NO 用于治疗病人，因为 NO 是一种有毒气体，这还是由汉弗莱·戴维爵士发现的。人可以服下能够在体内释放 NO 的化学药物，释放出的 NO 只能在体内存在几秒钟，但已足以完成它的使命了。

治疗心脏病的药物已出现了很长时间。吸入亚硝酸戊酯的雾剂对血压的影响早在 1867 年就有记载，而且福尔摩斯(Sherlock Holmes)探案故事《住院的病人》(*The Case of the Resident Patient*)中也提到了这一点。在第一次世界大战期间，医生们报告说在军工厂里往弹壳中填放硝化甘油炸药的工人，往往血压很低，这一现象使人们开始把

---

* NO 可以理解为“一氧化氮”，也可以理解为“没有”，形成有趣的双关含意。下文中的 NO，即如此。——译者

硝化甘油当作一种扩张血管的药物。(就像一氧化氮一样，亚硝酸戊酯和硝化甘油都是氮氧化合物。)

NO的第二个功能是保护人体，因为它能杀灭人体不需要的细胞。小噬细胞是存在于血液里的一种细胞，它们能寻找到外来的微粒，如侵入人体的细菌或突变的细胞，并向这些外来微粒注入足以使其死亡的NO。有时候小噬细胞在防御过程中会表现得过于活跃，从而产生了过多的NO，甚至会危及人的生命。一般来说，引起住院病人死亡的主要原因是严重感染。这是因为人体在产生NO来阻止感染的同时，还会把血压降低到一个相当危险的水平上。NO的形成需要酶，阻止这种酶的形成的抑制剂能够在几分钟内把血压稳定下来，所以抑制剂也被广泛应用于处理感染病人。

人们直至现在仍不清楚，像硝化甘油这种一般被当作炸药的化学物质，究竟是怎么在人体内产生NO的。科学家们一直在研究它发挥作用的机理，最终，他们应该能够生产出释放NO时间更长的新药来。制药公司也希望研制出能够更有效地治疗循环系统疾病的新药，现在已有几种新药正在接受测试。

一氧化氮在人体中还起着信使的作用。因为这种分子非常小，可以很方便地出入细胞，也很容易被氧捕获。它甚至有可能是人们一直在寻找的被认为是记忆基础的“逆信使”(retrograde messenger)。大脑中一个曾受到过刺激的受体细胞是如何识别再次受到的相同刺激的呢？受体细胞的做法是，发出一个“接收与理解消息”的信号给那个发出消息的细胞。NO在其中就起信使的作用，它不但要确认消息已经被接收到，而且要安排发出消息的细胞在下一次发出一个更强的信号。

英国利物浦大学的卡斯维特(John Carthwaite)和他的同事们首先

在大脑中发现了一氧化氮，同时，韦尔科姆实验室的蒙卡达研究小组又发现，大脑合成NO的途径和血管合成NO的途径完全一样。美国约翰斯·霍普金斯大学的辛德(Solomon Snyder)合成了产生NO所需要的酶，即一氧化氮合酶，确证了他们的研究成果，而且发现大脑中含有大量一氧化氮合酶。

我们对NO了解得越多，就越会把其他一些发现与这种分子联系起来。现在我们知道，100多年来NO一直在保护着我们的食品。肉食加工商常用亚硝酸钠来防止熏制的火腿滋生细菌，还把亚硝酸钠放入罐装的腌制牛肉中作为防腐剂。虽然没有人确切知道这种物质为什么能起到防腐作用，但人们一直就这么用。现在我们理解了：亚硝酸钠这种结构简单的盐是通过产生NO来起到防腐作用的。甚至在我们吃腌牛肉三明治时，NO也能以它独特的方式帮助人体进行消化，因为这种分子能够触发肠道产生波浪式收缩，从而使食物通过胃肠。

很明显，科学家们对NO分子的生化研究还处在初期阶段，我们可以肯定，这种简单分子会在将来带给我们越来越多的惊讶。男性性欲的激发与NO之间的关系，表明总有一天我们能研制出一种催欲剂，可以在适当的场合控制NO的释放，以产生预期的效果。无论哪位年轻的化学家发现了这种神奇的药物，都会使他赚大钱。如果他们知道这种药物还能挽救地球上濒临灭绝的野生动物——犀牛，他们一定会更加高兴，原因我们马上就可以看到。

展位4　困境中的犀牛角——角蛋白

人类对能激发性欲的催欲剂或能把懒汉从睡梦中唤醒的兴奋剂的向往由来已久。在当代，人们对催欲剂的需求已在稳定下降。几乎所有的催欲剂都已被证明一钱不值，尽管这仍不能阻止一些人去购买它。

自然界中有许多天然物质被吹捧为很有效的催欲剂。其中有些是其他动物的性引诱剂，如麝香是雄麝和雌麝之间相互吸引的催欲剂，而雄酮则是公猪和母猪之间的性激发剂。这些化合物对人没有什么明显效果，但这并不妨碍有些人去使用它们。另外，人体也不会释放出有性引诱功能的气味，正因为如此，人们才求助于香水来吸引异性。但香水毕竟不是催欲剂，虽然它能为我们创造出一种罗曼蒂克的情调。

理想的催欲剂是一种服下之后能够影响人的情感和性反应的东西。酒精和大麻似乎可以作为激发性较弱的催欲剂，但这只是因为它们能使我们更大胆。一种名叫吉尼斯的爱尔兰酒，在一些国家就颇有催欲剂的盛名。另外，很多食物都被认为含有催欲剂的化学成分，其中包括香蕉、芦笋、蘑菇、贻贝、无花果、牡蛎、燕麦片、葵花籽、坚果、鳄梨、胡萝卜、芹菜、芒果和大蒜等。每一种文化都有它偏爱的被认为能激发性欲的食品，但从科学的眼光来看，这些食品中没有一种是真正的催欲剂。

对于这些食品的最为合理的解释是，它们能为人体补充一些必要的维生素和无机盐，而这些维生素和无机盐又是使生殖系统发挥正常功能所必需，但在人体内恰恰又是缺乏的。正如我们在第二展馆看到的那样，锌对于控制人性欲的腺体和激素发挥正常功能是必不可少的一种元素。精子中锌的含量很高，人体需要不断补充这种元素。所以，富含锌的食品显然对男性来说有益无害。维生素A是男性把胆固醇转化为雄激素睾酮所必需的一种物质，如果一位男性没有摄入足够多的维生素A，他就有可能不育。然而，只要饮食正常，人们很少会出现维生素A缺乏的情况。事实上，人们倒更有可能出现因摄入维生素A过多而引起中毒反应的现象。

世界上的确存在某些分子，对男性和女性都能起到刺激性欲的作用，如育亨宾和干斑蝥。育亨宾是一种来源于生长在非洲中部的育亨宾树(*Corynanthe yohimbe*)树皮的晶体状化合物。几个世纪以来，当地男女都食用这种树的树皮以增强其性能力。大鼠实验和人体实验均已证明，育亨宾确有这种效果。只需10毫克的育亨宾就足以使男性勃起、女性兴奋，但服用多了也会引起危险，而3 000毫克便是致死剂量。曾经有一位男子为自己注射了1 800毫克的育亨宾，结果很快便昏迷过去，好不容易才被救活过来。(这家伙狡猾得很，没有让人把他当时的种种反应记录下来。)从理论上讲，只要我们了解了育亨宾的作用机理，发现和育亨宾功能相似但更安全的分子并不难。我认为，为这项研究找到赞助并不太容易，而要找愿意尝试这种新药物的志愿者却不费吹灰之力。

另一种催欲剂是干斑蝥，它来源于西班牙芫菁(*Lytta vesicatoria*)，是把这种光亮的绿色甲虫磨成粉末得到的。这种药物能够致死，所以服用时也存在危险性。西班牙芫菁是通过刺激尿道壁起作用的。

有一种分子，完全没有催欲的效能，却因犀牛角中含有这种分子而被人们当成了所有催欲剂中最猛烈的一种，这种分子就是角蛋白。中医现在在西方已成为一种时尚，它在治疗诸如发烧、关节炎、腰痛和男性性无能时就用这种角蛋白作处方。很多人把犀牛角当作一种壮阳药，难怪它的价格会如此昂贵：2克犀牛角薄片就值20英镑，一整只犀牛角要值好几千英镑。犀牛的角象征着雄犀牛极强的性能力，当雄犀牛与雌犀牛交配时，交配时间长达1小时，在此期间，雄犀牛能够射精10余次。

当然，犀牛角并不是一种壮阳药，而只是一种被称为角蛋白的单链多肽。猪把它长成猪蹄，牛把它长成牛蹄，人把它长成指甲。人们服用犀牛角的传统方式是饮用犀牛角茶，事实上，服用的效果和你把自己的指甲片磨成粉制成茶服下完全一样。

角蛋白完全由最普通的氨基酸构成，其中半胱氨酸的含量特别高。因此，其分子的相邻链之间有大量二硫桥连接，这既加大了分子的物理强度，又能抵御专门分解蛋白质的酶的侵袭。由此，它无论是作为食品还是催欲剂，都是完全无效的。然而，虽然国际公约中已明确规定禁止贩卖犀牛角，但犀牛仍因它长的角而遭到捕杀。在非洲，所剩的犀牛全部加起来已不足5 000只。在印度，估计数量已降至不足2 000只。如果它真的灭绝了，对我们人类来说真是莫大的耻辱。

然而犀牛角显然满足了现实中的人们对能激发性欲的药物的需求，只要人们相信它有这种不可思议的功能，就会去使用，犀牛的命运也就岌岌可危。化学家能做些什么来帮助这些尊贵的动物呢？依我之见，能做的太少了。我们可以人工合成含有更多半胱氨酸的犀牛角蛋白，然后告诉大家它甚至比天然的犀牛角更有“威力”，但这不过是用一个神话取代另一个神话。唯一能够阻止人们屠杀犀牛的方法就是用一些化学知识来教育他们，让他们搞懂角蛋白到底是什么，将其当作一种药物或一种催欲剂纯属白费工夫。

展位5　圣诞之吻——槲寄生

在槲寄生下接吻曾一度是圣诞节期间的一个娱乐项目，也是一种能为社会接受的年轻人之间略带点轻浮的行为，要在平时人们是不会赞同他们这么做的。虽然这已成为圣诞节的一部分，但这种习俗还是可以追溯到宗教改革时期，那时候，槲寄生这种植物是和生育联系在一起的。人们认为，在槲寄生下接吻能够带来婚姻和后代。不幸的是，槲寄生在这方面完全无能为力，因为如果它真有这种能力的话，就不会为自身的生存担忧了。在英国，人们担心槲寄生正在成为濒临灭绝的物种，而英国也恰恰是上述传统的发源地，它是由德鲁伊特教传统的宗教仪式发展而来的。有一个名叫“植物生命”的组织正在努力恢复人们圣诞节期间在家里挂槲寄生的习俗，希望能通过这种方式为槲寄生开辟一个市场，鼓励人们种植这种植物，来挽救在古代的果园里最常见的植物槲寄生。

槲寄生数量减少的一个原因是人们害怕它的果实有毒。实际上，它的果实确实有毒，只是其危险性被夸大了。近年来，其果实里含有的毒性化学成分得到了充分研究，在德国，这种物质已被用于抗癌新药之中。

槲寄生是一种寄生性植物，主要依附在苹果树、白杨树、柳树和山楂树上生长。但它并不是一种完全寄生的植物，因为它自身可以合成叶绿素，能够利用阳光为自身的生长补充一部分养料。当然，它还是要从被寄生的树上获取水分和其他必需的营养物质。最主要的槲寄生品种是欧寄生（*Viscum album*），它是全世界 1 300 种槲寄生之一。有些槲寄生甚至可以寄生在其他槲寄生上。

我们很少发现槲寄生寄生在橡树上。橡树被德鲁伊特教尊为圣树，但如果真有槲寄生缠绕在橡树上，人们会对它顶礼膜拜。罗马时代的老普林尼（Pliny the Elder），在公元 77 年出版的流传甚广的科学书籍《博物志》（*Natural History*）中说，德鲁伊特教教徒们用纯金制成的镰刀砍下槲寄生，并用白色的斗篷把它盖起来。一定不能让槲寄生触到地面，因为这样会玷污了它。那时，槲寄生曾被用于活人祭祀，而且考古学家已找到了这方面的证据。1984 年，在英格兰柴郡林多莫斯的一个泥炭沼泽地里，人们发现了一具保存完好的青年男子的裸尸，他在被杀祭神之前就吃了槲寄生。具体发生的时间可追溯到公元前300年左右。

槲寄生主要有两大类，我们可以根据其果实的颜色将它们区分开来，一种结有毒的白色浆果，一种结红色浆果。槲寄生的果实里含有大量葡萄糖，在世界上的某些地区，比如南非，当遇到干旱时，当地农民就把这种浆果用来喂牲畜，有时甚至连人也会吃一些。槲寄生的果实里有半透明且黏性很强的果肉。把这种浆果碾碎之后，可用作粘鸟胶的主要成分，把这种胶涂在树枝上可以粘捕小鸟。

槲寄生的白色浆果虽然有毒性，人吃下后会引起腹部绞痛和腹泻，却不至于威胁生命。英国农业、渔业和食品部颁布了一个叫《有毒的植物和真菌》（*Poisonous Plants and Fungi*）的大纲，上面说对吃下这种白色浆果的人的最好的帮助是促使其呕吐。尽管白色浆果有毒性，早期的人们还是把它作为一种民间药物。从浆果中榨出的汁液可以像药膏一样涂于患处，能缓解扭伤、疼痛、头垢、疣、癣和脓疱疹。而患有癫痫、感冒、发热、梅毒、痛风和寄生虫病的人则可以把这种浆果像药一样吃下去。人们认为，槲寄生的浆果对治疗男女不育症和牲畜不育症有着神奇的疗效，并能减轻分娩时的痛苦。当然，现在我们已经了解到，它对上述种种疾病并无任何疗效，但它对人们产生的心理作用，已经能够补偿它的缺乏疗效了。

然而，槲寄生也不是一种全然无用的东西。20世纪初人们进行的研究表明，槲寄生能够利尿、降血压，而且有抑制抽筋的功效。槲寄生浆果里真正有药用效果的成分是一种叫槲寄生凝聚素的物质。位于德国科隆的马道斯制药公司的研发部门经理伦曾（Hans Lentzen），现正领导一项开发槲寄生凝集素的计划，让正在接受化疗和放疗的癌症病人服用这种药物。根据维腾—赫戴克大学医学系普菲勒（Uwe

Pfüller)的说法，槲寄生凝集素的主要作用是提高生命质量，延长生命，而且对抑制肿瘤很有好处。他认为槲寄生凝集素不但能杀死癌细胞，而且能激发免疫系统。

1995年，槲寄生凝集素的化学结构终于由伦敦柏克贝克学院的帕尔默(Rex Palmer)和斯威尼(Edel Sweeney)，经过6年艰苦努力完成测定。他们利用接近光速的电子产生出的X射线分析了槲寄生凝集素的晶体结构，发现其毒素中包含两对大蛋白质，每一对都由两部分物质构成，一部分是能够使自身吸附在细胞壁上的物质，另一部分是能够阻止目标细胞合成必需的蛋白质，从而引起细胞生理功能紊乱的酶。现在，科学家们正在寻找一种办法，把有毒性的酶和能够发现癌细胞的抗体连在一起共同杀灭癌细胞，从而提高槲寄生凝集素的效力。这种药物还能用于控制白细胞，使它不再对移植的器官产生排斥作用。帕尔默现在已基本上能做到对槲寄生凝集素进行结构重整，他计划把有毒性的酶和抗体做进一步改进，以使它们的效力更强，能够更有效地打击癌细胞。

看来槲寄生还真能为人们做些什么，但这并不是最初所设想的那种作用。在冬日温馨的时刻，少年男女们站在槲寄生下轻声私语，等待着相互亲吻的动人场面可能已不再属于圣诞节的一部分了。随着它的消失，槲寄生伴随着我们古老文化遗产的一部分也在一起消失。然而，如果这种植物能够为一些癌症患者带来福音，那么我们可能还是非常愿意继续栽培这种非凡的植物的。

展位6　这是圣诞的前夜——青霉素

青霉素是一种曾为数以亿计的人带来希望的化学药品，而它还和圣诞节有着一个奇特的故事。那是1940年的圣诞前夜，希特利

(Norman Heatley)，这位故事中的无名英雄，开始了第一次大剂量制备足以为人类治病的青霉素的准备工作。

1928 年，弗莱明(Alexander Fleming)在一次偶然的机会里发现了青霉素。当时空气中悬浮的青霉菌孢子落到了他的一只培养皿上。正如弗莱明写的那样："在霉菌附近相当大的范围内，葡萄球菌群完全被溶解了，这真令人吃惊。"换句话说，有某种物质溶解并杀死了致命的细菌。弗莱明培养了一些效力更强的霉菌，他发现，即使把霉菌溶液稀释到仅为以前 1/100 的程度，它仍能杀死葡萄球菌、肺炎球菌和链球菌等细菌。弗莱明把这种霉菌的样品送往其他实验室，但是没有人能从中提取出可作为强力抗生素的化学物质。这似乎注定了青霉菌的发现只是一个学术问题，缺乏实用价值。直到 1939 年 9 月第二次世界大战爆发，在这方面仍进展甚微。然而，到 1944 年 6 月 6 日的 D 日，盟军已储备了大量的青霉素制剂，足以为所有伤员和其他需要的人提供治疗。1943 年，全世界青霉素的总产量是 50 亿单位，而到了 1944 年底，其产量已达到 3 000 亿单位，足以供 50 万人使用一个月了。在战后的 10 年里，青霉素挽救了全世界数以百万计的生命。这些人如果没有青霉素治疗的话，就会一个接一个地因细菌感染而死亡。

青霉素也有它令人遗憾的一面：英国人虽然创造了发现青霉素这项伟大成就，却没有获得经济方面的利益。虽然青霉素的发现、研究与首次生产都是在英国进行的，但英国人在使用它时却不得不向美国公司支付专利权使用费。我们等一会儿就会明白这件奇怪的事情究竟是怎么回事，还是先让我们来看看其光明的一面吧，虽然这一面经常会被人们忽视。站在青霉素背后的人是希特利，没有他，青霉素可能永远都不会取得商业成功。

希特利出生在英格兰萨福克郡一个叫伍德布里奇的小镇上，他父亲在那里做兽医。后来希特利进入剑桥大学学习自然科学，并于1933年毕业，获得了生物化学博士学位。毕业以后，他在牛津大学威廉·邓恩爵士病理学院找了一份临时的工作。在这里，他的实用技能成了无价之宝，事实上，正是凭借希特利在技术上的天分，才生产了足以进行动物测试的青霉素。

青霉素应用技术的突破发生在1940年5月25日，这是一个星期六，希特利正一刻不停地观察着8只小鼠。这天早晨他给每只小鼠体内各注射了1.1亿单位毒性很强的链球菌，这足以使它们在一天之内全部丧命。其中4只小鼠在注射链球菌1小时后又被注射了希特利自己调制的青霉素溶液，其余4只则没有注射青霉素溶液。到了傍晚，4只未注射青霉素溶液的小鼠已奄奄待毙，午夜时分开始相继死去。到凌晨3:30，4只小鼠全死了。相比之下，那4只注射了青霉素的小鼠却依然状况良好。当时正处于战时，牛津城还在进行灯火管制，到处漆黑一片，他骑上自行车赶回家里，抓紧时间睡一会，心里想着明天一早就把这个好消息告诉他的上司、邓恩学院的院长——弗洛里(Howard Florey)教授。弗洛里对此的评价却相当低调："看来很有前途啊。"事实上，这可以说是一项了不起的奇迹。

也许弗洛里的谨慎还是有道理的，因为他深知扩大青霉素的产量绝非易事，而要用它对比小鼠重3 000倍的人进行治疗，必将需要相应大剂量的青霉素。希特利曾经用来发酵的种种容器，如平板碟、锡盘和医用平底盘现在已不适用了。制药公司有希特利需要的可用来培养微生物的设备，但他们不愿将人力、物力从军需生产中分散去生产一种仍没有经过测试的药品。那时不列颠之战就要开始了，在随后的几个月里，直到1941年6月，纳粹空军将一夜接着一夜地轰炸英国的城市和乡镇。上帝保佑，牛津幸免于难。

希特利现在唯一能做的就是自己在邓恩学院培养大剂量的青霉素。他不得不自己去寻找一个方法来培养青霉菌，青霉素的活性成分可以从这种霉菌中提取出来，而且可提取的剂量必须很大。希特利自己设计了一个提取工艺，使得第一次动物实验计划得以继续下去，而且这种工艺最终也用在了商业生产中。现在希特利要做的就是培养更多的青霉菌，因为专用的培养烧瓶已被设计出来。这些烧瓶的大小和一本大号书差不多，在一角有一个喷管。烧瓶可以叠在一起，放入他所在系的小高温消毒柜里消毒。但是，向派勒克斯玻璃公司询问的结果却使整个计划泡了汤，因为他所要的容器价格太高，而且要6个月后才能送货。

当时，希特利忽然灵机一动，想到了一个好主意：青霉菌并不需要一定在玻璃器皿里培养，也许在瓷制器皿里培养还更方便呢。这些器皿可以以极低廉的价格生产，而且如果只在器皿的里面上釉，外面仍保持原样，还会使器皿拿起来更为方便。（希特利还保留了一个这样的器皿，展示给有兴趣的来访者看。）

弗洛里终于被说动了，准备实施希特利提出的方案。他还写信给特伦河畔斯托克的斯托克(J. P. Stock)博士，把他们想要的器皿的草图寄给了他，希望能得到他的帮助。特伦河畔斯托克这个地方数百年来一直以生产优质陶瓷闻名于世，著名陶器制造商韦奇伍德(Josiah Wedgwood)就曾经在这里生活和工作过(1730—1795)。斯托克博士和麦金太尔公司取得了联系，他们同意制造这种器皿。

希特利乘火车从牛津赶往特伦河畔斯托克，但这100英里(约合161千米)的路程竟花了他一整天的时间，这是因为德机空袭了火车的必经之地伯明翰。但当他赶到麦金太尔公司的时候，惊讶地发现他们已经为他赶制出了他所要器皿的模具。在做了几处小小的改动之后，他们便开始烧制和上釉，整个过程只花了3周时间。

1940年11月下旬，3个试用的器皿运抵邓恩学院，试用的结果很让人满意。此后希特利订购了好几百个这样的器皿。12月23日，他借了一辆运货车，把第一批共174件器皿运回了牛津。1940年的平安夜，希特利和工人们一起花了一整天的时间清洗、消毒，把溶液注入数十个刚刚拿到的发酵器皿里。圣诞节那天，希特利返回实验室种下青霉菌孢子，然后再把器皿叠放在一起，开始为期10天的培养。他希望到时候在培养这些霉菌的溶液中能够含有足以进行人体实验的青霉素。

一个月后，希特利已经从80升青霉素原液中提取出了部分纯净的青霉素。每毫升青霉素原液中大约含有1—2个单位的青霉素，合在一起大约有10万单位。所谓1单位是指用希特利发明的特制的化验培养皿测量的具有一定效力的青霉素剂量。（几年之后，人们发现1单位大约相当于0.6微克的纯净青霉素，而后来的发展和商业化生产已使青霉素的得率提高到每毫升4万单位。）

弗洛里认为现在已经有了足够数量的青霉素可以在病人身上做实验了。在牛津有一个拉德克利夫医院，里面住着一位43岁的警察，名叫亚历山大（Albert Alexander），他于几个月前由于被蔷薇刺刺破了脸而感染上了葡萄球菌和链球菌，当时正处于垂死状态，医生尽了最大努力但仍不见好转，他的头上长满了脓包，其中一个还使他被摘除了一只眼睛。医生们的办法已经用尽，但仍无济于事，甚至连磺胺类药剂也不行——这种药在病人化脓时没有效力。1月12日，这位警察接受了青霉素注射，病情很快就有了好转，后来又持续给药，病情又继续好转。2月19日，他已康复得很好，甚至连治疗都停止了。但他的病情仅稳定了10天，然后便开始恶化，他于3月15日死去。到这时青霉素已经在另一个病人身上开始试用了。

这位病人名叫肯尼思·琼斯(Kenneth Jones)，是一位15岁的少年，1941年1月24日，他做了臀部钢针植入手术，但创口不久便开始化脓，而且仍对磺胺类药物没有反应。他的体温已连续两个星期超过100华氏度(约合37.8℃)。2月22日，他接受了青霉素治疗，其中有些青霉素还是从正在康复的亚历山大的尿液中提取的。2天之内这个孩子的体温就降至正常，4周后，他已能接受另一次手术，把那个引起感染的钢针取出来。琼斯后来完全康复了，直到1996年才去世。

随后，希特利又开始制备更多的青霉素。到1941年5月，他提取的青霉素已足以治愈其他一些病人了。有时候成功也是甘苦参半的：一个让人悲伤的病例是考克斯(John Cox)，他只有4岁，在患麻疹数周后，脸上的脓点引起了海绵窦血栓形成。海绵窦血栓形成是一种一般说来无可挽救的疾病。这孩子对于青霉素治疗有良好反应，但在接近痊愈时却因霉菌动脉瘤破裂而死亡。验尸结果显示，海绵窦感染已得到了控制。

上面所讲的这些病例和其他一些病例都在一篇里程碑式的论文中讲述过，这篇名为“对青霉素的进一步观察”的论文发表在《柳叶刀》杂志上(1941年8月16日，第177—201页)，作者署名是亚伯拉罕(E. P. Abraham)、钱恩(E. Chain)、弗莱彻(C. M. Fletcher)、弗洛里、加德纳(A. D. Gardner)、希特利和詹宁斯(M. A. Jennings)。

毫无疑问，邓恩学院已经证明了这种新药的效力，下一步要做的就是尽快投入大批量生产。曾经资助过弗洛里的洛克菲勒基金会劝他访问美国，寻求美国大公司的帮助。1941年7月，弗洛里和希特利飞往纽约。在位于伊利诺伊州皮奥里亚的美国农业部北方区研究实验室，寻求帮助的事情总算有了着落。该实验室发酵研究部主任科格希尔(Robert Coghill)博士，同意使用希特利从牛津带来的霉菌开始一项大规模的研究计划。希特利于是就呆在了皮奥里亚，而弗洛里还想引起一些美国医药公司的兴趣，于是又进行了一系列访问，但徒劳无功，虽然有些公司正在自己进行青霉素的试验性生产。

在此期间，希特利被指定和莫耶(Andrew J. Moyer)博士一起工作。莫耶建议向培养基里加入浸泡玉米的液体，这是一种提取了玉米中的淀粉后得到的副产品。采用这个办法以及其他一些改进方案，比如用乳糖代替葡萄糖，他们能把每毫升溶液的青霉素得率提高到20单位。但他们的合作慢慢变成了一厢情愿，希特利不知道为什么莫耶变得神秘兮兮的，也不再信任自己这位来自英国的合作者。1942年7月，希特利回到了牛津，并且很快知道了原因。当莫耶发表了他们共同研究的成果时，没有署上希特利的名字，尽管最初他们曾有过一个协议，规定发表任何研究成果都应该联合署名。后来希特利才明白过来，莫耶把荣誉独吞是很有“理由”的，承认了希特利的工作将使专利申请相当困难，如果他自己是唯一的发明人则好办多了，事实上，莫耶就是这么做的——甩掉希特利。

此时，希特利还得为另一件事操心，那就是下一步到哪里去就业。他和邓恩学院的合同就要到期了。希特利认为续签是不太可能的，于是就向一家化学公司申请职位，并被接受了。当弗洛里知道这一切后，就严厉指责他半途而废。后来希特利还是留在了邓恩学院，并一直工作到退休。他后来主要从事抗生素研究，独立或与人合作撰写的科学论文有65篇。

青霉素研究的成功，为弗洛里带来了盛誉：1944年他被授予爵位，1965年成为弗洛里男爵，并获得了功绩勋章，这是英国为创造性成就授予的最高荣誉。同在邓恩学院工作的钱恩(1906—1979)，和弗莱明一起分享了1945年的诺贝尔生理学医学奖，而且两人也被英国政府授予爵士爵位。

而我们真正的英雄希特利，却被人们遗忘了。1978年当他退休35年时，被授予了大英帝国勋章。1990年，当希特利快80岁时，牛津大学授予了他荣誉博士学位。但是，看来希特利会比其他人长寿。在我写作此书时，这位老人还住在1948年他和妻子默西(Mercy)购买的简朴的房子里，这所房子就坐落在牛津以北几英里处，一个叫老马斯顿的风景如画的小村庄。

在随后的20年里，牛津大学不可能得到任何由青霉素产生的经济回报。所有这些都流进了美国公司和个人的口袋。原因是英国医学研究委员会主席亨利·戴尔爵士(Sir Henry Dale)劝弗洛里说，为一项医学发现申请专利是不道德的，于是弗洛里就放弃了。这一愚蠢建议的结果就是，在下一个25年里，英国还必须为这种神奇的药物支付专利使用费，虽然青霉素是在英国被发现、研究和一步步取得进展的。

可以说，在人类与疾病作斗争的领域，还找不到另一件像这样毫无道理地造成如此巨大损失的事例。

第三(甲)展馆 不公开的展品——限制参观

请注意，参观这一展馆必须得到特别许可。

展位7 在天使的翅膀上——摇头丸

奥尔德斯·赫胥黎(Aldous Huxley)根据遗传学和决定论的指导原则，在他的科幻小说《美妙的新世界》(*Brave New World*)里对未来世界开了一个温和的玩笑。小说中的未来世界是一个完全没有压力的世界，主要是因为那里的居民可以使用一种叫“索末”的药丸，这是一种极为有效的抗抑郁药，而且人人都可以随意使用。

在今天这个现实世界里，那些患有抑郁症的病人可以从医生那里得到各种各样的药丸，如安定或百忧解；而对于我们这些需要缓解一下紧张生活的人来说，则可以合法地使用酒精和香烟。另外还有几种非法物质能够让你得到暂时的解脱，但它们绝大多数被认为是危险品。其中的安非他明类毒品，似乎比其他毒品更安全些，一些人喜欢用它作娱乐毒品。事实上，当奥尔德斯·赫胥黎在1932年写《美妙的新世界》一书时，医生们已经在使用一种安非他明类毒品来治疗鼻部充血。另外还有一种更“安全”的同类药也被研制出来，但没有得到应用。如今，我们通过“摇头丸”这个名字了解了这种药。当然，即使是摇头丸也能致人死亡。

最初人们是把摇头丸当作一种能起到节食作用的药物。1914年，德国的默克医药公司为它申请了专利，但它却从未上市。如今摇头丸已形成了一个庞大的市场，据估计仅英国一年就有1亿粒摇头丸被非法出售。摇头丸的化学名称是3，4-二亚甲基双氧苯丙胺(简称MDMA)，但它更常用的名字是摇头丸或“E”。它被作为禁品列在《毒品滥用法案》(Misuse of Drugs Act)1号表中。

摇头丸的作用机理是改变大脑产生的多种化学物质的含量。它能触发大脑释放多巴胺和去甲肾上腺素。多巴胺能够使我们感觉良好；去甲肾上腺素不但能使我们精力旺盛，而且能使人保持长时间的清醒状态。这是因为去甲肾上腺素具有抗5-羟色胺的作用，而5-羟色胺的作用便是控制我们的睡眠。这就是那些彻夜疯狂的人喜欢吃它的原因。这些人吃它后，第二天最糟的感觉只不过是与宿醉相同。摇头丸虽然能产生轻微的幻觉效果，但它不使人上瘾。

当人们服下摇头丸后，它会作用于大脑底部的神经细胞，引起快乐的感觉。长期服用摇头丸会破坏这些细胞与大脑其他部分进行联系的轴突，虽然这些轴突能够再生。根据使用者的体会，摇头丸的效果能持续2小时左右，如果同时服一片百忧解，效果还可以延长，而且还会使摇头丸的效果消失得更为平缓，不会留下太多的后遗症。

现在人们对摇头丸的疯狂态度可以追溯到20世纪60年代加利福尼亚的心理医生，是他们首先使用MDMA来治疗病人的。这些医生认为这种药能够使病人与他人交往时获得自信。加利福尼亚州的法律允许 MDMA 在受到监督的情况下使用，但是很快它就出现在街头了，那些地下实验室开始生产并销售它。到 70 年代中期，摇头丸在美国已广泛传播开来。80 年代初，有关它的警告开始出现，用大鼠进行的动物实验表明，它会使大鼠的脑细胞发生改变。1996 年，一个由医生组成的研究小组在《英国医学杂志》上报告说，只要一粒摇头丸就能对猴子的脑细胞产生长期的破坏作用。虽然使用它的神经科医生表示反对，美国食品药品监督管理局在 1985 年出台的《美国受管制物质法案》(US Controlled Substances Act)上，仍把摇头丸列为 1 号表毒品。还有一些人认为美国食品药品监督管理局的做法太偏激，因为与其他仍在使用的非法毒品的副作用相比，摇头丸的危害还是比较轻的。

戴维斯(John Davies)是苏格兰斯特拉斯克莱德大学的心理学教授，《瘾之谜》(*The Myth of Addiction*)一书的作者。他认为当前人们反对摇头丸的大规模运动被误导了，他指出，即使根据最吓人的估计，摇头丸也不是导致年青人死亡的主要原因。统计数据表明，每 200 万粒摇头丸被服下，才会出现一例死亡。戴维斯教授指出，相比之下由青霉素过敏反应引起的意外死亡率比这一数字要高 10 倍。戴维斯认为，控制和管理在将来是一种更有效的手段，我们必须学会与摇头丸这样的物质生活在一起，并把注意力集中到降低它们的危害上来。他还认为，对毒品宣战以及把毒品彻底消灭这一不切实际的目标，都是错误的想法。

安非他明是一种基本的分子，另有许多种分子能够由安非他明制得。安非他明是一种简单的苯的衍生物，苯环上带一条由 3 个碳原子组成的短链，中间那个碳原子上带有一个氮原子。要把它转变为脱氧麻黄碱(也叫"速爽"或"冰毒")，只需在这个氮原子上再加一个额外的碳原子。安非他明于1897年被首次合成，但它的兴奋效果在1928年才被人们认识到。此后，它就在市场上以苯齐巨林的商标出售，并被用作治疗鼻部充血的药物，因为它可以消除鼻黏膜的肿胀。然而，它的兴奋效果比人们当时想象的还要强，脱氧麻黄碱以及它的一个经过化学处理后的同类药物梅太德林都在第二次世界大战期间被大规模用于作战部队。轰炸机机组人员为了使他们在长时间飞行时能保持清醒，就服用它；而陆军官兵们为了迅速消除战斗带来的疲劳也服用它。

第二次世界大战以后，剩余的那些药物就被公开出售。尤其是在日本，到20世纪50年代中期，已经有200万人把它们当作每天都要吃的日用兴奋剂。60年代的英国，安非他明被制成"紫心"(安非他明和巴比妥酸盐的一种混合物)在夜总会里销售。现在，医生们对付发作性嗜睡病还是用安非他明。发作性嗜睡病是一种比较罕见的疾病，患者总是处于一种不可抗拒的状态，整天就想呼呼大睡。

安非他明和脱氧麻黄碱都能刺激中枢神经系统，使血压升高，心率加快。人们一般认为脱氧麻黄碱的医疗效果更好一些，因为它对血压的影响较小，同时还能有更强的兴奋作用。MDMA和这些安非他明类药物的作用机理一样，但它给人的感觉更为愉悦，因为这种分子还能刺激控制血清素、释放多巴胺的大脑受体。MDMA分子很像脱氧麻黄碱，但它的分子结构中另有一个五元环连在苯环上，共享2个原子。这个五元环含有2个氧原子，并通过1个碳原子结合在一起。MDMA是一种油脂状物质，但很容易变成固体，只要让它和盐酸反应即可。这样就能形成一种氯化物，也就是被我们称为摇头丸的白粉。

摇头丸首次在英国的夜总会里亮相是在1989年，据国家有毒物品管理部门估计，每年大约会有20人死于摇头丸。其中有少数服用者是死于中暑，因为这种毒品会使体温升高4℃左右，有些情绪高涨而又处在闷热环境中的人体温可能会上升5℃，这将使身体出现一些不可逆转的变化，并导致一些重要器官衰竭。

展位8　关上毒品的龙头——可卡因、海洛因和人工合成的毒品

至少从理论上讲，切断制造可卡因和海洛因等毒品所必需的生产资源供应，有可能达到消灭违禁毒品的目的。这是美国毒品管理局(DEA)和英国内政部制定"违禁化学药品一览表"背后隐含的一个想法。1988年在"维也纳反对毒品走私会议"上签订的国际性协议中，有22种毒品被列在违禁化学药品清单上。有些国家的规定更为严格，比如美国，管制的违禁化学药品达到33种。

这些违禁化学药品可以分为两类。一类是基本制毒药品，能够用于从天然植物成分中提取毒品，如从罂粟中提取海洛因或者从可可树叶子里提取可卡因。基本制毒药品是像乙酸酐与高锰酸钾这样的试剂，或者丁酮与二乙醚这样的溶剂。现在，购买这些化学药品必须要有合法的理由，否则允许购买的数量为最低限。这种策略已被证明效果并不明显，因为它只能很有限地影响可卡因的生产，而对海洛因的生产则几乎不起作用。

另一类违禁药品是预备制毒药品，这些物质最终能够成为毒品分子的组成部分。有了化学公司的积极合作，通过管制这类违禁药品的生产，最终是能够消灭如"速爽"(即脱氧麻黄碱)、天使粉和其他一些人工合成的毒品的。天使粉便是苯环己哌啶(phencyclidine，简称

PCP)。这种化合物在20世纪50年代被制造出来，当时是用作普通的麻醉剂，但有1/3的患者在手术完毕后会出现愉快的幻觉。

利用间接手段来管制海洛因是不可能的。海洛因来源于鸦片，而鸦片中含有约10%的吗啡。这种物质最初是从罂粟果里提取出来的，把提取物与乙酸酐反应，便可生成海洛因。全世界每年大约生产100万吨以上的乙酸酐，用于多种化工产品的生产，从低温清洁剂到印刷油墨，都需要乙酸酐作为原料。不过，乙酸酐现已被DEA列在“基本制毒药品”的清单上，1 000升以上的交易都必须登记。

可卡因的情况则不同，切断可卡因的生产是有可能的，因为它需要好几种基本制毒药品来将其从可可叶里提炼出来。在哥伦比亚，可卡因的年产量可能超过1 000吨，这就需要进口20 000吨的有机溶剂，其中15 000多吨属于一般工业生产所需的合法化学药品。要得到雪白粉末状的可卡因，还需要丁酮溶剂和作为氧化剂的高锰酸钾。从美国出口到南美洲的丁酮，有1/3运到了哥伦比亚。很明显，其中的大多数都被运到了制造可卡因的毒品工厂。另外，哥伦比亚当局还力图管制能够取代丁酮的二乙醚，从1987年起就从未颁发过一张进口许可证。然而，有一年警察突袭了一些毒品工厂，收缴了大约1 250 000升这种溶剂。警方估计，每年有10倍于此数量的溶剂被非法进口到这个国家。

生产上述有机溶剂的化工厂对这一问题也很关注，在大量批发这类产品时都会做严格的检查，但是他们控制不了分销过程中的个人购买者。在哥伦比亚黑市上，一桶这类溶剂的价格是正常价格的许多倍。很明显，控制这些化学溶剂能够对可卡因工业起到限制作用，虽然并不能使它停止生产。现在，在哥伦比亚生产的许多可卡因被出口到欧洲，一年被查获的可卡因数量已上升到20吨以上，有时一次查获的可卡因数量就在1吨以上。

对于那些人工合成的毒品，加以管制的可行办法是切断预备制毒药品的供应。例如生产天使粉所需的PCP，生产起来既容易成本又低，在出现“噼叭”这种能够吸食的可卡因之前，天使粉一直是美国街头最流行的毒品。如今，这种毒品正在逐步退出历史舞台，并永远不可能再获得昔日的威风了，因为派啶作为生产天使粉的原料之一，现在已被DEA列在违禁药品的清单上了。制造“速爽”需要麻黄素和苯基丙酮，而这两种原料也已受到监控，所以这种街头毒品也已相对比较少见了。从理论上讲，摇头丸这种毒品现在也应该被消灭了，只是管理当局对其原料的控制还不够成功。

安非他明和可卡因的兴奋效果，通过干扰位于中脑的5-羟色胺神经元与位于前脑的高级处理中心之间的通道而产生。这条通道依赖多巴胺作为化学信使，而那些毒品则能够刺激多巴胺的分泌，使人产生愉悦的感觉。这一作用方式也适用于其他毒品，如海洛因、尼古丁和酒精。

展位9　令人讨厌的习惯——尼古丁

尼古丁是一种既对大脑有刺激作用又对情绪有放松作用的毒品。它是合法的，易于获得，能够无痛享用，而且不致癌。但问题在于，我们为了过瘾就需要吸烟，而吸烟却是危险的。目前已经有其他的途径可以使身体吸收尼古丁，但目的并不是为了摄入这种毒品，相反却是为了让人停止摄入这种毒品。其中有一种新方法是通过皮肤摄入尼古丁：将填满尼古丁的防水贴片贴在皮肤上，它就可以缓慢地释放出尼古丁，并被身体吸收。这种贴片很贵，但和一天抽20支香烟比起来还是要便宜一些，而且从长远来看，它还能挽救你的生命。目前还没有证据表明，单独使用这种贴片吸收尼古丁会产生尼古丁上瘾。

Nicotine（尼古丁）这个词来源于 *Nicotiana tabacum*，即“烟草”，而烟草这个名称又来源于一位法国驻葡萄牙大使的名字尼古丁(Jean Nicot)。这位大使于1550年把一些烟草种子带到了巴黎。尼古丁是烟碱酸的一个“远亲”，这种烟碱酸的另一个广为人知的名称是“维生素烟酸”，能够通过尼古丁和硝酸进行反应大量生产出来。与维生素不同的是，尼古丁可能是一种致命的毒药，硫酸尼古丁（硫酸烟碱）就曾被广泛用作强力杀虫剂。

吸烟是吸收尼古丁最快捷的一种方式——只需一吸，一喷，7秒钟之内就会使人产生舒适感。尼古丁能够从肺进入动脉直抵大脑，但其作用时间较短。研究表明，尼古丁在体内的半衰期只有2小时，它在大脑里的含量下降得更快。这便可以解释一个有烟瘾的人为什么每小时都要抽一支烟。在那些吸鼻烟的人的血液中也有相同的尼古丁含量，并同样会产生尼古丁依赖。吸鼻烟这种方式在18世纪和19世纪早期很流行。同样，嚼烟草也能达到相同的效果，而这种方式在19世纪和20世纪早期很流行。另外还有一种方式，即在嘴里含一个潮湿的口烟，这也是一种摄入尼古丁的方法，始于20世纪。当我们入睡时，尼古丁在体内的含量就会下降，而我们对它的耐受能力也会下降。这也说明了为什么对很多人来说，吸第一支香烟的那天感觉最棒，其作用最为强烈。

直到1980年左右，尼古丁还没有被当作一种能够使人上瘾的毒品。人们把吸烟看作一种后天形成的习惯，就像喝茶一样，应该很容易戒断。也就是说，如果你决定不吸烟了，只要不吸就是了。后来人们渐渐接受了这样一种观点：尼古丁远非一种只给人带来愉悦感觉的消遣，它带有强迫性：对尼古丁的渴望能使吸烟者几个小时不吸烟就会产生强烈的冲动。即使吸食尼古丁不会形成明显的上瘾，它也一定是一种难以戒断的习惯。

即便如此，尼古丁还是有其吸引力的：它能引起兴奋，提高注意力，增强学习能力，抵制对甜食的渴望(故能使我们的体重不至于过重)，并能减轻压力。赞成吸烟的人也把上述优点当作吸烟带来的好处。这种说法源于尼古丁的主要作用是能提高多巴胺的分泌量，额外分泌出的多巴胺可以缓解因紧张而产生的焦虑感。但这是要付出相应代价的：不断吸食尼古丁会逐渐增加大脑中尼古丁受体的数量。这就是一个吸烟者在想戒烟时，会连续几个星期都处于对香烟的渴望之中的原因。

尽管在全世界范围内每天都有数以亿计的人在吸尼古丁，但它还是被归入了高毒性物质之列。萨克斯(Irving Sax)在他所著的《工业原料的危险性质》(*Dangerous Properties of Industrial Materials*)一书中把尼古丁描述为一种无色、无味、尝起来有刺激性的液体，如果我们吃入、吸入或通过皮肤吸收了这种物质，会引起呕吐、腹泻、痉挛。对成年人而言，尼古丁的致死剂量是60毫克(两滴纯净的尼古丁)。当我们第一次吸烟时，吸一支烟吸收的尼古丁数量约为1毫克，就能体验到那种中毒症状。

那么对于一个吸烟者来讲，需要多少尼古丁才能满足其渴望呢？一天抽20支香烟，其中的尼古丁含量便高达30毫克，这已是致死剂量的一半。当然，并不是每个吸烟者每天都抽20支烟，但大多数人如此。尼古丁贴片里含有50毫克的尼古丁，大约有20毫克能为贴用者所吸收。在使用这种贴片时，既要控制贴用者吸收尼古丁的速度，还要防止尼古丁的损耗，这就需要有高技术的特殊贴片。为了防止尼古丁蒸发或在洗澡时渗出，这种贴片的外层是聚酯纤维，也就是用来制造碳酸饮料瓶的塑料。在贴片内层的里面还有铝膜。铝膜的下面是人造丝层，这一层里就注有尼古丁。尼古丁通过皮肤渗入人体的量，是通过对聚酯纤维通道和三层塑料胶皮的控制达到的。另外，这种贴片还采用了能防止儿童误用的包装设计。

当人们改为通过皮肤来吸收尼古丁时，其对香烟的渴望就会下降。他们使用的贴片里所含的尼古丁也越来越少，直至把烟瘾戒除。尼古丁贴片的有效性已通过一系列双盲实验得到证实。经过3个月的测试，使用尼古丁贴片戒烟成功的戒烟者人数是使用安慰剂贴片戒烟成功者的两倍。而且，那些使用尼古丁贴片的人体重都没有增加，而使用安慰剂贴片的人却平均增重了10磅(约合4.54千克)。

展位10　叼一支烟或舔一只蛙——EPI

第一次看到一篇科学论文的题目“Epibatidine：一种新颖的从厄瓜多尔毒蛙身上提取的具有有效止痛活性的氯吡啶基氮杂二环已烷”，还真让人觉得挺有意思。论文的作者是位于马里兰州贝塞斯达的国立卫生研究院下属的美国国家糖尿病、消化病与肾病研究所的斯潘德(Thomas Spande)、卡拉福(Hugo Carraffo)、爱德华兹(Michael Edwards)、叶(Herman Yeh)、潘内尔(Lewis Pannel)和戴利(John Daly)。他们已经提取并测定了这种热带蛙用来防卫天敌的毒素的化学性质。这几位科学家把他们的研究成果发表在了世界最著名的化学杂志《美国化学会志》(*Journal of the American Chemical Society*)上(1992年，第114卷，第3 475页)。该杂志的编辑指出，论文中有一些特别令化学家们感兴趣的内容。事实确实如此。

EPI(epibatidine的简称)不仅是一种毒性极强的物质——这也是印第安人用这种毒蛙来造毒箭的原因——还是一种极好的镇痛药。这种镇痛能力也符合一种流行的观点：大自然拥有治愈每一种人类痛苦的良方。EPI还是一种有机氯化物，这也动摇了环境保护主义者的一个观念：有机氯化物完全是由人类产生的会破坏环境并引发疾病的化合物。这一观念源自他们多年来在反对使用DDT、二氧(杂)芑、氟氯烃(CFCs)等有机氯杀虫剂所进行的斗争。EPI当然也是非常危险的，但它完全是天然产生的。如果因为厄瓜多尔毒蛙身上含有一种危险的有机氯分子就要将其灭种，这似乎有些不太公平。

令人遗憾的是，研究人员不得不杀死750只这种美丽的红白条纹的小动物，以获取足够的分析材料，因为每只毒蛙体内只能产生不足1/10毫克可供分析的有机氯化物。而这纯粹是一种不必要的“牺牲”，因为研究人员后来发现，它是一种简单分子，很容易在实验室合成出来。他们还发现，它的效力是吗啡的200倍，这一点能够通过“电热锅测试”进行证明。在这种很原始的测试中，大鼠被放在电热锅上，通常情况下，大鼠会立即跳起来，而仅注射了5微克EPI的大鼠，会趴在那里，并未意识到电热锅正在烫着自己的身体。

更让人迷惑不解的是，研究人员发现，给注射了EPI的大鼠再注射纳洛酮(一种能中和像吗啡这样的镇痛剂的化学物质)，它仍不能对灼热的高温作出反应。很显然，这种新的镇痛剂不是通过抑制一般的痛觉感受器来达到止痛效果的。那么在动物的大脑里还有什么样的机制能够抑制痛觉呢？事实上，EPI的作用对象是尼古丁受体。尼古丁分子和EPI分子的化学结构非常相似，差异仅在于EPI分子内的原子结合得更紧密。显然我们可以推断，EPI分子可能和尼古丁分子的作用效果相同，只是前者的效力更强一些。

我们在讨论尼古丁时，便已了解到尼古丁能使大脑分泌出更多的多巴胺，从而使人感到愉悦，但我们为此付出的代价也是高昂的。

EPI能不能成为尼古丁的一种更为安全的替代品呢？它是否更为危险呢？

EPI使化学家们迷惑不解的地方还有许多。颜色鲜亮的树蛙发现EPI是一种对付捕食者的有效威慑手段，而且毒性很强，这无疑是它们将这种化合物“装备”在皮肤上的原因。那么，EPI是怎么被这些树蛙产生的呢？将捕获的这种树蛙饲养在舒适、安全的环境里，它们就根本不会产生EPI。这表明，要形成EPI，树蛙必须要食用自然界中存在的某种东西；或者也许只有当它们处在野生环境里并不断受到捕食者威胁的情况下，才会产生EPI。

我们已经看到，那些天然产生并被人们为了愉悦而滥用的化合物的确非常原始，只要由化学家们稍作改变，就能使它们更为安全。天然镇痛剂水杨酸就是如此，尽管它对胃有腐蚀作用，人们最初还是常用它来治疗发烧。如今经过化学上的改进，这种被称为阿司匹林的“改进版”已能更为安全地为数百万患者解除病痛。而EPI的故事才刚刚开始。最终它可能被化学家们改造成更为优良的镇痛剂，或者制成供戒烟者使用的戒烟丸。它甚至没准会被制成能够提高学习能力、增强智力活动愉悦感的药物呢！

展位11　坠入梦乡——褪黑激素

我想，我听到了一个声音："醒来呀，别再睡啦！……"

——莎士比亚(William Shakespeare)，

《麦克白》(*Macbeth*)，第二场，第二幕

一般来说，许多经理或主管都工作过度，精神紧张，这种有很大

压力的生活方式的特点之一便是失眠。其中有越来越多的人开始用褪黑激素来帮助自己入睡，或者帮助消除因时差反应带来的不适。制造这种药品的公司发布的公告显示，对这种药品的需求量已屡创新高。

褪黑激素是由松果体分泌的一种激素。松果体的大小像一颗豌豆，位于大脑的中部。它是通过在夜里释放褪黑激素分子来调节人的睡眠的，而这是它对射入眼睛的光线变化作出的反应。血液中褪黑激素的浓度在下半夜时会达到峰值，约为80ppb，然后便缓慢下降，在黎明时分迅速降至10ppb。当我们步入老年，人体产生褪黑激素的能力就会下降，在午夜时血液里这种分子的浓度仅为年轻人的一半。

服下一粒3毫克重的褪黑激素胶囊，就足以使血液中褪黑激素的浓度迅速上升，使你在5分钟内入睡。褪黑激素能够在保健食品商店里买到，商店里的店员可能会告诉你这是一种营养品。实际上，英国药品安全委员会现已禁止将这种药作为非处方药销售。

欧洲松果体学会在承认褪黑激素对于治疗睡眠功能紊乱有积极作用的同时，还发布了一项警告。他们说，至今还没有足够的科学证据能够证明褪黑激素的药效适用于人体，而且也不清楚它对人体会产生什么长期的副作用。他们警告人们，如果使用褪黑激素时机不当可能会引起危险，所以不应该在没有医生指导的情况下服用这种药物。也许他们是有点过于谨慎了，但已有迹象表明，有些人正在把褪黑激素当作一种“神药”。在美国，它又被大肆鼓吹为能对抗癌症、心脏病、早老性痴呆、白内障、艾滋病，甚至能返老还童的万灵药。而对褪黑激素的狂热又被几本畅销书火上浇油，越烧越旺。像皮尔保利(Walter Pierpaoli)和里格尔森(William Regelson)撰写的《褪黑激素的奇迹》(*The Melationin Miracle*)，说褪黑激素能够预防衰老；赖特(Russel Reiter)和鲁滨逊(Jo Robinson)所写的《褪黑激素：你体内的天然神药》(*Melatonin: Your Body's Natural Wonder Drug*)，则宣称褪黑激素能够防止自由基对细胞的破坏，所以能预防癌症。然而，上述理论都缺乏令人信服的科学根据，但这并不影响人们对这种药物的需求，在美国的一些州，褪黑激素的销量甚至超过了阿司匹林。在英国，柜台销售的成品药在宣传上会受到较多的限制，所以有一个品牌"生物褪黑激素"就奇怪地在外包装上标上了"这是一种在水果中发现的强效抗氧化营养品"，听起来好像这不是一种作用于大脑的化学药品，倒更像维生素C。

有些读者可能想要阅读有关褪黑激素的更学术化、更明白清晰的著作，那就应该去看阿伦特(Josephine Arendt)写的《褪黑激素与哺乳动物的松果体》(*Melatonin and the Mammalian Pineal Gland*)一书。阿伦特研究了褪黑激素对人体生物节律的影响，并发展出可以测定人体中所含化学物质的先进的同位素测定法。

剑桥大学解剖学系的黑斯廷(Mike Hasting)博士和埃布林(Francis Ebling)博士正在研究褪黑激素是怎样控制人体内生物钟的问题，获得了一些有重要意义的结果。他们发现大脑有两套与时间相关的运转机制：一套用于调节日常生活中的昼夜节律；另一套用于控制人体对季节变化的反应。这两套机制都对人体中自然产生的极低浓度的褪黑激素非常敏感。人体生物钟位于下丘脑，而人体对季节变化的反应区位于垂体附近。

褪黑激素的生产方法非常简单。纯净的褪黑激素是淡黄色叶状晶体，在117℃的温度下能够熔化。松果体是利用5-羟色胺来产生褪黑激素的。5-羟色胺是大脑中一种能够调节情绪的化学物质，它是由人体中的一种必需氨基酸——色氨酸生成的。这些物质都是吲哚的衍生物，吲哚是一种简单的分子，由2个环紧密地结合在一起，其中一个环上有 6 个碳原子，另一个环上有 4 个碳原子和 1 个氮原子。

1958 年，皮肤病学家勒纳(Aaron Lerner)在耶鲁大学首次发现了褪黑激素，他报告说，这种物质在青蛙身上能引起皮肤中的黑素细胞的颜色发生急剧变化，所以他把这种物质称为褪黑激素。此后，人们在从单细胞的藻类到哺乳动物等各种生物体上都发现了这种物质。褪黑激素有几种不同的作用。对于人类，它能根据地球自转和绕太阳的公转帮助人体调节睡眠的规律；它还能控制体温，使体温在睡眠时略有降低。对绵羊和鹿而言，褪黑激素能发出信号，告诉它们生育季节的来临。对有些动物而言，它会引起蜕皮；而对另一些动物来说，它可以决定冬眠的时间。*

褪黑激素应该用于正确的场合。对于那些经常作跨时区飞行的人，它能帮助减轻时差反应；对于那些因倒班而使生物钟突然改变的人，它能够增强其适应度。褪黑激素还能用于治疗儿童在改变睡眠习惯后的不适反应。使那些工作压力过大的经理们在晚上能好好地睡一觉，也许是它的另一个合理的用途。

我们希望你能够在参观第三(甲)展馆时有所收获，这里展出的是一些非法的危险品或具有潜在危险的物质。

---

* 参见《欺骗时间——科学、性与衰老》，罗杰 · 戈斯登著，刘学礼等译，上海科技教育出版社，1999 年。——译者

第四展馆

家，甜蜜温馨的家——清洁剂、危险品、令人愉快以及被人误解的分子

展位 1　保持清洁——表面活性剂

展位 2　曾经被误解但值得依靠的物质——磷酸盐

展位 3　一身白色礼服的男士——全氟聚酯

展位 4　杀灭细菌——次氯酸钠

展位 5　如水晶般清澈，又如云雾般神秘——玻璃

展位 6　这是由什么制成的？(1)——丙烯酸乙酯

展位 7　这是由什么制成的？(2)——马来酐

展位 8　危险就在家中——一氧化碳

展位 9　苦味造就了安全——苦味分子

展位 10　来自天堂的元素(1)——锆

展位 11　来自天堂的元素(2)——钛

今天，很少有人把家作为他们生活的中心了，然而，家也许应该成为人们生活的中心。对我们的前辈们来讲，家是十分重要的：它是一天辛勤工作后能够使人放松并感到舒适的地方，一个让人觉得骄傲的地方。对年少的孩子们来讲，家是一个充满了爱和安全感的地方。也许，它还是一个充满了各种无聊琐事，令人厌倦，感到平庸的地方，一个常常伴随着争吵和辱骂的地方。但无论如何，这总是一个家，一个现代化学想要加以改变的地方。由于化学的介入，如今的家里已变得更干净、更卫生、更安全，因而也更适合居住了。再加上各种各样能够减少体力支出的奇异的家居用品和娱乐设施，家已变得更美好了。我们将看到，由于清洁剂的使用，家变得更干净了；因为消毒柜的使用，家变得更卫生了；因我们使用的化学药品有了另一些化学药品的配合，家也变得更安全了。

20 世纪 60 年代至 80 年代，清洁剂的使用几乎被描绘成一幅人类肆意污染河流与湖泊的景象。能清除油污，清洗盘子、衣服甚至人体污垢的化学物质被诅咒为引发了河流与湖泊“富营养化”的凶手，即引起河流、湖泊或内海产生过多污秽的海藻和水草植物，从而引起了生物链的失衡。其中的元凶在于清洁剂里的磷酸盐。可是即使是人们天天用来洗衣服的表面活性剂也因来源于油脂而受到非议。这样一来，清洁剂被搞得彻底名誉扫地，无颜面世了；而日用品公司也开始生产不含磷酸盐的清洁剂，即所谓的“绿色洗涤剂”。令人遗憾的是，有许多消费者不喜欢这种绿色产品，但他们的拒斥并没有带来多大的后果，因为事实证明磷酸盐对环境的破坏压根儿就没有人们形容的那么可怕。

清洁剂是由多种成分制成的，其中有两种成分值得我们深入考察。一种是表面活性剂，它能溶解油脂；另一种是磷酸盐，它能使水变软。从科学的角度看，发现这两种物质的益处并不困难。

展位1　保持清洁——表面活性剂

在1991年的海湾战争期间，伊拉克人把数百万桶原油故意倾入波斯湾水域。和以往的后果一样，活动于该水域的海鸟首当其冲，因生态环境突然遭到破坏而深受其害。还有些海洋哺乳动物（如儒艮）也受到了严重的影响。黑颈鹏鹛是遭到毁灭性打击的一个物种，但特别令人担忧的还是那些濒临灭绝的物种——索科特拉鸬鹚。英国皇家防止虐待动物协会（RSPCA）接到沙特阿拉伯政府的求助，因为他们在营救被油覆盖的海鸟方面所具有的经验是公认的。经他们的照料，往往能挽救70%受害海鸟的生命。RSPCA用来去除海上浮油的主要工具是“佳液”和“绿原”，这两个牌子都是清洁剂的专利品牌。

清洁剂的秘密在于它所含的化学物质——表面活性剂。表面活性剂这个名称来源于这样一个词组：“表面—活性—剂”。它的作用有两个方面：它能增强物品表面的湿度，无论是皮肤、衣物、盘碟或羽毛；它都能把附着在这些东西上的细小的污物和油脂粒子吸出来。表面活性剂分子是细长的链，首端吸引水分子，尾端被水分子排斥但能吸引如油脂这样的有机物。首端的作用必须很强，否则表面活性剂就不能溶解于水。当它要去除油污时，就必须用尾端吸住油脂从而使其溶解。（实际上，油脂并未真正溶解，油脂微粒只是被包在表面活性剂里面，像被一件大外套裹上了一样，这种状态叫做微乳液。）

表面活性剂存在于所有的清洁剂和大多数家庭洗涤用品中，包括肥皂。肥皂是第一种表面活性剂，至今仍是人们洗澡时喜欢用的清洁剂，它是由天然油脂制成的，如椰子油或动物脂肪。但肥皂有一个缺点，当它用于碳酸钙含量较高的硬水中时，会产生不溶于水的碳酸盐碎屑沉淀下去。对清洁大多数东西来说，用肥皂不如用合成的表面活性剂，因为这些合成产品在遇到钙离子时不会产生沉淀。

1967年，一艘满载原油的“峡谷”号油轮在驶离英国西南海岸时发生了泄漏，全部原油都流入海中。RSPCA在处理这首起重大油灾时，开始公开宣布愿意对受到侵害的海鸟进行照料。他们在处理这起泄油事故时，发现有两种牌子的清洁剂更适用，这并不是因为它们比其他产品的去油脂能力强，而是因为这些表面活性剂分子本身更容易被清洗掉。有些表面活性剂分子的尾端会把表面活性剂分子本身吸附在海鸟的羽毛上，从而使羽毛必不可少的防水能力大幅下降，以至于海鸟无法生存下去。一旦RSPCA的工作人员把海鸟的羽毛清洗干净并晒干后，海鸟便能很快康复，几天之后就可以重新放回到野生环境里去。不幸的是有许多被抢救的海鸟在清洗之后未能活多久，这是因为它们受到的创伤太深了。

大多数清洁剂生产厂家都要依赖于从油脂转化来的表面活性剂。这种做法已流行了不止50年。20世纪40年代，壳牌公司推向市场的“第波”(Teepol)是第一种表面活性剂产品。看来不大可能要人们永远放弃这些给生活带来方便的表面活性剂，所以，人们曾经开展了一场寻找可再生的去油污表面活性剂替代品的运动。有好几家公司都发明了“绿色”表面活性剂，这些绿色产品在化学结构上很相似，但它们是从植物油中提炼出来的，或者是从其他可再生的资源中提炼出来的。日本和德国的公司已为这种产品申请了专利，并把它们叫做单烷基亚磷酸盐。公司里的化学家从糖和植物油中提取出这种化学物质，而且这些产品已经上市。但除了广告媒体上有较多的喧喧嚷嚷，这些新产品并未产生什么影响。

然而，新产品的上市不会徒劳无功，正因为它们有可能成为赢家，才使那些生产老品牌清洁剂的厂家回过头来，思考自己的产品还存在些什么问题。他们很快便发现自己的产品既浪费材料又耗费包装，于是很快便致力于发明高浓缩、小包装、可以在远低于40℃的温度下达到相同洗涤效果的清洁剂，从而节省了既属于全世界的，也同样属于消费者的能源。使清洁剂行业的厂商们感到困惑的是，有许多消费者宁愿选择使用和以前未浓缩过的产品相同的粉状清洁剂。这样，浓缩清洁剂产品的销量最终降了下去，消费者又开始使用以前那种老式的、用个"大盒子"来装的干粉清洁剂，虽然现在的浓缩产品比以前的干粉产品更精致、有效得多，而且也能在较低温度下去污。（实际上，它们在高温下的去污能力更强。）

无论表面活性剂是从动物脂肪还是从可再生资源中提炼出来，这些表面活性剂的分子结构仍都很相似。天然的表面活性剂，即从生物体中提炼出的表面活性剂，要比我们这里谈的复杂得多。有些对于生命活动还是必需的。当生物学家研究第二次世界大战期间使用的毒气对人体肺部的影响时发现，人体在这种情况下也会产生表面活性剂。这真是一件具有讽刺意义的事情。过去常常有许多婴儿因早产而丧命，原因是其肺部缺乏表面活性剂，而肺部需要表面活性剂来打开与外界空气的通道。表面活性剂分子能够通过克服水的表面张力（水的表面张力是水分子内在的作用力，在肺里必须把它减小才能打开空气通道）做到这一点。有些早产儿的肺部缺乏天然的表面活性剂，于是肺部便会坍缩，从而导致死亡。

剑桥安登布鲁克医院的莫利（Colin Morley）研究了这一人体内的表面活性剂，它由脂质和蛋白质组成。根据莫利的研究结果，天然表面活性剂有着明显的化学特性。当人体吸气时，表面活性剂会降低水的表面张力，使得肺部能很轻易地膨胀。然而，正是当人体呼气时，才显示了它们的独特性。表面活性剂在体内的固化防止了肺部细小气道的坍缩。莫利一直在研制这种天然表面活性剂的变体，希望能用它替代天然表面活性剂来帮助早产儿呼吸，直到他们能够自行呼吸为止。这个办法已使早产儿的死亡率降低了一半。

大多数表面活性剂分子的首端都有一个带负电荷的原子团，它能吸引水分子。在肥皂里，这个带负电荷的原子团是羧酸盐的离子团；在合成表面活性剂里，这个原子团是磺酸盐的离子团；在人体中，这个原子团是磷酸盐的离子团。有些表面活性剂带正电荷，有些带负电荷，有些则根本不带电荷，仅靠氧原子来吸引水分子。在市场上出售的表面活性剂中，带负电荷的占一半以上，它是用来抢救海鸟的清洁剂的主要成分。

表面活性剂的尾端是碳氢化合物的长链，这正是它们能够顺利地穿透油脂的原因。正所谓“物以类聚”，它能够离开不溶于水的首端，还把油脂分子从要清洗的载体上拔下来推入水中。然而，表面活性剂的碳氢化合物尾端曾引起人们对严重环境问题的关注。早期的合成表面活性剂是由丙烯制成的，而丙烯是一种含有甲基基团的聚合物，这些我们将在第五展馆详细讨论。令人不安的是，这些甲基阻止了那些滋生在下水道系统里的细菌分解表面活性剂分子，于是，它们和废水一起被冲进了河流，引起了 20 世纪 60 年代河流泛沫的环境问题。此后，化学家们重新设计了聚合物的长链，改为由乙烯聚合获取长链。乙烯不附带其他基团，可以用来生产能够被细菌分解的表面活性剂。

海风、海浪和暴风雨能把海面上的浮油安全地分散开来，利用喷洒表面活性剂使油层散开的方法与之相比破坏力要大得多。人们曾经利用带有负电荷的表面活性剂来分散海面浮油，这对海洋生物产生的负面影响要比原油本身更为恶劣。

展位 2　曾经被误解但值得依靠的物质——磷酸盐

有些环境保护主义者谴责磷酸盐污染了河流、湖泊和内海，但总的来讲，磷酸盐的名气并不算大，并不是人人喊打的对象。（磷酸盐对海洋的污染并不算严重，因为它能很快进入食物链，最终沉入海底。）有些污染环境的磷酸盐源自农用化肥和家庭污水，但大多数来源于清洗衣物和厨房用具时使用的清洁剂。

三聚磷酸钠(STPP)曾是清洁剂的主要成分，它能使水中的钙离子分离出来，从而使水软化；而且它还能使衣服里的污物一旦被洗掉便悬浮在水中。在有些洗衣粉中，净重的1/3都是磷酸盐。20世纪80年代，清洁剂生产商降低了其产品中的STPP含量，有的甚至完全不用STPP，所以贴上了“本产品完全不含磷酸盐”的标签。在欧洲的许多地方，以磷酸盐为主的洗衣用清洁剂已在超市货架上消失，这是环境保护运动的成果，虽然洗碗碟用的清洁粉还是要依赖STPP。

真正的麻烦事源于STPP进入了下水道后，在人粪便和工业废弃物中也都含有磷酸盐，它们一并进入了下水道。其中一些磷酸盐在常规的污水处理流程中被清除掉了，但大多数最终被冲入了河流。许多城市都投巨资建立污水处理工厂，想以此来安全地处理令人生厌的磷酸盐。从理论上来讲，这没什么不好的，但从经济的角度考虑则花费太大。新的除污技术能够使磷酸盐恢复原有的活性重新投入使用，我们可能会发现，清洁剂再一次骄傲地自吹自擂起来，宣称它们含有可以循环使用的磷酸盐。有一天，我们也许甚至会借助从污水中回收的磷酸盐清洗碗碟，还用它为我们调制的鸡肉色拉消毒(见下面的讨论)。我们甚至可以把从下水道里回收来的磷酸盐重新作为生产可口可乐的一种原料（见第一展馆）。

在以前，像莱茵河这样的河流与北美的五大湖都是遭到“富营养化”的地方，而清洁剂里的磷酸盐可能并不像人们以前认为的那样，是引起环境破坏的罪魁祸首。这一观点是《磷酸盐分析报告》（*The Phosphate Report*）一书中的结论。此书的作者之一是布林·琼斯（Bryn Jones），绿色和平组织的前任主席，另一位作者是威尔逊（Bob Wilson）博士。他们拿出了一个 STPP 对环境影响的详细清单，然后把它和清洁剂中另一种可选择的成分——沸石作了比较。沸石是硅酸铝，被人们认为对环境有益。该报告对这些化学物质进行了从产生到消亡的详细跟踪研究，并把所有的环境成本都考虑进去，包括开矿山、采矿石、工业生产、能源投入、运输成本、消费者的使用和造成的环境污染等。比较下来的最后结果是，我们无法在被贬低的磷酸盐和被褒扬的沸石之间做出选择。我们有理由认为，在 21 世纪，通过加强污水治理，人们仍倾向于恢复使用磷酸盐。

在瑞典，磷酸盐的使用受到了积极的鼓励。在荷兰，有人已经开始回收像磷酸钙这样的废弃的磷酸盐。有一家化学公司已经向公众展示了磷酸钙能够被循环使用，制成 STPP。从污水中回收磷酸盐还有不少其他的好处，它能把污水中的重金属杂质（如镉和铬）提取出来，以免流失。这些重金属如被遗留在泥浆里，就有可能被用作农田肥料而进入循环。

磷酸钙是地壳内大多数磷酸盐的存在方式。它在大量的沉淀物中被发现，人们用它作为肥料已有 150 年的历史了。原先人们用的是主要成分为磷酸钙的骨粉。今天看来，骨粉能提供的肥料相对来说太少了，只被园丁和施有机肥的农民使用。大多数的农作物在成长期间都需要用过磷酸钙做肥料，这是把磷酸钙石块用硫酸处理后形成的一种可溶性更强的磷肥。

有些清洁剂里的磷酸盐在新的包装下又重新出现了，“闪亮”牌清洁剂是家用表面去污剂中卖得最好的产品。许多年来，磷酸三钠一直是“闪亮”牌清洁剂中的主要成分。现在，这种磷酸盐又被人们用于去掉生鸡肉里能引起食物中毒的细菌。在买回的肉食表面上喷洒磷酸三钠溶液之后，就能除去一些表面的细菌，如沙门氏菌。它的作用机理是，磷酸三钠能够去除生肉表层的一层脂肪，恰恰是这层脂肪把表层的细菌盖住了，并使它们附着在生肉块上。1992 年，美国食品药品监督管理局宣布赞同这一方案。世界上每天都会发生的成千上万例因沙门氏菌感染家禽生肉造成的食品中毒，仅通过喷洒一点磷酸盐就能大大缓解。

展位 3　一身白色礼服的男士——全氟聚酯

1951 年，吉尼斯(Alec Guinness)主演了影片《一身白色礼服的男士》(*The Man in the White Suit*)。这部影片讲的是一位年轻的化学家发现了一种纤维，能够制成永远也穿不破并不用洗的衣服的故事。故事情节围绕着纺织工厂老板和工会领袖之间肮脏的交易展开，双方决心要看到这种威胁他们生计的新发明遭到破坏。最后，这种新纤维终于因断裂而招致失败。然而，在这部影片里完全是喜剧嘲讽的内容到 21 世纪就有可能变为现实。现在已经有了能够用在被处理物体表面阻挡污物的化学物质，但它们能否用在处理纤维上还不能确定，但至少不是不可能。

这种化学物质就是全氟聚酯(简称 PFPE)，它们已经被用于保护建筑物，并加入到抛光剂之中。PFPE 并不是一种新东西，但在 20 世纪 80 年代以前，它们的价格还相当高(每升 300 英镑，约合 500 美元）。它们的用途只有在太空中的飞行器上才能得到印证，因为太空的条件太极端，一般的润滑油应付不了。PFPE 有一系列独特的性质，可以使它们成为理想的润滑剂：它们能够很均匀地铺开，不受温度高低的影响，可以对付有腐蚀性的化学药品（如酸和氧化剂），并且不会燃烧。

PFPE 的这些特性正是人们需要的，这可以从它的分子结构中得到解释。PFPE 含有多条碳原子链，每个碳原子上都附着了两个氟原子，这些碳原子链又通过氧原子连接成更长的链。氟原子为分子链提供坚固的覆盖层以保护它们，同时氧原子赋予它们可塑性。其结果就是这种聚合物不受任何腐蚀性物质的影响，它也不与其他物质混合，而只与同类混合。与普通的润滑油不同，PFPE 不会穿透塑料表层，所以它能够被制成极好的润滑油，用在录像带、橡胶手套和避孕套上。

但 PFPE 的优点并不仅仅在于充当润滑油，它们不与其他分子混合的排他性使其能够成为阻挡尘土和污垢的良好屏障。而且，它们对生物体和自然环境完全无害。和其他一些化合物，如聚氨酯、硅树脂相比，PFPE 更适合用作有保护作用的涂层，因为在强烈的阳光下它们不会褪色，并能阻止细菌和孢子的繁殖。

PFPE 在 20 年前由意大利化学家夏内西（Dario Sianesi）、帕塞蒂（Adolfo Pasetti）和科尔蒂（Constante Corti）发现。他们把四氟乙烯或六氟丙烯与纯净的氧气反应，在 -40℃ 的条件下用紫外线照射。这样形成的过氧化物再与氟气在 200℃ 时进行反应就形成了链长不同的 PFPE，这些或长或短的分子链能够通过蒸馏被分离成或重或轻的油脂。较轻的油脂能够用于测试电子设备，因为当电子器件不导电时它们能够吸收热量。电视机或个人电脑可以浸于这些轻油脂之中，并仍能继续工作。具有长链的较重的油脂对保护建筑物最合适不过了。短链的油脂也曾以诸如香波、浴液、肥皂、防晒霜等产品的形式在市场上作试验性出售。这种油脂无味、无色、无毒、无刺激性而且透明，能使皮肤和头发有一种丝一般的感觉。

在意大利，PFPE 已被用来保护历史上的古建筑。对许多古代遗留下来的纪念碑、大教堂、宫殿和其他交通拥挤的城市里的伟大建筑来讲，天然的腐蚀是它们现在面临的严重威胁。然而经过多年的测试表明，PFPE 能够防止建筑物表面被进一步侵蚀，只需把建筑物上的石块或大理石的表面擦干净，然后喷上 PFPE 就行了。PFPE 的高度流动性使它甚至能深入触及极细小的缝隙中。意大利所有的大教堂，如西西里的西拉库斯大教堂和托斯卡纳的露西娅教堂都用 PFPE 喷了一遍，进行了重新修补和保护。这种神奇的物质能否用于家庭环境并达到同样的效果，还有待进一步观察。

展位 4　杀灭细菌——次氯酸钠

环境污染物对人类生活的安宁形成了潜在的威胁，但它与引起疾病的病毒和细菌等对人类健康的固有威胁相比，就算不得什么了。消灭病毒和细菌，是人类健康生活的美好愿望得以实现所要进行的长期斗争的一部分。要打赢这一仗还有比一瓶包装简陋的漂白粉更好的“弹药”吗？一瓶简简单单的东西就能够保卫我们自己、我们的家庭和我们的亲人。正如广告上说的那样，漂白粉确实能杀死人们所知的各种细菌，而且它担当此种角色已近一个世纪了。任何细菌在它的进攻下都不可能进行繁殖，因为无论在哪里，只要漂白粉触到了细菌，细菌就得完蛋。一旦病毒和细菌进入人体后就有可能危害人体健康，但我们建立的第一条防线是保证我们周围的环境尽可能没有细菌，这正是漂白粉的功能。

漂白粉是用氯气制造的。1897 年，当时英国正处于伤寒病流行期间，人们第一次在英格兰的梅德斯使用漂白粉对自来水进行消毒。它的效力在几年后发生在林肯郡的另一次传染病流行期间得到了证实。最后，英伦诸岛上都开始采用漂白粉来净化饮用水。今天，大多数的发达国家都采用了这种方式。然而，有些环保学者对漂白粉却没有好感，因为它与水中所含的其他一些物质会进行化学反应，产生微量的被怀疑为致癌物质的化合物。一些地方行政机构也宣布在学校甚至医院里禁用漂白粉，因为他们担心有毒害作用的氯气泄漏。这在消毒人员一时粗心的情况下往往可能发生。

漂白粉的生成方法是这样的，让氢氧化钠溶液慢慢流入圆柱形容器，同时让氯气在容器内向上冒，这两种化学物质反应后即生成次氯酸钠。次氯酸钠分子中的酸根，由一个氧原子和一个氯原子结合在一起组成。次氯酸盐是一种强氧化剂，只要不受到热、光或金属的影响，好几个月都能保持稳定。由于它是由氯气制得的，普通的漂白粉有时也被误称为含氯漂白剂，用以区别过氧漂白剂。过氧漂白剂是过氧化氢溶液。在含氯漂白剂中其实并不含自由的氯气分子，除非溶液已变成酸性。我们能够看到，含氯漂白剂在使用时会有气泡产生，但气泡里的气体通常是氧气而已。

在全世界范围里，每年都有数百万吨氯气被生产出来，大多数都用来对水消毒，或者制成家用的含氯漂白剂。无论用漂白粉或只用氯气本身，都能使水与氯化合，结果都产生浓度很低但效力很强的次氯酸盐溶液。在工业上，漂白粉还可以用于漂白回收来的废纸上的墨渍，或者漂白棉花，这是漂白粉最重要的用途之一。

病毒和细菌对氧化作用极其敏感，甚至用低浓度的次氯酸盐溶液通常也能杀灭它们。很低浓度的次氯酸盐能使水长期保持无菌状态，这就是人们仍喜欢使用如过氧化氢和臭氧一类的短期有效的氧化剂的原因。另外，漂白剂还适用于厨房表面、脏衣服、水池和厕所的消毒。在普通漂白剂中加入同样能起清洁作用的表面活性剂便可制成浓漂白剂。

至今还没有含氯漂白剂作为消毒剂的真正替代物，那么为什么它会遭到许多人的否定呢？原因之一是它能够把水中的有机物残渣转变为含氯的有机化合物，而这种物质被一部分人认为是长期影响公共卫生的因素之一。但是，至今还只有少量的流行病学资料支持这一观点。例如，1992年的一份报告说，饮用水取自河流并放漂白粉较多的地区，与取自泉水或井水并放漂白粉少的地区进行比较，前者每百万居民中膀胱癌和直肠癌的患病率略高。然而两者之间的差异并不显著，所以根本得不出只要饮用了放漂白粉较多的水就会对身体有害的结论。

在美国，河流中的水里含氯有机化合物的含量平均只有50ppb，在英国其含量则还要低得多。美国环境保护局和英国政府都对饮用水中含氯有机化合物的含量作了限制，规定不能超过100ppb。在工业生产中，有些工人由于长期和含氯有机化合物密切接触，结果引发了癌症。但只要这些化合物含量不高，它们在放有漂白粉的水中就不会影响人们的健康。在水中最常见的含氯有机化合物就是氯仿。但它的含量即使高达100ppb，以一个人一生的时间来衡量，通过饮水摄入的氯仿也仅有3克(约合1/10盎司)。在20世纪上半叶，人们实际上是把氯仿当作一种治病的药物，而3克这个数量与人们把它当药一次吃下的剂量差不多。哥罗丁是一种所谓的申请了专利的万灵丹，其成分中有14%是氯仿。一剂哥罗丁中所含氯仿的量就相当于一个人在75年里从饮用水中总共摄入的氯仿量。

1991年，隶属于世界卫生组织的国际肿瘤研究机构(IARC)针对饮用水中含氯有机化合物对健康的威胁发布了一项评估报告。结果是还没有足够的证据证明它需要引起人类的广泛警觉。IARC的报告认为，即使含氯有机化合物对人体有危害，那也是非常小的。而且，如果我们放弃这种消毒方法，我们还要受未经漂白粉消毒的饮用水的危害，而这种危害与前者相比可大多了。可是这一报告来得太迟了。有很多人或团体把这事看得很严重，认为含氯有机化合物很危险。秘鲁政府就听从了环保局(EPA)的建议，于1991年停止在饮用水中加入漂白粉消毒，其结果是暴发了一场大规模的霍乱，100万以上的人患病，并有1万人死去。

事实上，学校、医院和工厂里不鼓励使用漂白粉消毒的原因，并不是害怕含氯有机化合物的毒害作用。真正的原因是担心由于使用不当，漂白粉会发生化学反应生成氯气。英国每年都会出现几例氯气中毒的患者被送往医院就医，而漂白粉是卫生安全官员经常提到的一种常见的能引起危害的化学药品。一般说来，清洁工在某些情况下，最易受到它的威胁。有时他们为了节省时间，会把漂白粉和除垢剂一起使用。除垢剂是强酸，它的作用是溶解附着在使用硬水地区的容器表层、污水槽和盥洗室内的碳酸钙。除垢剂不但能去除附着在表面的污垢，还能中和碱性的漂白粉，其酸性足以将次氯酸盐还原成有毒的氯气。有些除垢剂甚至含有次氯酸，这会形成双重危险。因为它不但会像前面所说的那样，在特定情况下放出氯气，而且次氯酸本身就会分解放出氯气。因此，我们可以看出这些氯气中毒事件的真凶并非曾挽救了数以百万计生命的漂白粉，而是无知。如果人们具备了一些化学常识的话，就可以安全地使用漂白粉，它确实能够杀灭细菌，使厨房和卫生间成为更安全的场所。

有些父母对使用漂白粉有些顾虑，因为他们担心孩子的皮肤与漂白粉接触会引起危险，也担心孩子们会拿它玩，或者吃下去。实际上，漂白粉的气味并不好闻，孩子们一般不会吃它，但他们也许会试一试。当然，即使吃了漂白粉也不会像你所担心的那么可怕。如果我们怀疑一个孩子吃了漂白粉，那么首要的紧急措施是让他喝下大量的水，最好再在水里放一些小苏打，可以中和胃里的胃酸。同样，其他的家用化学制品也会引起意外的危险，父母可以找一些里面加了苦味剂的化学制品使用，这样，孩子们就不会因为好奇而误食了。有意思的是，漂白粉恰恰是未加苦味剂的一种家用化学制品。（在本展馆的后面，我们会了解到地球上味道最苦的分子。）

展位5　如水晶般清澈，又如云雾般神秘——玻璃

在现代家庭生活里，玻璃用得很多，喝饮料的各种杯子、盘子、容器都由玻璃制成。玻璃的优点也很多，其中之一便是易于清洗，并可以用开水消毒。一般来说，它的强度足以抵抗我们的敲击和清洗时的碰撞，而无须过分担心它会破裂。在以前，玻璃很容易破碎，所以很危险，只有用在少数情况下才是安全的。如果不是一位伟大的发明家发明了一种强度很高的玻璃，那么玻璃的前途决不会像后来那样光明。我们不知道这位发明家的姓名，但可以确定他生活的时代是公元初年。这位发明家自吹他的玻璃是打不破的，并对自己的发明非常自豪。有关他的非凡成就的消息后来也传到公元14年至37年在位的罗马皇帝提比略(Tiberius)的宫廷里去了。

提比略王朝和政治丑闻结下了不解之缘。这些丑闻多数与他的卫队长、近卫军司令塞扬努斯(Sejanus)有关。皇帝自己也因其性变态而

臭名昭著，他是一位恋童癖者，经常在建于卡普里的宫殿内纵欲。尽管皇帝个人不得人心，但提比略统治的时代却是一个极其繁荣的时代，至少对于罗马帝国的公民来说是这样的，至于他们的附庸和奴隶则另当别论。我们可以通过当时制造的玻璃器皿了解那个时代的繁荣。的确，保存至今的一些器皿从今天的眼光看仍然不失为玻璃制作的最漂亮的艺术品，如收藏在大英博物馆里的蓝白相间分层涂色的波特兰花瓶。这只奇特的花瓶曾于1845年被一个年轻人故意砸碎，但又两次被人们不辞辛苦地修补为原样。事实证明这种努力是值得的，因为它表现出了那个时代的艺术品的品质和艺术家的才能。

罗马帝国的玻璃和历史上的大多数玻璃一样，很容易被打碎。在派勒克斯耐热玻璃发明之前，罗马帝国的玻璃与一般玻璃的唯一区别仅在于它曾在提比略的宫殿里亮过相。前面提到的那位自负的工匠曾经带了一只漂亮的透明花瓶献给皇帝，这可是他的一个创造。他故意当着皇帝的面把它摔在地上，令所有在座的人惊异不已的是它竟没有碎。目击者全都惊呆了，但其中一些人很快警惕起来，还有一些人怀疑他必定是用了什么魔法。皇帝故作镇定，向这位玻璃工匠询问了一些有关他的神奇的新玻璃的事：它是由什么原料制成的呢？除你之外谁还知道它的制造工艺呢？这位玻璃工匠回答说，这种玻璃的原料是"马尔蒂奥伦"(martiolum)，并自吹自擂地说，除自己之外再没有其他人知道它的制法了。一听到这里，皇帝就命令对他立即执行死刑，于是这位玻璃工匠就和他的秘密一同消亡了。为了保险起见，提比略皇帝还命人捣毁了此人的工场。他这么做的原因可以理解为保护宫殿里现有的人工玻璃制品和餐具的价值。提比略皇帝的动机与1951年上映的《一身白色礼服的男士》这部影片中反对穿白衣的年轻化学家的动机没什么两样。

古代著作家老普林尼和贝丘纽斯(Petronius)记载了上面所述的这个故事，他们把此种玻璃称为 vitrium flexible(即“有韧性的玻璃”)，并说它是由“马尔蒂奥伦”制成的。对于这种材料我们现在还不能确定。究竟我们能不能确定呢？我认为这种物质必定是某种形式的硼酸钠。硼酸钠这种物质是由硼、钠和氧形成的复杂化合物，这种物质是派勒克斯耐热玻璃或硼化硅酸盐的关键成分，也是这种玻璃能够经受重击、温度骤变和化学侵蚀的原因。在这种玻璃中硼酸盐是必不可少的一种成分，因为它能调整它的化学键以承受能量的骤然变化。

派勒克斯耐热玻璃是由斯科特(Otto Schott)、蔡斯(Karl Zeiss)和阿贝(Ernst Abbé)于1880年在德国发明的(如果我的上述理论不错的话，那么更确切地说应该是“重新发明”)。1912年由康宁玻璃公司作为派勒克斯耐热器皿推向市场，不久就成为每一个家庭必备的生活用品，而且，这种玻璃迄今为止仍然是化学实验室里最重要的材料。一般来讲，易碎的玻璃是用沙子(二氧化硅)、石灰石(碳酸钙)和纯碱(碳酸钠)制成的。典型的配方是70%的二氧化硅，15%的氧化钠，10%的氧化钙，其他氧化物占5%。只要再往这种玻璃里面加入一点硼酸钠，就可以完全改变它的性质。要制成硼化硅酸盐玻璃，按标准你需要加入大约10%的氧化硼。

那位倒霉的不知名的玻璃工匠会不会在2 000年前就已偶然发明了派勒克斯耐热玻璃呢？如果记载不假，而且他也确实做出了砸不碎的玻璃花瓶的话，那么他必然往玻璃中加了一些硼酸盐，这一点我们可以确信无疑。因为除了硼之外，没有其他元素能够使玻璃产生如此好的抗震弹性并使其能够承受温度的骤变。他甚至有可能使用了硼砂，硼砂是硼酸钠的一种最常见的天然矿石形态。但他是从哪里得到硼砂的呢？

在古代，硼砂的唯一来源是遥远的西藏，它在拉萨以南的羊卓雍错*里结晶。从那里硼砂被出口到近东和欧洲地区，一直延续到18世纪末。金匠用它作助熔剂。但一点点硼砂就需要经历长途运输，使得这种原料的成本很高，一般人都难以承受。目前还没有证据表明古希腊和古罗马的金匠把硼砂作为助熔剂。尽管古巴比伦、古埃及和古罗马的文献中曾提到过硼砂，但我们不知道这到底是不是硼酸钠或别的什么盐，也许有些就是硼砂。古罗马那位刚毅的玻璃化学家可能就搞到了一些，他甚至有可能偶然发现了一个原料供应地。

在罗马帝国时期，人们不知道就在他们领地的边疆上就有大量的硼酸盐沉积物。例如，位于小亚细亚的土耳其，现在就是硼酸盐矿物的主要出口国，离罗马近得多的另一处矿源是托斯卡纳的马雷马地区。这一处的硼酸盐沉积物到19世纪才得到开采，而且一直开采了30年，直至1850年结束。意大利是世界上最大的硼砂生产国。我们所说的那位玻璃工匠可能就是用意大利马雷马地区的火山口附近收集来的硼酸进行试验的。把硼砂加入熔化的玻璃后所显示的特性与把硼酸加入熔化的玻璃后所显示的特性非常相似。他之所以把这种材料命名为“马尔蒂奥伦”，可能就是以发现这种东西的地点命名的。这更进一步提供了一个线索，说明他用的就是当地产的一种含硼的化合物。

令人遗憾的是，那位早期的玻璃化学家带着自己的秘密进入了坟墓，世人不得不等待近2 000年才重新操起了他的实验，把硼砂加入熔化的玻璃之中。如果提比略皇帝不是杀了那位玻璃工匠，而是给了

* 西藏三大圣湖之一。“错”在藏语中指“湖”。——译者

他一大笔研究经费，以期获得更深入的研究结果，这位皇帝本来很有可能建立一个庞大的玻璃帝国派勒克斯公司，并形成一个不仅能创造大量财富，而且能改善他的臣民健康的庞大产业。古罗马的上层人物用的是锡镴*制成的餐具和高脚酒杯，有人认为，这些锡蜡器皿对罗马帝国的衰败负有不可推卸的责任，因为含铅器皿会使罗马贵族的饮食中的含铅量增高到足以影响他们的生育能力的程度。我们将在第八展馆再次与这种理论见面。

当然，即使罗马人开发出了一种强化玻璃，也不会像 20 世纪由于新材料的发明而改变我们的整个环境那样，改变他们国内的整个面貌。

展位 6　这是由什么制成的？(1)——丙烯酸乙酯

1991 年 5 月 3 日，星期五，一艘“斯堪的纳维亚的骄傲”号货船在北海遇到了风暴。当时船上装有两辆拖车，每辆车上都载着一个大油罐，内装 24 000 升的丙烯酸乙酯。风暴把两只大油罐掀入海中。结果，5 月 6 日，这两只油罐在英格兰的诺福克郡凯林附近的东海岸又被冲上了岸，并被正在遛狗的一位男士发现。其中一只油罐通过一个阀门，出现了轻微的泄漏。就在当天，当地居民报告说，闻到了像大蒜一样的刺激性气味。这不奇怪，因为丙烯酸乙酯恰恰能发出这种刺激性气味。

诺福克郡的紧急抢救服务队立即行动起来，当他们得知要对付的是丙烯酸乙酯时，由于这种物质被划入对人体有害的物质之列(消除这种污染的最好方法是用大量的水来稀释它)，服务队的人员准备了

---

* 锡和铅形成的合金。——译者

大量的应急措施，并建立了一个 2 英里（约 3.2 千米）长的隔离区。警察劝告隔离区内的居民立即疏散，其他居住在离事发地点 10 英里（约 16 千米）距离内的居民都被要求呆在屋内并关好门窗。

嗅觉极其敏锐的大众媒体闻到了一点丙烯酸乙酯的刺激性气味，立即对这起重大的化学品泄漏灾难表现出热情，并报道说，这种有毒气体正在影响着范围广大的地区。当地有 48 名居民自我感觉不佳，认为自己是因丙烯酸乙酯的蒸气而中毒，赶到当地医院就诊，但没有一个人住院。同时，政府派来的一个专家处理队利用虹吸管把丙烯酸乙酯收集起来，残留量很少。这时，媒体的热情立即降了下来，他们没有看到充满有毒气体的云层笼罩在众多无辜居民的头顶上，不禁大为失望。但这一事件必然为人们遗留下了许多未解之谜：这种被冲上海滩的奇怪的化学物质是什么东西呢？为什么油罐里装了那么多呢？它有什么用处呢？它真的很危险吗？

丙烯酸乙酯是一种化工原料，主要用于制造丙烯酸聚合物。这是一种无色有刺激性气味的液体，其沸点正好与水的沸点相同，但对眼睛和肺的刺激尤为强烈。虽然丙烯酸乙酯令人讨厌，但经它合成的化工产品却并没有那些令人讨厌的特性。这些产品是无毒的聚合物，而且我们每天都能多次接触到，因为它就涂在墙壁、地板、钢铁、纸张和皮革上。它还可以用做黏合剂，粘住可处理的非编织纤维，如尿布的衬套和飞机上使用的头垫。世界上丙烯酸聚合物的年产量超过 300 万吨，而且还以每年 5%以上的速率递增。

大多数的丙烯酸乙酯最终都用于制造涂料，其中有少量用于制造室内水性乳状液涂料。这种涂料价格较贵，一般用于厨房和卫生间的防尘。其他大多数用于制造工业上所需的溶剂涂料，用于刷涂家用器具或喷在汽车的车体上，这种汽车用涂料很快就能被烘干。由丙烯酸乙酯形成的聚合物很适合于制造用于保护物体表面的覆盖物，因为它的韧性、强度都合适，完全经得起定期清洗。恶劣的天气条件或阳光直射对它的影响也很小。丙烯酸乙酯经过聚合反应后对人体完全没有危害。现在，人们把丙烯酸乙酯形成的聚合物用作涂料刷在铝罐的内表面，这样，用这种铝罐盛装东西(尤其是含有果酸的饮料)时，就不会因金属和容器发生化学反应而产生污染。

丙烯酸聚合物的作用原理是把色素结合进涂料中，并把涂料紧紧贴在所涂物体的表面。如果所涂物体的表面要求有一点弹性，那么在涂料配方中还得加入丙烯酸乙酯。如要制造涂在有纹理的墙纸上的涂料，则需要丙烯酸乙酯与强度更大的甲基丙烯酸甲酯产生聚合作用，而甲基丙烯酸甲酯是这种涂料的主要成分。一般来说丙烯酸涂料主要喷涂在钢铁表面，诸如电冰箱、洗衣机、洗碗机和汽车的表面，它能使这些设备的表面产生漆器般的光洁度。事实上，这些涂料干燥后的强度相当大，可以在钢板被切割成设备部件之前就涂在钢板上作为保护层。虽然丙烯酸涂料的优点很多，但有些人认为这种涂料在使用时需要其他溶剂来溶解，所以不太方便。然而现在已经出现了新的环保型丙烯酸涂料，它就是水溶性的。欧洲和美国的一些汽车生产厂家已经开始用这种涂料来喷涂车体了。

丙烯酸衍生物是整个聚合物大家族里的一个通用名称，并不特指丙烯酸乙酯。甲基丙烯酸甲酯塑料的更通用的名称是派斯派克斯(Perspex)或普莱西格拉斯(Plexiglas)。这个大家族里的另一个成员腈基丙烯酸甲酯是一种超级黏合剂的主要成分。这种化合物在出售时并未聚合，化学家把它设计成只有当它和空气接触后才会聚合，这就是黏合剂的原理。这种黏合剂的超乎寻常的黏合力来自于聚合分子的长链，形成的聚合物横跨所要连接的两个物体表面，从而把它们粘在一起。

展位7　这是由什么制成的？(2)——马来酐

和不会碰到丙烯酸乙酯一样，你可能从来不会碰到马来酐这种东西，在你看到第四展馆之前可能也从来没有听说过“马来酐”这样一个名称。但是从早晨你睁开眼从床上爬起来那一刻起，你就几乎无法摆脱这种日常生活中不可缺少的材料。你会在它们的包围中淋浴，你会把它们喷洒在头发上，吃早餐时你还会饮用它们。开车时你得靠它们使汽车发动机正常运转，如果车头撞到了什么东西，还得靠它们保护你的生命。你往咖啡里加糖、吃饼干或读这本书时，它们就在那里。甚至当你取下假牙时还要向它们说晚安。

位于美国西部犹他州盐湖城的猎人集团公司，是世界上最大的马来酐生产商，而且是主要的塑料和树脂生产商，年销售额高达20亿美元左右。1993年猎人集团公司购买了美国一家规模巨大的化学公司——孟山都公司的马来酐生产厂，因此，猎人公司的资深副总裁声称他们已掌握了全新的生产马来酐的设备，能用一种98%都是普通空气的气体生产马来酐。这并不是不顾常识的吹牛：在他们购买的生产车间里，马来酐可以在数秒钟内，由只含2%丁烷(从石油中衍生出来的碳氢链烷)的空气吹过时生产出来，生产条件是350℃，同时还会产生金属氧化物(如氧化钒或氧化钼)的混合物。现在，他们的马来酐年产量超过了20万吨，而这家公司也是世界上为数很少的几家能使其产品年产量以10%左右的速度递增的大型化工厂之一。

马来酐可以从许多不同的化学物质中得到，如苯或丁烷。马来酐的制法既方便又简单，只需用金属氧化物作催化剂，通以含有苯或丁烷蒸气的空气流就行了。马来酐是一种简单的分子，具有一个由5个原子组成的环，这5个原子中，有4个是碳原子，另一个是氧原子，这个氧原子两侧的每个碳原子上都还有另一个氧原子与之结合。纯净的马来酐是一种白色的结晶状固体，熔点是53℃，它对人体有毒，并对皮肤有刺激性作用。人们从来不会直接使用纯净的马来酐，而是将其转化为其他具有广泛用途的化学产品，如洗澡间里用的塑料、汽车后部的保险杆、乙烯树脂制成的地板的添加剂以及漱口药水的添加剂。而且它还是一些食品的成分，如作为人造甜味剂和烘烤用面粉的成分。另外，马来酐还可以被制成其他一些商品，如发动机上使用的润滑油，当发动机变热时，由马来酐形成的聚合物会使发动机上的油保持黏性。马来酐还可以用于墨水的制造，在墨水中它起着一种黏合剂的作用。

也许人们会觉得奇怪，同样的化学物质最终竟以这么多种不同的面目出现。其实这只是因为马来酐是一种“起始反应物”，它能够经历一系列的化学反应，处于这些化学反应的上游。每一次化学反应都能使它变成更复杂的物质，具备许多不同的新特性。我们不必为这一系列的化学性质的转化而感到惊奇。起始反应物中，我们更熟悉的是糖，它也能够经历一系列显著变化，既可以变成一种软的、褐色的焦糖，也可以变成浓稠的糖浆或透明的硬糖果；我们还可以通过旋转拉丝，把它制成棉花糖；或把它镶铸成薄玻璃板，用于戏剧性地在电影布景上穿过。

马来酐的用途非常广泛，但一半以上用于生产聚酯纤维树脂，船的外壳、淋浴间、大理石式样的工作台面都可以由这种树脂做成。这种材料很适合上述用途，因为它既轻便强度又高，既安全又不易腐蚀。这种树脂是由马来酐和二元醇(如丙烯乙二醇)进行化学反应生成的聚酯纤维。与一般的聚酯纤维大多用于纺织布料不同，这种聚酯纤维有着十字交叉的聚合缕，从而使得这种材料非常坚固。此外，这种树脂还能利用玻璃纤维进一步加大其强度。如果把这种材料喷入模子里面，就可以既快又便宜地做出小船、电影布景、剧院的小道具甚至主题公园。聚酯纤维最引人注目的用途是制造压纸器上用的可水洗的树脂，就像把苍蝇放入松脂中制成琥珀制品一样，把一些纪念品、硬币或其他的什么东西嵌入压纸器里就可以制成类似的琥珀制品。

酐指的是这样一种酸的化学名称：这种酸中水的元素，即两个氢原子和一个氧原子(H_2O)已被提取出来；这个名称来源于希腊语的"无水"一词。将马来酸脱水就会得到马来酐。这个过程是可逆的，向马来酐加水又可以重新得到马来酸。同样，人们一般不会出售纯净的马来酸，而是把它转化为相关的化学物质(它们能自然发生)，如苹果酸、酒石酸和延胡索酸。

延胡索酸与马来酸的分子式相同，但分子结构上有一个不同的扭曲。延胡索酸对于植物和动物组织的呼吸是必需的，它还可以作为调味剂和一些食品中的抗氧化剂，主要用在速食甜点和什锦干酪蛋糕里面。延胡索酸对人体完全无害。虽然许多植物中都含有延胡索酸，但从植物体中提取这种物质并不是一个经济的办法。所以人们一般是利用工业方法来合成延胡索酸，或者让葡萄糖和菌类反应制得，或者由马来酸制得。

先把马来酐用蒸汽加热，然后再加压就能得到马来酸，这个办法还可以用来制造果酱、果冻和果汁。人体的血液里含有5ppm的马来酸。我们吃青苹果时会感到有酸味，就是因为里面存在马来酸，青苹果中大约含有1%的马来酸。这些马来酸在苹果成熟时大多都消失了(有些特殊的品种，尤其是烹饪用的苹果，即使成熟之后马来酸的含量也很高)。大黄和醋栗中约含有2%的马来酸。向果汁类饮料中加点马来酸，就能尝到一股清新的酸味。

和马来酸有着相同效果，但味道更浓一些的是另一种天然的酸，即酒石酸。这种酸可以通过用马来酐与过氧化氢反应制得。大多数的酒石酸是从酒的沉淀物酒石中提取出来的。酒石酸在烤制粉中用做钾盐，数个世纪以来，人们卖的“塔塔粉”就是这种东西。马来酐不但能使食品有酸味，而且能使它有甜味，因为马来酐是人工甜味剂的“起始反应物”。

在美国，马来酐的一种衍生物马来酸肼在农业上被广泛用作农药，因为它能够促进植物的果实提早成熟，同时使叶子的生长缓慢下来。例如，它能使草的生长变慢，所以常用在高速公路两侧的草圃上。另外，它还用在烟草的生长中，防止烟草植株长出新的叶子，使现有烟叶的品质降低。在英国，人们要储藏土豆和洋葱时，也用马来酸肼来防止这些东西发芽。当然使用时所用的量要非常少，这样人吃了这种处理过的水果和蔬菜后才不会影响健康。

展位 8　危险就在家中——一氧化碳

我们在前两个展位上看到了丙烯酸乙酯和马来酐两种分子，这两种化学物质深得人们的喜爱，原因是它们能使我们的家居生活有一个更安全的环境。和大多数家用化学制品一样，这两种物质几乎没有毒性。家庭里经常出现的意外一般是跌伤、触电或者被锋利的器具划伤。但并非所有家用化学物质都像这两种东西那样无碍于人们的健康，其中有一种对人们来说还是致命的。这种物质就是一氧化碳。人们不会把一氧化碳气体买到家里来，但常常在无意之间将其制造出来。

在这里，我要先讲一个悲惨的故事。1993 年春天的第一个星期日，一对年轻的夫妇，迈克尔·马森（Michael Mason）和德博拉·马森（Deborah Mason），从伦敦郊外的富勒姆出发到位于北德文郡马迪福德的小别墅度周末，和他们一起去的还有他们的两个儿子，一个叫克里斯托弗（Christopher），4岁，另一个叫杰里米（Jeremy），才2岁。在马迪福德，春意荡漾在湿润的空气中，一对小鸟修筑了一个鸟巢，小爪子紧抓着鸟蛋，正在那里孵蛋。马森夫妇不知道，这一对小鸟为了取暖，选中了别墅的煤气炉的排气管道来安家，结果鸟巢把排气管严严实实地堵住了。那个周末，迈克尔、德博拉、克里斯托弗、杰里米因一氧化碳中毒而死。

一氧化碳能够与红细胞中的血红蛋白结合，使它失去特有的功能——携带氧气在全身运转。如果没有氧气，人很快就会死亡。首先死亡的是大脑。一氧化碳的化学分子式为CO，它无色无味，有很强的毒性。在大气中也存在微量的一氧化碳，所以我们时时刻刻都在接触它。其中城市上空的一氧化碳含量最高，主要来自于汽车尾气。绝大多数的碳在作为燃料燃烧时，最终产物都是二氧化碳，分子式为CO_2，一个分子中包含着两个氧原子。但是，总有少量的燃料在燃烧时会出现没有充足的氧气进行燃烧的情况，这时，最终的燃烧产物就不是二氧化碳，而是一氧化碳。发动机和锅炉就是制造一氧化碳的场所。

我们呼吸的空气中所含的一氧化碳能够同人体中5%的血红蛋白相结合。对于一个吸烟者，这个数字可能会高达10%。血液中含有少量的一氧化碳不足为奇，因为血红蛋白在新陈代谢降解时也会产生一氧化碳，所以人体每天都会产生10毫克的一氧化碳。这足以使人体中0.5%的血红蛋白受到一氧化碳的影响，但对于血红蛋白携带氧气在全身循环没有任何影响。事实上，研究人员对小鼠进行实验时发现，少量的一氧化碳能够使没有受到影响的血红蛋白携带更多的氧气，从而使呼吸作用更为有效。然而，当受到一氧化碳影响的血红蛋白含量高达30%时，人体就会出现一氧化碳中毒的症状，如窒息、头痛、眩晕和胸闷。当空气中一氧化碳的含量为1%时，能使血液中50%以上的血红蛋白失效，受害者将在1小时内死亡。正在受到一氧化碳威胁的受害人往往察觉不到一氧化碳引起的呼吸困难，当血红蛋白的失效率达到50%左右时，会突然使氧气供应中断。（有些物种对一氧化碳的毒性有免疫作用，蟑螂可以在一氧化碳含量为80%、氧气含量为20%的环境下存活。）

一氧化碳中毒的人往往因血液中形成了碳氧血红蛋白而面若桃花。如果发现及时还有救，救治的方法十分简单，只需要新鲜空气，最好是氧气。根据廷布雷尔所著的《毒理学导论》的说法，如果用新鲜空气救助中毒者，需要4个小时左右才能使血液中一氧化碳的含量下降一半。而如果用纯氧救助，1个小时就能使血液中一氧化碳的含量减半。即使如此，一个从一氧化碳中毒中被抢救生还的人仍有可能患上终身的心脏或大脑残疾。

历史上最严重的一次由一氧化碳引起的集体中毒发生在意大利的巴尔瓦诺。1944年3月2日，一列满载乘客的列车被困在了阿尔米隧道里，导致521个人死亡。在煤（或石油或天然气）不完全燃烧时，一氧化碳生成的速度非常快，这就是隧道里的悲剧发生的原因。这种致命的气体首先使司机死亡，然后又迅速在有限的空间中蔓延，导致车厢里全部人员死亡。

一般说来，人们在搬入新居或到另一个住处度假期间最易发生一氧化碳中毒。因为这些住宅的老住户在离开时可能把通风口、煤气管道或排烟道堵上了，而新搬进去的住户却不知道。危险的征兆包括煤气在燃烧时发出的黄色火焰、被烟熏黑的痕迹和从火焰中升起的烟尘，这都表明火焰没有充分燃烧。全英国每年都会有好几位外出度假的人，因一氧化碳中毒死亡。通常的情况是，度假者在门窗紧闭的环境下用室内煤气热水器洗澡，煤气在通风不畅的情况下得不到充足的氧气进行充分燃烧，而洗澡的人却在不停地用热水，结果就导致屋内的一氧化碳气体越积越多。

汽车尾气是人类活动产生一氧化碳的最大来源。在交通拥挤的情况下，空气中的一氧化碳含量可能高达 50ppm(0.005%)。在美国，在一氧化碳浓度为 120ppm 的环境下呆 1 小时就被规定为危险警戒线。当一氧化碳的浓度为 75ppm 时，会导致人体血液中 30%的血红蛋白失效，并能检测出身体的变化。把自己的车门关好并不能保护我们不受其他车辆尾气的影响，因为车内的一氧化碳浓度往往比车外的一氧化碳浓度高出 1 倍以上。

汽车在行驶时排放出的尾气中含有 4%的一氧化碳，而在待行驶状态下发动机排出的尾气中含有 8%的一氧化碳。有自杀者把汽车尾气用胶皮管连到车里来，然后打开发动机，很快就死去了。这就与把头伸到煤气管的出口处，然后打开煤气阀门一样，因为煤气中含的一氧化碳的浓度就是 8%。

正常情况下，一氧化碳在大气中的浓度为 0.2—0.5ppm，这样算下来，地球大气层内有 5 亿吨一氧化碳包围着我们居住的这颗行星。一氧化碳在大气层中的存在时间大约为 2 个月。尽管每年人类活动会把 4.5 亿吨一氧化碳气体排入大气，但在 20 世纪 90 年代，大气中一氧化碳的总量还有所下降。在人类制造的一氧化碳中，大约有一半是因燃烧化石燃料产生的，另一半是因燃烧木材和稻草，或者毁灭森林造成的。另外还有许多一氧化碳来源于大气中有机分子的氧化，如甲烷和挥发性的碳氢化合物的氧化等。一氧化碳最终的归宿在哪里呢？这个问题尚未得到完全解决，但泥土肯定是它的一个天然归宿。一般认为，泥土中的微生物吸收了大量的一氧化碳。

国际地圈—生物圈计划正在研究大气中所有来源于自然环境的气体。研究人员正在世界各地测量一氧化碳，但当其浓度低于0.1ppm时就很难测得。人们正在试图找到更好的办法来精确地测量低浓度的一氧化碳，如使用可调激光器、声光分光器及红外线分光镜等仪器。

虽然一氧化碳有毒性，但化学工业中生产的一氧化碳的量却相当大。其中大多数一氧化碳是把甲烷和水蒸气放在一起进行反应生成的。反应生成的氢气和一氧化碳的混合气体叫做“合成气”(syngas)，即合成气体(synthesis gas)的简称。大多数合成气直接被用来合成甲醇——一种具有多种用途的液体。还有一些合成气和汽油混合在一起被制成发动机的清洁燃料。使用这种燃料的主要优点在于发动机排出的尾气中一氧化碳的含量较低。大量的甲醇和数量更多的一氧化碳反应可以生成醋酸和乙酐。乙酐是一种可用于制造塑料、颜料、油墨、止痛药和腌制洋葱的化学物质。我们将在第七展馆看到甲醇。

让自己远离一氧化碳的威胁绝不是件容易办到的事，因为我们在遇到生命危险时常常无法意识到。倒是有一种一氧化碳监测器可以弥补人类感官的不足。如果你的房间里有一个煤气取暖器，那么你就应该在安装烟尘监测器的同时，用相同的方法安装一个一氧化碳监测器。

展位9　苦味造就了安全——苦味分子

虽然孩子们常像宝贝一样被父母和爷爷奶奶们盯着，可每年都有数以万计的孩子因误食家中所用的化学制品而中毒。其中许多人需要住院治疗，所幸的是导致死亡的案例很少。有两种办法可以降低这类事件的发生率：首先是把所有盛放危险化学药品的瓶子都用儿童打不开的特殊盖子封好；其次是放些什么东西进去，让这些化学药品在口中有种令人恶心的味道，好让孩子们在吞食时会将其呕吐出来。

孩子们常常在家里会发现这里或那里放着一瓶奇怪的液体，通常有着很好看的颜色，好奇心会驱使他们冒险一试。结果，意外的中毒事件就经常发生在洗澡间、厨房、车库或者花棚里面。这类液体包括洗发香波、漂白剂、洗头水、油漆稀释剂、卫生间用的清洗剂、石蜡油、杀虫剂、消毒剂、灭鼠药和工业酒精(内含剧毒的甲醇)。医院里的病历记录表明，对孩子们来讲，吃进肚子里去的最危险的物质是松节油、石蜡油、烧碱、酒精(香水里含的酒精以及刮面之后用于护肤的护肤剂里含的酒精)，以及油漆清除剂。当父母发现孩子误食了某种化学药品之后，他们的惊慌程度与他们拥有的对该种化学药品的知识密切相关。有些家长可能认为漂白剂是毒性最大的东西，而含甲醇的工业酒精却可以对付，另一些父母的看法则相反。他们还可能认为消毒剂的毒性比香波更大。但不管他们怎么看，都应该立即寻求药物的帮助进行解毒，而且越快越好。幸好大多数这类紧急事件都是一场虚惊，父母惊慌失措地把垂头丧气的调皮鬼带进医院，但实际上他并没有吞下什么东西，并不需要治疗，只需进行一番告诫就行了。即使需要治疗，也不过是开一些让胃舒展平静的药，或者减轻肠炎症状的药，叮嘱小家伙多喝些水，把化学药品尽快排泄出来。偶然医生也会用洗胃的办法来治疗。一提到洗胃，小家伙往往会吓得浑身哆嗦。上述这些情况说明，家居生活中误食化学药品引起的事故很难避免，父母要想减少担心并不容易。但如果我们真想出了什么更安全的办法来阻止这些意外的发生，就能节省很多用在治病上的宝贵时间，孩子们也可以少受许多惊吓和伤害。实际上，意外一旦发生，最受苦的还是父母，因为他们往往比孩子更不安、更难过。

防止孩子误食的一个显而易见的办法就是在家用化学药品里加入味道很苦的东西。因为苦味是人们最不喜欢的味道，所以应该往那些家用化学药品里加入一点味道特别苦的添加剂。（在维多利亚时代，治疗意外中毒一般都在家里进行，办法就是让孩子吞下味道极苦的一种药，好让孩子产生呕吐。）当然，苦味添加剂不得破坏原有化学药品的正常功能。少量的苦味剂是必要的，一般来说，生产厂家在产品出厂时便已事先在里面添加了苦味剂。

自然界中有一些天然的苦味剂，如苦芦荟，从中亚苦蒿（*Artemisia absinthium*）的叶中提取的苦艾汁，从黄龙胆（*Gentiana lutea*）的根中提取的龙胆紫，从牙买加苦树（*Jamaica quassia*）的茎中提取的苦木液等。这些苦味剂常被用来戒酒，但更常见的用途是用作催吐剂。把这些苦味剂放在开胃酒里可以激发食欲。苦味能够掩盖其他的味道，而可以引起苦味的分子就是苦味分子（Bitrex）。苦味分子是1958年由苏格兰的一家医药公司（爱丁堡T & H·史密斯有限责任公司）发现的。研究人员在研制新的能使皮肤麻痹的利诺卡因镇痛剂时发现了这种苦味分子。苦味分子是一种无毒的白色粉末，在任何溶剂中都能溶解。它甚至被收入《吉尼斯世界纪录大全》（*Guinness Books of Records*）之中，被列为世界上最苦的东西。当苦味分子的浓度为10ppb时，我们就可以检测到它；当它的浓度达到50ppb时，人们就能尝出苦味来。人们一般在使用苦味分子时，所用浓度为百万分之几，往工业酒精里加入10ppm的苦味分子就会使它变性。

人的舌头上的苦味感受器对苦味分子相当敏感，这就是我们的味觉器官能够立即感受到苦味的原因。但一旦你把苦味分子放进口中，则感觉苦味逗留的时间较长。苦味分子的化学名称叫地那铵苯甲酸盐，这种物质中的地那铵才是真正起作用的部分。这个分子上有两个乙基基团和一个苯甲基基团连接在一个氮原子上。如果利用化学方法把这些基团用相似但更小的甲基基团替换掉，则它的苦味就下降到原来的十万分之一。事实上，对苦味分子做少许的变动就会极大地影响它的苦味效果。

苦味分子不但可以作为苦味剂加到家用化学制品中，它还有许多其他的用途。许多东西里面只要加入了苦味剂就能起到保护作用，这样的东西可以举出许多：抛光剂、空气清新剂、染发剂、药棉、医用酒精、汽车清洗剂和铬钢抛光剂等。含有苦味分子的油漆能够覆盖在原有的含铅漆器上面，这样孩子们就不会因调皮把含铅油漆剥落下来的碎皮吃下去而导致铅中毒了。这种吃油漆碎片的事正是许多孩子喜欢干的。有少数厂家不愿往上述这些家用化学制品里添加苦味剂，原因倒不是这样做会使成本提高，因为极少量的苦味剂并不需要花太多的钱。还有人把苦味分子加到小药丸里，放在小树上，这样可以防止小鸟啄食小树的树叶和树皮，避免小树夭折。小鸟尝到了苦味，下次就不会再来了。另外，我们还可以把苦味分子用在某些特殊的指甲油里，来防止咬指甲的坏习惯。当然，苦味分子的最大用途是使工业酒精变性。

展位 10　来自天堂的元素(1)——锆

当你读到这里时，腋下可能就有羟基氯化锆这种东西，如果你早上刚用过除汗剂就更是如此了。这种让人感到好奇的化合物就含有一种声誉日隆的锆元素。

1789年是法国大革命开始的那一年。同样，就在这一年，德国也有一件事情发生。这一事件在下一个世纪将对人们的生活产生革命性的影响。这一事件就是锆元素的发现。锆元素是最稳定的化学元素之一。含有锆的物品往往以某种不易觉察的形式进入我们的家庭，如陶制的餐具、假的钻石或新的颜料。其中有些已经成为我们生活中不可缺少的一部分。工业上也发现了这种金属的重要用途，尤其是它的氧化物氧化锆，这种物质在2 500℃以上才会熔解。

化学家克拉普罗特(Martin Heinrich Klaproth，1743—1817)在产自锡兰的次等宝石中发现了锆元素。他原本接受的是药剂师的教育，但他对分析化学感兴趣，最终在60岁时被委任为柏林大学的第一任化学教授。就在同一年，他发现了锆元素。后来他还发现了铀元素。我们很快就会看到，这两种元素的命运纠缠在一起。

含锆的宝石在公元初年就已被人们发现了，它的名称很多，如红锆石、风信子石、黄锆石、锆石等。人们最初以为无色的锆石是一种品质低下的钻石，后来克拉普罗特把这种宝石和碱性物质放在一起加热分解，发现这种想法是错误的。从宝石和碱性物质反应生成的产物中，他提取出了一种新的氧化物，并称之为氧化锆。同时，他还意识到他发现了一种新元素——锆。zirconium(锆)这个词来源于阿拉伯语单词zargum，意思是有黄金般的颜色。

但克拉普罗特找不到合适的办法把纯锆提取出来，非常遗憾的是，他直到去世也没能看到这一成就。提纯锆的工作直到1824年才由瑞典化学家贝采里乌斯完成。即使提纯了锆，在此后的120年里，人们几乎没有发现它有何实用价值。作为金属，它几乎没什么实用价值，它的化合物也没有令人值得注意的性质。然而，到20世纪40年代，金属锆突然从后台跳到科学研究的前台，因为当时原子能首次被释放出来。用在核反应堆里，锆是一种很理想的金属，它在极高的温度下不会受到侵蚀，也不会吸收核反应产生的中子。核反应过程是把一种金属变为另一种具有危险性的放射性同位素。这样，每年都有7 000吨锆金属被熔化，它们的最终用途都是在核工业中。

锆并不是一种特别稀少的金属，它的储量大约是铜的3倍，是铅的10倍。在地壳中，它的储量是锡的80倍以上。澳大利亚、南非、印度和美国都储藏有大量的锆石(即硅酸锆)和氧化锆(即二氧化锆)。如今，世界上氧化锆的年产量大约是25 000吨。氧化锆的用途很广，从除汗剂到漂亮的红宝石，都需要这种物质。

令人高兴的是，锆不会引起生态的变化，对人类自身及其生存环境都不会产生不良影响。事实上，生产商们正在把锆的化合物变成一种安全的替代产品。比如说，在一些颜料里加入铅(即使数量极少，但毕竟是加了)，目的是加快干燥。现在，颜料生产商就在用锆盐来取代这些铅。造纸和包装行业的厂商发现，可以利用锆的化合物生产质量很好的包装材料，因为它的防水性和强度都令人满意。同样重要的是，锆的化合物的毒性也相当小，碳酸锆就被用来制造包装食品的材料。现在，人们把羟基氯化锆放进滚筒式除臭剂里面，作为除汗剂来用，而以前人们是用铝的化合物做除汗剂的。

世界上每年有60多万吨锆石矿砂被开采出来，放进耐高温的熔炉里，炼出大量的熔化的锆金属来。锆能耐高温，加热后也不会膨胀。然而，锆的最大用途体现在它的氧化物二氧化锆，它可以制成硬度极高的陶器，这样，可以把二氧化锆制成的陶器用于制造军用坦克的发动机，因为这样的发动机既不需要润滑油也不需要冷却系统。这项研究引发了新材料的新应用。人们找到了新一代的材料，它就是比金属强度更大，而且对热度无动于衷的陶瓷材料。在日本，它被制成工业上用的高速切割机上的刀具，它还用在刀、剪上面，用在国内的高尔夫俱乐部里。人们发现氧化锆还可以用在电视机的荧光屏上，用来阻挡有害的 X 射线辐射。

展位 11　来自天堂的元素(2)——钛

在锆元素被发现的 2 年后，另一种与锆非常相似的元素也被发现了，这种元素就是钛。这一发现很不寻常，因为发现它的人是一位牧师，名叫格雷戈尔(William Gregor，1761—1817)，发现的地点在英格兰康沃尔郡的一个偏僻的小村庄。如今，这种金属在飞机发动机、深海石油钻井、轮船和英国王位继承人的肘部都可以找到。二氧化钛是世界上最重要的涂料，是厨房器皿、塑料水管、室内装潢用的极好的白色涂料。这种白色涂料还可以用在道路上作为车道标记。

大约在 200 年前，担任英国克里德地区教区牧师的格雷戈尔先生，在梅纳肯教区附近发现了一种黑色的沙子，并对它进行了分析研究。他发现这种沙子很奇特，能被磁铁吸引。他尽自己所能对其进行分析，推断出这种沙子是由两种金属氧化物构成的，其中一种是氧化铁，至于另一种，他无法确定。他以一个科学家的敏锐头脑断定另一种氧化物所含的金属是一种尚不为人知的新元素。他把自己的发现向康沃尔的皇家地质学会做了汇报，并且写了一篇关于这种金属的论文，发表在 1791 年的德国科学杂志《克雷尔科学年刊》(*Crell's Annalen*)上。4 年后，那位偶然发现氧化锆的克拉普罗特“发现”了另一种未知金属元素的氧化物，他把这一元素命名为钛。

钛是地壳中储量排行第七的金属元素。无论是格雷戈尔还是克拉普罗特在世时都没能看到这种金属本身，因为确实很难把这种金属从它的氧化物矿石中分离出来。19 世纪人们曾经分离出不太纯净的钛样品，但直到1910年，才由在美国通用电气公司工作的马修·亨特(Matthew Hunter)提取出了完全纯净的钛。钛的应用成为一项产业还是20世纪30年代的事，那时，涂料制造商正在寻找一种能够取代铅白的物质，最后他们找到了二氧化钛。正如锆的氧化物被称为氧化锆一样，钛的氧化物也被称为氧化钛，这种取名的方法恰巧和莎士比亚的名剧《仲夏夜之梦》(*A Midsummer Night's Dream*)中那位仙后的冠名方法很相似。通过这部名剧我们也许可以理解为什么在钛金属行业工作的人喜欢称这种金属的氧化物为二氧化钛，或者用化学分子式TiO_2。这种化学物质现在已成为年开采量为300万吨的庞大行业的主角。因为二氧化钛无毒、不会褪色而且折射率很高，它已成为应用最广的一种颜料。折射率是度量一种物质散射光的能力的一个物理量。因为二氧化钛的折射率高，所以可以把这种明亮洁白的物质用在家居生活中，比如用于电冰箱、洗衣机和干燥机的喷漆。二氧化钛的折射率是2.7，比钻石的折射率(2.4)还高，而钻石早已有明亮晶莹的美名了。

就二氧化钛的最终用途而言，一半被制成了涂料，1/4进入塑料，如用于制造旅行包、窗户和水管，其余的则用于制造纸张、合成纤维和陶器，少量的还用于生产化妆品。因为它无毒，甚至可以很安全地添加到食物中去，如加到冰糖和甜食里去。二氧化钛还能够吸收日光中有害的紫外线，这是它被用在窗户框架里的原因，它可以保护窗框里的塑料。另外，它还可以用在防晒霜里，保护人体不受阳光暴晒的危害。世界上最大的二氧化钛生产厂商是美国的杜邦公司。在欧洲，最大的二氧化钛生产厂商是英国的钛业公司。

二氧化钛的生产有两种主要方法：传统的方法是先用硫酸溶解含钛的矿石，使湿性的氧化汰沉淀，然后加热至100℃。更现代一些的办法是用氯气把含钛的矿石先转化为四氯化钛，然后用氧气在1 000℃的高温下将它氧化。更好的做法是将氧气和四氯化钛置于等离子体的弧光下氧化，这样温度可达2 000℃。在制钛行业中，四氯化钛是一种重要的化工产品。四氯化钛是一种透明、洁净的挥发性液体，在136℃时沸腾，所以很容易提纯。把它和镁或钠放在一起在电炉里加热，就能够生成金属钛。

虽然生产金属钛很困难，而且成本较高，但毕竟物有所值。这种金属有多种良好的性能，它的强度高，熔点高达1 660℃（比铁的熔点略高），质量轻。所以，适合于应用在飞机的发动机和机架中。把它与少量铝和钒形成合金，可用来做飞机机架。钛很活泼，但在它的表面会形成一层薄薄的氧化钛保护膜，使它不易与其他物质反应，这使它非但不受海水和漂白剂的腐蚀，而且也不受其他化学物质的腐蚀。俄罗斯的一些潜艇就是用钛做外壳的。这种金属还能挡住硝酸和氯气的腐蚀，不与这些强腐蚀剂发生化学反应，这就是化工工程师用它来制造化工设备的原因；而且，机械工程师发现，它很适合用于制造电站里的换热器。还有大量的钛被用于靠近海岸的石油设备中。世界上钛金属的年产量大约为50 000吨。

20世纪50年代，外科医生发现钛很适合用于修复断骨，由于它不与其他物质产生化学反应，所以不会被体液腐蚀。而且它无毒，与骨头连接在一起时，不会使身体产生排斥反应。髋关节和膝关节置换物、起搏器、骨板、螺钉，还有颅骨骨折时的脑颅骨内置框架都是用钛制成的。它们在人体内可以正常工作达20年之久。查尔斯王子（Prince Charles）的肘部曾经骨折过，外科大夫韦伯（John Webb）就在诺丁汉大学的医院为他上了钛金属夹板来修复断骨。希恩（Barry Sheen）是一名摩托车运动员，在一次可怕的事故中，他的身体多处部位产生粉碎性骨折，后来他因身体内安装了钛金属的支架而重获健康，这使他获得了双重的声望，不但因赛车成绩取得荣誉，而且成为外科成就的骄傲。

钛的植入片还可用于安装假牙。把钛金属填充物插入到颚骨中，这一技术是由瑞典哥德堡的布罗纳马克(Per-Ingvar Brånemark)发展的，他的许多患者从1965年就接受这一治疗，至今状况良好。植入钛金属片的关键是钛必须纯净，而且要一丝不苟地作好清理准备工作。为了达到这一效果，生产厂家用等离子体的电弧光来剥掉钛金属表面的原子，使其暴露出新的一层。钛会立即氧化，形成一层新的氧化钛保护层，就是利用这一薄层，才使得身体组织能够与金属钛牢牢地连接在一起，而不发生化学反应。

格雷戈尔首次发现钛矿石的那个河岸旁的沙滩里现在已找不到任何不同寻常的东西了。很久以前在那个地方已盖满了房子。虽然钛矿是在康沃尔首次被发现的，但没法在那里开采。钛储量较大的地区是北美、南非和澳大利亚。这些地区的钛矿供应了全世界对钛的需求。南非的钛矿位于德班以北180千米处，沿着河岸的沙丘地带。在这一地域里，印度洋的海浪在数百万年的时间里把金红石、锆石、钛铁矿石等矿藏冲击到岸边沉积。金红石是二氧化钛，锆石是硅酸锆，钛铁矿石是氧化钛和氧化铁的混合物。一个大的人工池塘上停泊的挖泥机能够挖起含有5%的金红石、锆石和钛铁矿石的沙土。其中钛铁矿石被分离出来，提纯、熔解之后生产出二氧化钛的矿渣和生铁块。人们利用干燥静电过程把金红石和锆石分离出来，以它们的天然形态出售。在挖泥机隆隆作响地前进时，紧跟着政府已着手制定相关的环境恢复计划，准备把这一地区重新变成生态环境良好的森林、湿地和草地。

第五展馆

物质的进步与精神的考察——能使我们生活得更轻松的分子

展位 1　回到未来——天丝

展位 2　塑料胸围和会爆炸的台球——赛璐珞

展位 3　弯折，塑形，随你怎么折腾都行——乙烯

展位 4　价廉物美——聚丙烯

展位 5　在盛衰荣枯的两极——特氟隆

展位 6　赶走不再喜欢的宠物——聚对苯二甲酸乙二醇酯

展位 7　既性感又安全——聚氨酯

展位 8　使影片更精彩，快餐垃圾——聚苯乙烯

展位 9　比钢更强——凯芙拉

你可能认为聚合物完全是人工制造出来的，所以是非天然的东西，其实，聚合物常常是化学家对自然界天然生长出来的生物聚合体

进行补充和完善的产物。棉花、象牙、皮革、亚麻、纸张、橡胶、丝绸、木材和羊毛都是对从动植物那里得到的生物聚合体进行加工后形成的极好材料。这些生物聚合体最后还发展到可以制作防弹衣、绝缘材料、防御工事、武器等有用的东西。另外，人们还学会了把这些天然的生物聚合体稍作改进，制成其他非常有用的东西，比如紧身裤、公文包、避孕套、茶壶暖罩、标签和牙签等。

有时候，我们希望制出的聚合物能具有自然界中所有物质都不具备的一些性状，如电缆的绝缘层不会有裂缝、经过长时间旅行从包裹里拿出的衣服仍不会出现褶皱、煎鸡蛋的平底锅不会粘锅底等等。要得到这些东西，我们只得求助于化学家。在本展馆的各个展位上陈列的大部分展品，就是上面所说的这一类聚合物，我们在自然界中找不到具有相同性状的东西。

聚合物是一种非常不一般的分子，它有一条通常由碳原子逐个相连形成的长链，在这条长链的周围，碳原子上还连接着其他一些原子，如氢原子、氟原子、氯原子等。聚合物的旧称是塑料制品，也许你知道几个这类物质的名称，如聚乙烯、聚苯乙烯、特氟隆(聚四氟乙烯)和奥纶等。许多聚合物都在我们的日常生活中占有重要地位，这些只是其中的几种。无论聚合物本身的作用如何，都引起了许多人对它们采取非常激烈的态度。我们中有少数人赞美它们，更多的人无视它们的存在，而讨厌它们的人则日益增多，甚至有少数人厌恶它们，绝不花一分钱来买这种东西。对化学家来讲，这些对聚合物的反对态度则显得相当奇怪。我希望那些把本展馆的各个展位都仔细看过的读者，如果你们原来对聚合物带有强烈的偏见，在了解到它们的真相后能够改变你们的看法。

人们对塑料制品的态度在过去 50 年里发生了很大的变化。在 20

世纪 30 年代，当玻璃纸、PVC、聚苯乙烯、珀斯佩有机玻璃和尼龙得到应用以来，聚合物是很受欢迎的，人们甚至称这个时期为“塑料时代”。当时塑料制品得到了广泛的赞誉，尤其受到年轻人的欢迎。那些期待着化学家发明新材料的有影响力的设计师，看中了这些既不受腐蚀也不会腐烂的新材料，他们为之欣喜若狂。

这些新塑料为盟军在 1945 年的全面胜利立下了战功，这一成功使人们对这一材料的兴趣延续了下去。20 世纪 50 年代和 60 年代，化学工业又生产出了一些很不平凡的产品，它们改变了我们往常穿衣所用的普通布料，改变了以往制造家具所用的材料。然而，过分的自信必将导致错误，人们在 20 世纪 50 年代犯了三个错误：用塑料做成装饰用的塑料花；用塑料做成一次性的杯子和餐具；还有一个错误就是用塑料薄膜包裹干洗后的衣服。

第一个错误仅仅表示人们趣味的转向，这似乎并不明智；第二个错误表明了塑料其实是一种无价值的东西；第三个错误则有可能引起悲剧性的后果，它可能导致婴儿呼吸困难。塑料激怒了以梅勒(Norman Mailer)* 为首的一些反对塑料的人，他们决心使自己不因这些华而不实的新材料而蒙辱。从 20 世纪 60 年代中期开始，这位反对派人士领导了一场颇有影响的反对塑料的运动。他说：“我们曾下定决心不用土地、岩石、树木和铁矿等资源，满心期待一种所谓的新材料，这种新材料被人们从大罐子里熬出来，它是尿液的巨大而复杂的衍生物，我们称它为塑料。”那些反对塑料的人认为，这种材料缺少“生活的气息”，而且“毫无自然的触感”，他们甚至还说，这种材料就像“癌细胞在体内的转移一般”，既迅速又致命。

---

* 梅勒(1923—2007)，美国作家，著有《裸者与死者》等作品。——译者

有这样一位世界顶级的剧作家，用如此尖刻的语言向这种不得人心的新材料口诛笔伐，似乎环境保护主义者没有必要再插进一腿了，然而，他们还是欣然而至，参与“讨伐”。这时，塑料在人们心目中的角色似乎一下子变了，它成了消耗地球宝贵资源的象征，而且正在污染着这颗多灾多难的行星。一时间，塑料的耐久性不再是一项有价值的优点，而是一个重大的错误。然而，本展馆的展品不是恶棍和怪物，而是熟练的设计师、诚实的工人、太空探索者和创造奇迹的劳动者创造出来的展品。

展位 1　回到未来——天丝

有时候，化学家无法把一些自然界天然产生的聚合体制成更好的聚合物，这一点也不奇怪。植物能自然生成一种非常好的聚合物，即纤维素。纤维素是由葡萄糖形成的大分子多糖，而葡萄糖本身又是由空气中的水和二氧化碳合成的。植物利用光合作用，捕捉到太阳光的能量，太阳光在一种绿色的光合色素叶绿素的帮助下，利用水和二氧化碳进行化学反应生成葡萄糖。这个基本化学反应所产生的葡萄糖分子是地球上最丰富的生物分子，一年大约能够生成500亿吨，而它的存在形式主要是淀粉和纤维素。

葡萄糖能够把同样的分子利用两种方式形成长链：第一种方式形成的长链很容易被扯断，又还原为葡萄糖小分子，这样形成的长链叫淀粉；第二种方式形成的长链不容易被扯断，这样就形成了可以保持数千年的纤维素。淀粉是植物储存食物的方式，而纤维素是植物成形所需的建筑材料，如根、茎、叶都需要纤维素来构成。淀粉与纤维素的差别仅在于葡萄糖分子彼此连接的方式：淀粉能够很容易被消化酶分解成葡萄糖小分子，而纤维素不能。

我们的祖先在很早以前就对植物的不同部分有所了解：其中含淀粉多的部分是可食用的，如种子、果实和块茎；而那些坚硬的、难以消化的纤维素部分是不可食用的，如茎、叶和谷壳。尽管有些纤维素对人体也有好处，如食物中所含的纤维，但大多数纤维素是不可食用的。纤维素还有其他用途，如果它以长纤维的形式存在，可以把它拧起来，再纺到一块去，如棉花和亚麻。树木里的纤维不易取得，因为它和树木里的非纤维物质融合在一起，然而我们可以把它做成同样有价值的另一种东西，这就是纸张。树木里所含的纤维素和棉花里所含的纤维素没有什么不同，我们也可以用一些并不复杂的技术把树木里的纤维素制成衣服，或用来装饰我们的房子。

总有一天，纤维素将成为化学工业中占相当大比重的原材料。由于人们在推动可再生资源的发展和利用，这一设想可能会在 21 世纪得以实现。基于此，深入地了解纤维素就是一件很有意义的事情了。到底植物体内部储存了些什么呢？我们的衣服所用的布料是些什么纤维呢？用于制造塑料的原材料又是些什么样的东西呢？纤维素用于制造衣料和塑料是 19 世纪的事情，那时人们发明了人造丝和赛璐珞，其中前一种在不久以后就因使用了新的化工工艺而得到了品质的提升，后一种很可能最好还是把它留在“地狱”里，其中的原因我们很快就能了解到。

由于真丝相当走俏，而且价格昂贵，于是激励了化学家们去寻找一种类似于真丝的纤维。丝的诱人之处在于它柔软、手感好、有质感。把丝绸制成睡衣和床单的做法现在渐渐不流行了，但丝绸曾经因其极好的触感，被人们长期当作一种华贵织物的象征。也许，它是唯一无可替代的纤维。在维多利亚女王时代，丝绸逐渐和丧葬联系到了一起，尤其是和寡妇结下了不解之缘。一位妇女一旦失去了所爱的丈夫，就要按照习俗穿上高贵典雅的黑色丝质外套。由于从中国进口的蚕丝所生产的丝绸被西方社会许多不幸的寡妇穿在身上，使丝绸显得供不应求。

世界上出现的第一块人造纤维是由法国化学家沙尔多内(Comte de Chardonnet)推向市场的，他于1884年发明了一种硝化纤维素布料。一开始，这种布料卖得很好，所谓的"沙尔多内丝绸"的年产量不久就达到了10 000吨。令人遗憾的是这种材料遇火时会发生令人担忧的反应，产生剧烈燃烧，有时甚至会爆炸(见展位2的介绍)。后来，克罗斯(Charles Cross)、贝文(Edward Bevan)和比德尔(Clayton Beadle)共同发明了一种更安全的纤维材料，他们是在伦敦西郊的国立植物园靠南大街的一家小工厂里发明出来的。他们还首次发明了后来在商业上极为成功的纤维制品人造丝，并于1894年获得了专利。他们发明的新材料人造丝和天然丝一样好，价格却比天然丝便宜一半以上。"人造丝"(art silk)只是"人造丝绸"(artificial silk)的简称。虽然这一名称现在已经不太使用了，而改用了其他名称，如人造纤维、醋酸酯和黏胶纤维等，但它们仍就是以前的人造丝。克罗斯、贝文和比德尔把他们的发明卖给了当时主要的丝绸生产商考陶尔德公司。于是这家公司从1905年开始生产这种新纤维，在此之前，他们还需要解决复杂的工艺问题，比如穿透小喷口以获得他们所谋求的最佳品质。

人造丝的年产量后来达到了300万吨，但这一数字在世界人造纤维市场上所占的比例是不断下降的。在20世纪30年代后期，即尼龙诞生以前，人造丝曾一度占据了纤维市场的主角地位。人造丝的优点很多：手感很柔和，挂起来非常漂亮，很容易染色。人造丝被很广泛地用于生产内衣裤、工作服、便衣和夹克衫的衬里，它还和其他种类的纤维料掺和在一起被制成床单、室内装饰布和窗帘。然而它也有自身的缺点：易起皱折，在潮湿时强度很低，而后一种缺陷甚至会导致战争失败。

为了谋求建立一个“自给自足”的国家，纳粹分子在人造丝的生产上投下了巨资，从1933年至1943年，人造丝的产量翻了10番。这里所谓的“自给自足”指的是纳粹分子企图开展的经济自足运动，这一举动深得希特勒的欢心。因为这样一来，他们将不再受国际贸易的制裁和联合抵制的影响。纳粹德国决定全面地用人造丝来取代棉花，利用全面停止进口棉花来达到经济独立的目的。而制造人造丝的原料是它的领土上丰富的森林资源。后来人们发现，德国士兵被用人造丝制成的制服给害了。有时人们会举出这一证据，来回答为什么有那么多德国士兵在苏联战场的前线生了冻疮(这一疾病对1942—1943年间的斯大林格勒战役的失败负有责任)，因为人造丝在苏联潮湿而寒冷的冬季是起不到御寒作用的。也许，人造丝不是制作军人制服的最好的材料。纳粹的科学家另外制成了一种极好的新纤维，并摸索出了一套连续生产的工艺，后来，盟军在第二次世界大战的扫尾阶段接收了德国人的这项发明创造。此后，这一制造工艺成为全世界采用的生产标准。

人造丝是用木浆中的纤维素制成的，要把这种植物材料制成纺织所用的纤维，就先要溶解它。这并不容易办到，因为植物纤维是一种长链，是连接得相当紧密的聚合物，要把它们解开，再拉成可用于纺织的细线，唯一的办法就是溶解它们。制造人造丝要用腐蚀性的苏打水和二硫化碳来溶解植物纤维，随即再使黏稠的溶液通过很小的喷口，就可以形成人造丝纤维了，或让溶液通过一条窄缝，就可以制成玻璃纸，同时，还要用酸来中和溶液使纤维素再次不可溶。整个过程的效率比较高，但会产生大量恶浊的污水。

在前后90年的时间里，这一生产工艺基本没变。但在大约15年前，考陶尔德公司的化学家在一次偶然的机会里惊奇地发现了更好的工艺，从而大大改变了以往的生产方法。该公司的化学家发现，植物纤维在N-甲基吗啉氧化物中加热后能很好地溶解。这是生产一种新的人造纤维制品——天丝的基础。要把产生出来的黏性溶液变为一种新的纤维，需要一套新的旋转溶液工艺。新的工艺是把纤维分离出来，置于空气中，然后立即过水洗去溶液，这一过程被称为“再利用”。这样，在制造天丝的过程中几乎不会排出污水。

天丝在考陶尔德公司设在英国考文垂市的实验室里被研制出来。为此，该公司专门建立了新的工厂，第一家工厂在美国阿拉巴马州的莫比尔，第二家工厂在英国东北海岸的格里姆斯比，到2000年，这些工厂的年产量可达到10万吨。考陶尔德公司为天丝的问世感到无比自豪，因为它是近30年来第一种被成功研制出来的新的人造纤维，而且它和以往的人造丝不大一样。天丝有一种华贵的感觉，悬挂时会产生一种流水般的轻漾，不仅如此，它还可以用来制成像牛仔裤、灯芯绒衫一类的耐磨的衣服。这种新纤维在潮湿时强度高、缩水率小，而且能抗皱。

天丝之所以卖得好，原因在于它的质地好，而不是由于它的制造工艺出色，或者有助于环保。这种材料以自身的品质赢得了消费者的青睐。考陶尔德公司也一直维持着这种材料的高价位，以使它卓而不群。人们也愿意多花些钱来购买用这种材料制成的衣服。在日本市场上的反应就可以证明这一点：日本人宁愿出几倍于粗布牛仔裤的价钱买一条天丝材料的牛仔裤。

展位 2　塑料胸围和会爆炸的台球——赛璐珞

现代塑料制品质地坚硬，用途广泛，安全可靠，而且不与其他物质发生化学反应——这些良好的性状可能都成了人们觉得它毫无趣味的原因。然而，回想起当年第一种获得成功的塑料制品赛璐珞的风光，那是多么的不一样啊。人造丝像天丝一样可能已被恢复地位，因为它的优点不少。至于由植物纤维素制成的老的塑料制品赛璐珞，虽然现在它还有它的用处，可是再也找不回昔日的风采了。赛璐珞的主要成分是硝化纤维，尽管它很易引起燃烧，但仍可制成乒乓球和指甲油，而且很少引起事故。

赛璐珞首次出现是在 19 世纪 60 年代，它刚一亮相就引起了人们对它的迷恋。它能以多种形式出现，如纽扣、台球、小装饰品盒、玩具、衣领和衬衫的假胸等。假胸是早期喜剧电影上常出现的不能控制的假衬衫前胸。赛璐珞被当作崭新的化学时代对人类所作贡献的一部分而备受人们的青睐。它很像象牙，却比象牙便宜，是替代象牙的主要材料，其需求量可以达到一年屠杀 20 000 头大象所得的象牙量。然而大家都知道赛璐珞是一种很容易着火的危险品，有时甚至会发生爆炸。台球桌上打台球时，有时会因猛烈撞击，赛璐珞做的台球就“轰”地一声爆炸了。当时人们传说在科罗拉多的一个酒店里，就发生了一起台球爆炸的事故，还引起一场枪战。海厄特(John Wesley Hyatt)是使赛璐珞风行一时的科学家，上述的“台球爆炸事故”，就是 1914 年他在接受伦敦化学学会(现在的皇家化学学会)给他颁发的帕金奖章时，在演讲中讲的故事。自那以后，赛璐珞又在市场上活跃了 50 年，而且有很多人都以为赛璐珞是海厄特发明的。

实际上，赛璐珞出世的故事发生在 1845 年，那时，一位德裔瑞士化学家舍恩拜因(Christian Schönbein)，把棉花放进浓硫酸和浓硝酸中进行反应，得到了硝酸纤维，它有着相当引人注目的特性。当这种硝酸纤维被压缩成块状，就极易爆炸，所以这种东西的主要用途之一是制造火棉或者硝化纤维。

根据反应条件和硝化程度的不同，反应后的产物也会不同，从可塑的代用黏土似的固体到黏稠的液体都可以得到。易于爆炸的产物是三个硝酸盐基团附着在每个葡萄糖环上，但是，如果硝化的过程限制在两个硝酸盐基团上，则反应产物不会爆炸，只是很容易着火燃烧。这后一种形式的硝酸纤维素有两种成了大众消费品，即胶棉和赛璐珞。胶棉是硝酸纤维素溶解在酒精和醚（这些溶剂更准确的称谓是乙醇和乙醚）各占50%的混合溶剂中形成的溶液。它是制造速干瓷漆的基本原料。小孩子们喜欢把它买来，用作搭建小房子的黏合剂。他们的父母则把这种东西放在家用药箱的小瓶内，用来消除脚趾上生的鸡眼。赛璐珞是硝化纤维的塑料形态，其制造方法是把硝化纤维掺入大约20%的樟脑。樟脑是一种蜡质的固体，以前人们是把生长在日本的樟树的树皮进行蒸馏后得到的，现在也可以用人工合成的方法制得。樟脑是一种环状分子，在179℃时熔化。把硝酸纤维素和樟脑掺合在一起就会形成一种面浆团，可以着色、加热、软化，还可以放在模子里压缩。樟脑使赛璐珞更加不易燃烧。

据伦敦科学博物馆的科学家莫斯曼（Susan Mossman）在她的《塑料发展史》（*Development of Plastics*）一书中所言，第一个制造了赛璐珞的人并不是海厄特，而应该是一位名叫帕克斯（Alexander Parkes）的英国人。他给这种新的材料起了一个很朴实的名字叫帕克辛（Parkesine），并于1862年在伦敦的第二届“伟大发明展览会”上展出了自己的发明，他还成立了一家公司来制造赛璐珞产品。然而，他的公司制造出的产品和真象牙制的同类产品相比质量太次，不久公司便维持不下去了。斯皮尔(Daniel Spill)曾经做过这家公司的经理，1869年他想把自己搞出来的一种叫爱纶特的赛璐珞制品推向市场，但他的尝试也失败了。

随后于1870年，海厄特跨过大西洋干起了自己的公司，制造出被他称为赛璐珞的仿象牙制品，后来这个名称也一直保留至今，因为他的生意做成了，赚了钱，得到了承认。不久这种由海厄特的工厂生产的材料就被制成眼镜架、假牙、钢琴键、白色的塑料百合花、化妆盒、餐具把柄，以及牧师所佩戴的项圈形胶领。生产商承认它易于燃烧，但不会爆炸。那么，为什么赛璐珞制的台球偶尔会发生爆炸呢？答案可能是制造商为使台球闪闪发亮而且外壳坚硬，又在赛璐珞材料的外面涂了一层胶棉。这样就把一层纯净的硝酸纤维素留在了台球表面。按理说，即使两个球在猛烈碰撞时也不至于使外面一层硝酸纤维素爆炸，因为这个涂敷层并不厚，但是，涂敷层产生的反应也许已足以引起下面一部分赛璐珞材料伴随着响声爆炸起来，尤其在掺入樟脑比例失当的情况下，发生爆炸的可能性就更大了。

展位3　弯折，塑形，随你怎么折腾都行——乙烯

石油化学工业生产了大量的乙烯和丙烯气体。以它们为原料，人们可以生产出数百种其他化学产品，尤其是聚乙烯和聚丙烯。这些结实耐用的塑料制品在世界上已风行了半个世纪以上了。和人造丝一样，近来它们也有了重大进展。幸亏有了新的催化剂，才使得这些旧聚合物能以新的形态出现，而且有了新用途。

ethylene(乙烯)更准确的称谓是ethene。乙烯在常温下是气体，在-104℃时凝结为液体。乙烯可以以液态的形式运输和储存。乙烯是一种小分子，分子式为C_2H_4，两个碳原子以两个共价键相连，正

是这个双键决定了乙烯的化学反应特性，决定了它能形成聚合物。乙烯还是一种能使花儿凋谢的气体，它是一种天然的植物催熟剂。不但如此，它还是我们经济发展的“催熟剂”，乙烯在有机化学产品一览表中处于前列，是生产其他各种化工产品的原料。世界上乙烯的年产量从1910年的200万吨上升到1995年的6 700万吨，到2005年有望达到1亿吨。乙烯的这种过量生产可能会使生产乙烯出现亏损。但我们没有办法阻止乙烯的生产，因为乙烯可以制成许多使文明生活增添不少方便的产品，应用范围涉及家庭、商场和办公室。

乙烯不但是化学工业的主要原料，它在自然界中也承担重要角色。20世纪30年代，生物化学家们发现植物在生命周期的许多阶段都会生成乙烯，如在发芽、成长、开花、果熟、衰老、凋谢阶段，植物体内都会释放出乙烯，在出现高温、低温或干旱气候而使植物受到损害时，植物体内也会释放出乙烯。植物释放出的乙烯在正常情况下浓度很低，但在成熟的果实里能够达到2 000ppm（即0.2%）。植物是用它所含的甲硫氨酸制成乙烯的。这种氨基酸能转化成环丙烷衍生物，而环丙烷有一个由三个碳原子紧密结合形成的环。当环丙烷与空气中的氧分子接触并作用后，这个环就会被分解，并失去两个碳原子，这两个碳原子可以重组形成乙烯。

在19世纪，人们常会觉得沿着城市街道种植的树木与正常生长的树木有些不同，感到疑惑不解。在盛夏季节，没有什么特殊的理由，树木的叶子就开始凋谢。这种奇怪的现象最终被追踪到了泄漏到空气中的气体的主要部分，尤其是其中的乙烯，它的浓度高达10ppm左右。我们的曾祖母总是不让室内的花草和煤气炉放在一起，因为她们凭经验知道，这样做会使植物的叶子和花瓣凋谢。也许她们还知道，如果出现了花草凋谢的现象，可能是家里的煤气管有轻微泄漏。

50年来，温带国家里的水果进口商也向自然界学到了一个技巧，他们使用乙烯做催熟剂，以保证成熟的热带水果如香蕉、鳄梨、蜜桃、桃子能按时供应北方市场。水果在没有成熟时就被摘下来，然后运到市场所在地，在需要时把它们置于有少量乙烯气体的地方等待成熟。乙烯的产生有两种途径，一种是用电炉加热催化剂，然后让酒精蒸气通过催化剂产生乙烯；另一种是把氯乙基磷酸溶解在水中。只要乙烯在周围空气中的浓度达到1ppm，果实就开始成熟。在家中果实更容易成熟。如果我们在户外种了番茄，由于霜冻季节的临近，把尚未成熟的青番茄摘了下来，我们就会把它们都放在家里，因为放在家里容易使它们成熟。具体做法可以是，把番茄和成熟的香蕉放在同一个碟子里，由于香蕉放出乙烯气体，这样青番茄也就慢慢成熟了。在有些国家，农民在果园或田地里人工生成乙烯，以保证无花果、芒果和甜瓜按季准时成熟，使菠萝开花，使橄榄成熟，更容易摘取。理解了乙烯作为植物催熟剂的作用原理，使得生物农艺学家有能力重新培育价格低廉的番茄，生产出一种新的番茄品种。这一品种成熟得更慢，保持坚硬的时间更长，从而能够进行远距离运输。

人们可以做到使植物的果实和花朵不受乙烯的影响，从而延长它们的寿命。做法是用高锰酸钾溶液浸泡硅土至饱和，由于高锰酸钾能够吸收乙烯，把果实储存在放有硅土的密封容器里即可。花朵可以放在塑料薄膜里包起来，这种薄膜也是用能够吸收乙烯的物质进行饱和处理后生产出来的，这样处理之后，花朵就不易凋谢。

植物能够在常温下生成乙烯，但化学工业为了满足世界经济发展的需要，必须在很高的温度下生成这种气体。用温度超过800℃的蒸气来加热碳氢化合物就可以得到乙烯。现在，全球乙烯的年生产能力约为7 500万吨，其中美国约占1/3，西欧占1/4，日本占1/10。最近，韩国准备在乙烯生产工业上投入巨资，预计在5年后使产量翻5番，达到300万吨。这一产量远远高于韩国国内对乙烯的需求，很明显，它是想在21世纪向中国出口乙烯。北美洲和欧洲发展的管道网络就在输送着乙烯，其中有些管道与地下乙烯储量丰富的大洞穴相连，其储量可能高达300万吨。

乙烯的产量可以用来衡量一个国家的经济实力。150年前，一位叫李比希(Justus von Liebig)的德国化学家说，硫酸的产量是衡量一个国家工业实力的最准确的标尺。虽然现在硫酸的应用仍很广泛，它的生产规模也使所有其他化工原料相形见绌，但它作为经济指标之一的重要角色已被乙烯取代了。乙烯的生产能力成为工业实力的一个指示牌。在发达的工业化国家里，对乙烯这种工业气体的需求会随经济景气的周期性波动而波动。在其他国家里，对乙烯的需求一直在稳定增长。这就是从总体来看，乙烯在全世界的产量会以每年约4%的速度增长的原因。这一增长速度预计还将延续下去。

尽管如此，生产乙烯原料却很少能带来利润。由于老的工厂都关闭了，新建的工厂要紧跟不断增长的产量需求，就必须超过老工厂的生产规模。不管赢不赢利，现代工业经济都少不了乙烯，因为许多产品是由乙烯制成的。大约有一半的乙烯被制成聚乙烯，做成手提箱、管子和护墙板。另一半的乙烯被做成窗户框、自来水总管、芳香剂和止痛药。在制成这些东西之前，乙烯先要被制成一些中间产品，如二氯乙烯、乙苯、环氧乙烷和乙二醇，乙烯的所有这些中间过渡产品都对世界经济有重要作用。乙烯还能被制成乙醇、乙醛、氯乙烷、二溴乙烯和醋酸，上述这些产品常常存在于消费者所购买的东西里面，这里含这一样，那里含那一样，比如庭园座椅、可口的咸味和酸味油炸土豆片中就含有这些物质。

聚乙烯是1933年由吉布森(Reginald Gibson)和福西特(Eric Fawcett)在英国温宁顿的帝国化学工业公司发现的。在适宜的条件下，乙烯分子会连接起来形成长链，这一长链有诸多重要的特性，使聚乙烯适于制造水桶、碗、塑料背包和手袋。

低密度聚乙烯(LDPE)是在高压下制成的，最终主要用于制造薄膜和包装材料。高密度聚乙烯(HDPE)是在低压下制成的，主要用于制造容器和管子。然而，目前连这些长时期被认定为结实耐用的材料也受到了挑战。LDPE将被线性低密度聚乙烯(LLDPE)取代。LLDPE中多出的“L”代表“linear”(线性)。LLDPE的产生要归功于新的和更好的催化剂——金属茂。这类催化剂是由钛、锆或铪形成的化合物。在这种化合物中，金属原子像三明治里的肉馅一样，被两个由碳原子形成的环夹在中间。这样，金属就被抑制在一个多电子的环境下，不但能起催化剂的作用，而且可以导致聚合物的形成。我们在下一个展位讨论聚丙烯时将会看到它的重要性。

在用金属茂做催化剂时，聚合物所含长链的长度主要取决于聚合过程中设定的温度。温度越低，链就越长。大多数常见的聚乙烯分子的链长从1 500个碳原子到20 000个碳原子不等。在20℃时，以锆为金属催化剂，则可形成有50 000个碳原子连接起来的长链；而在100℃时，链上的碳原子将少于1 000个。在这两个温度之间进行调节，可以生产出最佳链长的聚乙烯，以达到预期的应用效果。聚合物的链长将显著影响它的诸多特性，如软化温度、柔韧性、硬度等。基于此，聚乙烯无异于经历了一次重生，甚至挤进了其他聚合物的市场，并且，共聚物还能产生更加令人振奋的变种。所谓的共聚物是同时把两种分子进行聚合，这样生成的塑料就具备了两种分子的特性。有人估计，到2000年为止，由金属茂参与合成的聚合物将达到2 000

万吨，占世界市场的10%。

现代生活中如果没有以乙烯为原料生产的制品，这是难以想象的。假如我们决定不允许在这颗星球上开采矿物，那么我们的后代该怎么生活呢？我们所需的所有聚乙烯都能利用可再生资源来合成吗？答案是肯定的，需要的原料便是酒精(即乙醇)。用甘蔗和谷物可以制成乙醇，乙醇可制成乙烯，乙烯再被聚合成聚乙烯。

聚乙烯确实非常神奇，但即便如此，它也并非十全十美。聚乙烯制成的瓶子虽然可以盛水，但在盛其他一些液体时，却容易变软，甚至会被溶解，形成小孔。解决的办法便是，在聚乙烯的表面覆盖一层薄薄的硬塑料层。形成硬塑料层的方法很简单，把聚乙烯制成的容器放在氟气下就能形成。这样加一层硬塑料，就能使新的超级聚乙烯提高强度，使它甚至能用于制造汽车的油箱。有了这样一层保护层，用聚乙烯材料制成的容器就能够应付多种液体，如汽油、清洁剂、油墨、化妆品、洁厕灵甚至浓度很高的硫酸，而不受它们的腐蚀。它还适合于制成盛装食物的容器，如装浓缩可乐的塑料桶等。

超级聚乙烯的成功是和氟气这种有毒气体联系在一起的。当普通聚乙烯材料的表面被氟气包围时，就会形成另一种聚合物，即聚氟乙烯。原来聚乙烯分子里的碳氢键会被更牢固的碳氟键所取代，这样，聚乙烯表面就被涂上了一种氟聚物。不粘锅上所用的就是这种氟聚物材料。(这一族的其他成员我们都有介绍，一个在本展馆的展位5，另一个在第四展馆的展位3。)这一氟聚物保护层的厚度一般还不到0.01毫米，而其厚度取决于聚乙烯放在氟气中的时间的长短。氟聚物保护层使聚乙烯容器具有了两个它原本没有的优点：表面不再受到任何化学物质的侵蚀，不与任何液体反应。而且它还不会遮住下层物质的颜色，即保护层是透明的。

使氟气“驯服”地成为化工原料，这中间的过程至今还是个秘密。以前的办法是把二氟氢钾熔化，然后通上电，就能制得氟气，这是穆瓦桑（Henri Moissan）于1886年首先发明的，为此，他荣获了1906年的诺贝尔化学奖。在各种元素中，氟的化学性质最活泼，它甚至能使铁屑剧烈燃烧。用9份氮气来稀释1份氟气，便可以使氟受到控制，人们也正是用这个办法来运输氟气的。在制造聚氟乙烯时，所用的氟气更稀薄，也就是说要加入更多的氮气。

聚氟乙烯层可以用两种方法来获得。把氮气和氟气的混合气体吹过放在模子里的熔化的聚乙烯材料，这些模子一般是瓶子或其他容器的模型，等聚乙烯凝固后就制成了瓶子或其他容器。同时氟会立刻在聚乙烯容器的内层产生一个聚氟乙烯层。更好的办法是让氟化过程成为一个独立的步骤，这样的好处是使每一个容器的内层和外壁都能覆盖一层坚硬的聚氟乙烯层，而且其厚度完全可以随消费者的喜好来决定。可装1升水的聚乙烯瓶子经过氟聚物表面处理后只会使成本增加几个便士或几个美分，无论制造商生产的容器是盛睫毛油的小瓶子还是能装1 000升液体的大油罐，这点成本多半承受得起。

像氟气那样危险的气体自然会使人们考虑健康和安全问题。人如果吸入浓度仅为0.1%的氟气，几分钟之内就会死亡。所幸的是氟气有非常强烈的刺激性气味，这是它的报警信号。一般说来，在任何情况下，都有相当严格的法规控制氟气的使用。

虽然氟气的危害很大，但如果用在加大聚乙烯材料的强度上，它却可能最终挽救人的生命。用塑料制成的油罐在发生强烈碰撞时不易破裂，所以也就不易发生火灾。一般的聚乙烯材料的弹性和强度都足以使它成为制成油罐的材料，但不幸的是燃料油可以缓慢地从油罐的四壁渗漏出来。例如，柴油能够通过聚乙烯蒸发出去，每周会损失

2%。而用超级聚乙烯，即在表面覆盖了聚氟乙烯的材料制成的油罐就能阻止油料的渗漏。

看了乙烯的成功之后，我们还要看看其他塑料和聚合物的表面经过氟化处理之后的影响。外科医生用的手套内表面就是用氟处理过的，这样医生就不需在手上沾滑石粉，因为手套内表面上的含氟聚合物已经有润滑的功能了。电缆的塑料护套也是用聚乙烯制成的，经过氟化后，这种材料就能应付各种气候变化。同样，汽车的刷雨器也可以经过氟化达到类似的效果。事实上，任何置于阳光和臭氧下的橡胶制品，都容易脆裂和折断，而我们可以利用氟化来增强其抗老化的能力。

说到循环利用，我们不必担心超级聚乙烯表层会妨碍聚乙烯材料正常的再利用。有些聚合物由于掺杂了少量不合适的其他聚合物，会使原有的聚合物无法再利用。聚乙烯的再利用却完全不受聚氟乙烯的影响。只要将其熔化，表层的聚氟乙烯就会渗入聚乙烯塑料的主体里面，产生一种比原来的聚乙烯材料强度略大的材料，完全可以循环利用。

展位4　价廉物美——聚丙烯

丙烯和乙烯非常相似，有着与乙烯相同的核心分子。丙烯的核心分子也带着相同的双键，但丙烯在形成一个甲基时有一个额外的碳原子附着在上面。丙烯的聚合方式也和乙烯一样。然而，丙烯的聚合产物聚丙烯，虽然有着自己各种各样的用途，却似乎一直处于它的“姐妹”产品聚乙烯的阴影之下。

聚合物和电影明星颇为相似，要想成名就得取一个好听的名字。遗憾的是聚丙烯没有一个如塑胶、尼龙、特氟隆和人造丝那样好听的名字。这实在是一件憾事，因为聚丙烯使我们的生活增色了许多，如装饰性的挂毯、厨房里的茶壶、摔不碎的杯子、各种颜色的箱子、巧克力棒的包装纸、人工的草地、花园里的椅子、结实的手提箱、汽车的保险杆、装人造黄油的小桶、放 CD 碟片的盒子、粗纤维屑制成的绳子、包装绳以及茶叶袋等，这些东西都是由聚丙烯或以聚丙烯的衍生物为材料制成的。尤其是汽车里面，有许多部件都会用到聚丙烯材料，如仪表盘、挡泥板、电池箱、车内装饰材料和车内地毯。在有些车里，聚丙烯材料的重量高达 80 千克。我们还喜欢聚丙烯接触皮肤的感觉。它能保持皮肤干燥，排除湿气，这就是它被制成保暖背心、一次性尿布甚至宇航员穿的宇航服的原因。

聚丙烯的形态很多，从硬塑料到轻软的纤维都有。既可以被清洗得像水晶一般清澈，也可以上色；既可以像丝一般柔软，也可以像铁一样坚硬。聚丙烯有许多特点：热稳定性好，不滋生细菌，虽然可以做得很柔软却不会发生渗透，透明而且非常安全。一种像聚丙烯这样的塑料真可谓是“万能的”，它可以转变成其他产品，使它的用途得到大大扩展。我们下面就会看到。

聚丙烯首次合成成功是在 1951 年，由在美国菲利普石油公司工作的两位化学家制得。当他们看到丙烯气体变成了像太妃糖一样的固体时，他们知道自己撞了大运。公司为此申请了专利。这两位发明家分别是 32 岁的霍根(Paul Hogan)和 30 岁的班克斯(Robert Banks)，他们在一起工作了许多年，共同开发产品。然而，他们的成就要获得认可还需要等待 36 年，36 年后他们才被英国化工学会授予了珀金奖章。推延的部分原因是另有六七家公司也申请了聚丙烯的专利，法律上的官司一直打到 1982 年才见分晓。自那以后，聚丙烯的生产迅速加快。有人甚至把聚丙烯的产量视为国内生产总值的晴雨表。在 20

世纪 90 年代中期，世界上聚丙烯的年产量超过了2 000 万吨，到 2000 年预计会超过 3 000 万吨，而到 2005 年预计将超过 4 000 万吨。

丙烯可以在 15 个大气压、50—90℃ 的环境下加热，并且在庚烷或其他一些溶剂里聚合成聚丙烯。庚烷是一种液态的碳氢化合物，含 7 个碳原子。这种方法被称为“淤浆法”。在没有溶剂的条件下丙烯也能聚合，但需要气压达到 20—40 个大气压。这种方法叫做“加压法”。这种方法的优点是既然不需要溶剂，也就不存在溶剂回收的问题。其缺点是无法制成所谓的大块的共聚物。

丙烯还能在气相状态下聚合成聚丙烯，把它置于流动槽或搅拌槽反应器里，加压至 8—35 个大气压就可以制得。制成的聚合物可以利用气旋把它和未发生反应的丙烯气体分离开来，气旋形成的气流能使丙烯得以回收。这一过程的成本比淤浆法的成本还低，并且能够得到许多不同的聚合物。

上述三种方法可以连续地使用，它们都依赖于齐格勒—纳塔催化剂。这种催化剂的名字源于在马克斯·普朗克研究所工作的德国化学家齐格勒(Karl Ziegler)，以及在米兰的综合技术研究所工作的意大利化学家纳塔(Giulio Natta)。齐格勒于 20 世纪 40 年代发现了这种催化剂，而纳塔在 20 世纪 50 年代早期对它们做了重大改进。1963 年，他们分享了诺贝尔化学奖。他们的出色工作改变了乙烯和丙烯的聚合反应，使那些新合成的塑料制品得到了广泛的应用。

新一代的催化剂是基于锆和钛的化合物，它们在 20 世纪 80 年代得到了发展，并且开始取代老的催化剂。用新催化剂聚合成的聚合物，有一个非常窄的链长范围。聚合物中几乎不会出现没有用处的短链，而且遗留下来的源于催化剂的残余金属较少。虽然新催化剂成本较高，但生产出来的聚丙烯在抗冲击强度和硬度方面可以达到更好的平衡，因为它有不同于以前的有规立构性。新的催化剂改变了聚丙烯，因为这些催化剂能使制成的聚合物具有统一长度的链，所带的甲基基团(它附着在长链中间隔排列的碳原子上)排成整齐的阵列。这些甲基基团使聚合物又多了一维。如果把所有这些甲基排成一列，都指向同一个方向的话，这种聚合物可以被称为等规立构的聚合物。如果另外的甲基排列起来指向相反的方向，则可称为间规立构的聚合物。这些聚合物的组成部分可以相互非常整齐地啮合在一起，就像拉链的齿啮合在一起一样。这样生产出来的材料就会坚硬、结实而且不透明，但用处不大。另一方面，如果一些甲基所指的方向是随机的，则这种聚合物是无规立构的聚合物。这样，我们可以得到甲基排列从规则到不规则的聚合物，它使聚丙烯的伸缩性变得更大，而且用处也更大。

早期的聚合过程大概会生产出10%左右的人们不想要的无规聚合物。人们要想清除这些残余产品，往往要将其倒掉或者烧掉，但后来人们发现它是生产沥青所需的一种有用成分。新的聚合催化剂出现以后，生产出来的残余部分只有3%的无规聚合物。但现在人们对这种无规聚合物的需求却在上升，估计到1996年，这种以前是废弃物的无规聚合物将会出现世界性短缺。

加入少量的乙烯，我们能使聚合物的品种更为丰富。加入乙烯后将产出共聚物，共聚物又有两种类型，一种是无规共聚物，另一种是嵌段共聚物。结果是产生的聚合物比聚丙烯的链更长，而且强度更大，也可以是既软又黏，可以有弹性也可以无弹性。全世界的化工企业现在都瞄准了在未来几年里大量生产这种新材料，我想，在不久以后人们就可以看到许多由这种新材料制成的产品。

无规共聚物是把乙烯气体加入到丙烯气体之中，让这两种不同的分子进行聚合后得到的，这样得到的材料比聚丙烯软，更易弯折，而且不像聚丙烯那样容易结晶，还比聚丙烯更明亮。这种新材料可以用于制造一次性杯子、磁带盒和瓶子，可以利用迅速冷却法来制成。透明薄膜就是把这种无规聚丙烯共聚物挤压、拉伸形成的。这种薄膜可以用来包装香烟盒、食品和衣服，还可以用来制成胶带。

另外，嵌段共聚物是由部分聚合的丙烯和后一阶段形成的无规共聚物的一部分结合在一起形成的，其产品就是优质橡胶。这种橡胶既硬又易于弯折，在－40℃的低温下仍能保持它常温下的特征。这是普通橡胶做不到的。

纯聚丙烯和共聚物的化学性质不同，它密度小、易燃烧而且无色，在温暖的环境下易软化，经受气候变化的能力差。的确，把聚丙烯放在热带阳光下不加保护地暴露着，只需一年的时间就会变成一摊粉末！如果添加上各种稳定剂，它的性能会有很大提高。有些稳定剂在聚合物熔化时能起到保护作用，有些稳定剂在有破坏作用的紫外线照射下能起保护作用。经过有机化学家们精心研究后，制成的聚丙烯能够保持热稳定性而且不会滋生细菌，虽然易于弯曲却不会渗透，透明而且非常安全。例如，把一块聚丙烯置于比它的熔点170℃稍低的温度下，加大压力塑型，就可以制成盛装食品的坚固容器，如装人造黄油的小罐子。相比而言，普通的聚丙烯用在这里就嫌太软了。聚丙烯符合欧洲各国对食品包装的各项规定，美国食品药品监督管理局也认可了这种材料。我们常能见到聚丙烯，如装酸奶的瓶子、甜食包装纸、点心包裹纸等。它还被广泛应用在药品包装和医药器械上，如药水瓶和一次性注射器等。

聚丙烯的作用还在扩大，因此，提高它的性能就很有必要了。它还可以制成包装用的带子和纤维。用作带子的聚丙烯是它消费量最大的形式，可以编织成粗布袋、地毯的背衬、粗绳子和双股线。用作纤维的聚丙烯是把熔化的聚合物通过细小的喷口挤压出来形成的，可以把它制成地毯、羊毛毯、沙发垫、墙纸、衬衣和运动用品。这样的人造纤维品种很多，有些聚丙烯还适于做成缝纫线、网丝、过滤网，甚至可以制成工程上的建筑构件。没有经过编织的聚丙烯纤维可以制成一次性尿布的衬里和装茶叶的茶袋。

因为我们要直接同聚丙烯接触，所以希望这种材料不会对人体有害，而且它还要具备一些基本要求，如不易破碎、无毒、不易燃烧等。尽管一大块聚丙烯用火慢慢点燃后确实会燃烧，但是加入一些阻燃物之后它就不会燃烧了。如果我们希望经过任意揉捏或者在加热的条件下聚丙烯不会变形，可以加入一些无机的保护材料，如白垩、云母、玻璃粉等。例如家用电熨斗和茶壶的塑料外壳，它们的特性基本上就取决于这些添加剂。

聚丙烯以能够循环利用而闻名。汽车工业在这方面一直处于领先地位。汽车的挡泥板和电池箱都是用聚丙烯材料制造的，它们都能够回收，然后再利用。其他的聚丙烯制品也能回收，如装牛奶和啤酒的箱子、塑料椅子和各种聚丙烯类织物。即使无法回收，废弃的聚丙烯也可在当地的垃圾焚化炉里燃烧，放出大量的热量，用于产生蒸汽或发电。

展位 5　在盛衰荣枯的两极——特氟隆

前两个展位上展出的分子都是人造的塑料，但它们的性能和天然产物一样优良。此外，我们人类还需要一些自然界无法提供的物质，这些物质所具有的特性在自然界里根本找不到。如不粘的煎锅、不会粘上污秽的织物以及在太空里仍能经得住考验的表面涂料。

1969年7月20日，阿姆斯特朗(Neil Armstrong)登上月球。当有人对登月计划如此高昂的花费——140亿美元提出质疑时，美国国家宇航局则认为，这一计划将给人类带来远超过成本的巨大收益。这就使普通老百姓产生了这样一个信念，即登月的成功使人类的能力向前迈进了一大步。另外，我们要说，它还使不粘锅技术向前迈了一大步。这种说法到现在还很有市场，但它仅是一种荒诞的说法。事实上，如果没有不粘锅上关键的薄薄的一层薄膜，登月计划就不可能成功。要说向前迈进一大步的，应该是我们这里讲的特氟隆。

特氟隆是一种聚合物，它是聚四氟乙烯的一个商业名称。在商业中，聚四氟乙烯的简写是PTFE。它早在登月30年前就被研制成功了，发明者是一位年仅27岁的化学家普伦基特(Roy Plunkett)，他在新泽西州深水县的杜邦公司实验室工作。(普伦基特死于1994年，享年83岁。)他发现的聚合物注定将改变整个世界，但不会以这位化学家所设计的方式去改变。聚四氟乙烯担任的第一个重要角色，是用于制造1945年8月投放到广岛和长崎的原子弹。

特氟隆的故事始于1938年4月6日，那是一个星期三，普伦基特打开装有四氯乙烯气体的圆桶，经过测量，原来他认为有1 000克的气体现在只有990克了，他觉得很纳闷，他原来是准备用这种气体生成氟氯烃的。后来他在圆桶内发现了一种稀奇的白色粉末，恰好就是10克。头脑敏捷的普伦基特意识到这可能是一种新的聚合物。分析表明，这种聚合物的长链上大约有10万个碳原子，每个碳原子都连着2个氟原子。

这种新塑料有一些显著的特性：它不受热的腐蚀性酸的影响，在溶剂中不会溶解，把温度降至－240℃不会变硬，升至250℃也不会影响它的性能。另外，把它加热至500℃以上也不会燃烧，它还有一种特别光滑的感觉。正是它的这些特性使它具有了在商业上取得成功的“秘诀”。现在，世界上每年生产大约 5 万吨这种新塑料，产值为 4 亿英镑(约合 6 亿美元)。

杜邦公司把这种新出现的 PTFE 取了一个商业名称叫特氟隆，这也是大多数人知道的名称。特氟隆中含有氟元素。氟刚问世时是以氟石的面目出现的，而氟石就是氟化钙(有时人们也把品质极好的氟化钙样品称为紫萤石)。把氟石和硫酸一起加热就会产生氢氟酸。让氢氟酸和氯仿反应，再把生成物加热至 600℃，就会生成四氟乙烯气体，然后再进一步聚合就可以形成 PTFE。

不粘锅技术是化学工业的一项巨大成就，它是由哈特曼(Louis Hartmann)在 20 世纪 50 年代研制成功的。他找到了一种方法，能够使 PTFE 和铝紧密地结合在一起。这种方法是先把金属表面用盐酸处理，再把聚四氟乙烯制成乳液状，然后把平锅在 400℃的条件下烘上几分钟就行了。酸在金属铝的表面刻蚀了微小的坑，而 PTFE 的乳液流进了小坑里。当平锅被加热时，PTFE 就能聚合成一张完整的特氟隆薄膜。PTFE 渗入平锅表面数以百万计的小坑里面，这样，平锅的表面就和特氟隆薄膜紧紧地贴在一起了。

法国公司也发明了不粘锅，他们把这种材料冠名为特福(Tefal)。这个词源于四乙基氟铝，而且这个名称至今还在世界不粘锅市场上占据着主导地位。他们生产的第一个不粘锅是在登月前 10 年进入市场的。

地球上的人们看到漫步月球的那一刻，其实也看到了由 PTFE 制成的奇异纤维被送上了太空。这种纤维现在到处都在卖，名字就叫三角布(是一种纤维的品牌)，或者叫戈尔纤维。1969 年，马里兰州的戈尔(Bob Gore)博士发现了一种把 PTFE 通过加热和拉伸后制成薄膜的方法。通过这种方法制成的薄膜有很多肉眼看不到的小孔，每平方英寸(约6.5平方厘米)上有数十亿个这种小孔。这些孔小到水滴无法透过，但汗液里含的水分子能够透过的程度。这一特性使戈尔纤维薄膜很适合制成雨具和运动服。在这些衣物里，戈尔纤维像三明治肉馅一样被夹在中间，外面是一层纤维布，里面是一层衬里，中间是三角布。

戈尔纤维在高尔夫运动服中倍受青睐，许多高尔夫运动的参与者是中年人，他们不但穿着戈尔纤维制成的运动服，而且有些人在身体里面也用到了戈尔纤维。由戈尔纤维制成的人造动脉和静脉还成为一种广为接受的治疗心血管疾病的方案。

此外，特氟隆还以其他方式进入我们的日常生活之中。特氟隆可以作为体育馆的屋顶材料，作为衣服、椅垫和地毯的防污材料，作为管道工把水管和中央暖气装置连接处密封起来的生胶带，作为熨斗的下底面材料，甚至还能作为牙线材料。当你读到这里的时候，你的手指可能正在触摸书页上的PTFE。工业上的PTFE废料能够被重新利用，如果把这些废料细细地磨成粉末，然后加入到油墨之中，可以使油墨更加顺畅地流出。

正像我们已经看到的那样，并非PTFE的所有用途都能为人类增进幸福，都如此清白。在它被发现不久，以制造原子弹为目标的曼哈顿计划就需要PTFE的帮助了。因为PTFE极不活泼，它甚至不与所有元素中最活泼的氟气反应。在制造六氟化铀的过程中需要大量的氟气，而从六氟化铀中可以分离出铀的可裂变的同位素铀235。到1942年，人们已开始不计成本地生产特氟隆，用于制造有能力抵抗氟气腐蚀的产品。如今，化学工业中也要依靠涂一层PTFE的器皿或罐子来盛放具有强烈腐蚀性的化学药品。

另一项把成本放在次要地位来考虑的战略计划是20世纪60年代的太空竞赛。由于太空环境的温度与压力极低，而高层大气中活性氧的腐蚀作用又很强，这就需要有一种具有非凡特性的材料，能够不受这些因素的影响，而目前只有PTFE这种材料才适合。没有它，也就不可能有登月计划的成功。

展位6　赶走不再喜欢的宠物*——聚对苯二甲酸乙二醇酯

当被称为聚酯的纤维首次于20世纪50年代出现时，人们认为这是革命性的进步，因为这种材料能够防皱。而今天，当我们买一瓶汽水时，汽水瓶可能就是由这种材料做的。它几乎能够完全取代玻璃瓶，因为它更为轻便，更易于处理，运输成本更低，堆放和使用时更安全。由于人们对软饮料尤其是对可乐的需求量越来越大，而且常常以批发的形式出售，这样对这种聚合物的需求量也就相应增加。幸亏有了PET，它为人们的生活带来了许多方便。

PET是聚对苯二甲酸乙二醇酯的英文化学名poly(ethylene terephthalate)的简写，它是聚对苯甲酸乙二醇酯[(poly(ethene-1,4-benzoate)]这种聚合物的旧有名称，而后一个名称才是这种聚合物正确的化学名称。由于PET的特性和玻璃很相似，所以对这种塑料制品的需求也在不断增加。它不仅清澈透亮，而且能够保持很长时间的气密状态。气密性好对于食品储存是极重要的。储存食品要求把氧气排出去，因为氧气能够产生氧化作用，使食品腐败。在生产碳酸饮料时，要把二氧化碳压进饮料里面，否则饮料喝起来就没有清爽的

---

* 原文运用了双关语，PETs可以理解为聚对苯二甲酸乙二醇酯，也可以理解为宠物。——译者

感觉。

大多数的塑料制品如果暴露在形形色色的气体中，性能都会有所改变，但 PET 是一个例外。正因为如此，它可以用来制造瓶子、罐子或各种盛装食物的容器，如装饮料、调味品、食用油、醋、蜂蜜、果仁、果酱和葡萄酒的容器。用 PET 制成的容器还能盛放发蜡、化妆品和颜料。

PET 并非只能做成装食物的容器，所有照相的胶片和 X 射线底片都是用它制成的，录音带、录像带也是用它做成的。PET 还有一项正在日益普及的用途，就是用来包装一些医药产品，如安瓿和拭子。PET 材料之所以比其他材料用在这里更合适，是因为用 PET 材料密封的药物更容易利用辐射的方法来消毒。

PET 是在 1941 年由两位化学家温菲尔德(Rex Whinfield)和迪克森(James Dickson)首次发现的，他们在英国曼彻斯特市棉布印染商协会的一个小实验室工作。他们俩通过对乙二醇(这种物质更常用的名称是防冻剂)和对苯二甲酸二甲酯加热，使温度达到 200℃，随后就得到了一种黏稠状物质，即聚对苯二甲酸乙二醇酯。他们发现，拉伸这种黏稠状物质时，能够得到很长而且强度很好的纤维。另外，用这种聚合物制成的绳子不怕水煮，这是他们始料未及的。因为从化学性质上讲，PET 是一种酯，这种聚合物正是依靠酯基团形成聚合物的长链，而正常情况下酯会很快被水所分解。

不仅如此，他们发现的这种聚合物还相当稳定，在第二次世界大战后，这种聚合物作为新的纤维投入生产，人们给它起了一个商品名，叫涤纶。人们发现，把聚酯纤维和天然纤维(尤其是棉花)混合在一起，效果特别好。这种新的聚合纤维中的一种叫克林普纶(Crimplene)，是由纳瓦(Mario Nava)发明的，此人住在英格兰的马克莱斯菲尔德。这种材料的制作方法是通过使纱经历一个松散化的流程，从而得到一种不易起皱并易于洗熨的纤维。到现在为止，那些经常要长途旅行的人还是喜欢穿以克林普纶为料子的衣服，因为他们喜欢这种布料不起皱折的特点。而且老年妇女也喜欢这种布料，因为它易于清洗且无需熨烫。它的出现在许多年里都对涤纶作为时尚纤维的地位构成了威胁。

今天，大多数的聚酯纤维都被用来制成衣料，世界上这种聚合物的年产量已超过 180 万吨，其中美国占 70 万吨，欧洲各国加起来约 50 万吨。

PET 是这种聚酯纤维的通俗叫法，它的性能使它注定会成为包装材料。纯净的对苯二酸和单亚乙基二醇反应可生成对苯二甲酸乙二醇酯。对苯二甲酸乙二醇酯是一种起始反应物，把它在真空下与催化剂一起加热至 200℃ 左右，当其熔化时就能聚合成 PET 树脂。这种树脂在固态下进一步聚合，使聚合物的链更长，从而变成清澈透亮的塑料。

把 PET 材料制成瓶子需要经过两道工序。首先，把 PET 材料的薄片预制成形，即把它注入模子，做成试管的样子。然后把这支像试管的 PET 材料再加热到比 PET 软化点稍高的温度上，把它吹进模子里去，制成任何想要的形状。这样会使得 PET 的分子链更紧密地结合在一起，而且使瓶子具有更好的密封性。现在全世界每年都有数十亿只这种瓶子被生产出来。

PET 材料制成的瓶子可用于盛装碳酸饮料（占 50%）、矿泉水（占 20%）、食用油（占 5%）、果汁（占 5%）和其他东西（10%）。PET 虽然是好东西，但并非在哪里都受欢迎。PET 使人们的生活方便了，但它达不到德国制订的“绿化标准”的要求。20 世纪 80 年代，德国就在其境内禁用 PET 材料制成的产品，因为德国人认为玻璃比 PET 对环境更友好一些。他们认为，虽然玻璃有时会引起可怕的人身伤害，但它易于回收，所以玻璃是不可替代的。后来，由于 PET 的普及，德国人也挡不住这种势头了，才宣布对 PET 材料制成的瓶子征收 50 芬尼的押金，如果瓶子用完后能够归还，再把 50 芬尼还给使用者。现在，德国、荷兰、澳大利亚和斯堪的纳维亚等国都已建立起能够重新使用 PET 瓶子的消毒工厂，一个用 PET 材料制成的瓶子一般可重复使用 20 次。

PET 材料制成的瓶子比一次性使用的瓶子容量大，而且较重。一次性使用的瓶子在许多国家都非常流行，比如美国。在美国，PET 制成的瓶子被回收之后并不用于再次盛装饮料，而是把它们熔化后制成适合于其他用途的包装薄膜，或者加入聚酯纤维中。美国有 30% 以上的 PET 瓶子的树脂在回收后被制成了地毯、羽绒被、防寒服、颜料刷的毛鬃、网球的毛毡等，也有人用它做小船的船体。旧可乐瓶回收后最引人注目的用途是制成帆船的船帆。现在，欧洲人对回收 PET 制成的瓶子兴趣不大，即使如此，每年也要回收 4 亿个这样的瓶子。而且由于人们开始意识到 PET 制成的瓶子在回收后能够转变成很吸引人的东西，估计今后的回收量将超过这个数字。PET 制成的瓶子可以再做成其他东西，比如，5 个 2 升装的可乐瓶可以制成一件 T 恤衫，1 000 个2 升装的可乐瓶足以做一条一般大小的卧室里用的地毯。

还有些 PET 材料能够通过化学方法再利用。这种方法是指把这种聚合物放在甲醇里，加热加压，它就会进行反聚合作用，产生生成 PET 时的原料。然后可以把这两种原料，即对苯二甲酸二甲酯和乙二醇提纯之后，再经过聚合作用生成全新的 PET。操作时必须小心谨慎，以保证在 PET 瓶子里不能掺入任何 PVC 成分，因为这两者是不相容的，掺入一点就会使产品的强度有很大改变。

PET 材料不仅能满足回收这一环境要求，而且还能满足其他的环境标准。事实上，工业上在生产 PET 材料时不会产生任何污染，如果把它焚化，则会放出大量的热量，可以满足人们的能源需要。用 PET 材料制成的瓶子在近几年重量已有所减轻。20 世纪 70 年代，当它刚刚进入市场时，一只容量为 1.5 升的瓶子重达 60 克，现在，一只同样容积的瓶子就只有 44 克了。

制造 PET 材料瓶子的能效比制造其他材料瓶子的能效高出 1.5 倍(或者说前者的耗能率仅为后者的 40%*)。举一个例子，耗费 100 千克汽油能够生产出 1 000 只 1 升装的 PET 材料的瓶子，而要制造出 1 000 只玻璃瓶则需 250 千克汽油。而且，不仅仅生产阶段生产 PET 瓶子较为节能，在用卡车运输时，如果用 PET 瓶子装柠檬碳酸饮料或者可乐，会比玻璃瓶装更合算，因为一卡车能多装 60% 的饮料(净重)，而少装 80% 的包装重量(毛重)。

能不能说服喝啤酒的消费者去买用塑料瓶装的麦酒或淡啤酒还有待观察。这个市场是塑料容器想要进攻的最坚固的堡垒。尽管在英国，苹果酒大多已用 PET 瓶子装了，但啤酒对 PET 容器来说仍是一个巨大的挑战，因为啤酒对氧化过程相当敏感，而 PET 材料本身却不能阻挡氧气的渗透。对于这一困难的解决之道可以是把瓶子的内外两层用 PET 材料来做，中间再夹一层能阻隔氧气渗透的材料，如聚 2-乙基丁醇，这样就能完全地把啤酒与氧气隔绝开。这样做了之后，它的透氧程度就只有原来的 PET 瓶子的 1/300，但它还是无法取代十分流行的 4 件装铝质和铁质啤酒罐。

---

* 由下例显见原著给出的“25%”有误。——译者

展位 7 既性感又安全——聚氨酯

前两个展位上展出的两种塑料特氟隆和 PET，示范性地向我们展示了聚合物是如何具备了天然聚合物和玻璃所不具备的特点，从而方便了人们的生活的。这一展位上要展出的聚合物也是一样，它能解决人类面临的一些特殊的问题，比如计划生育和冰箱的节能。

位于英国剑桥的一家工厂正在生产一种新型的避孕套，商品名为 Avanti，每只售价 1 英镑(约合 1.5 美元)。这种产品的出现是革命性的，因为它是用聚氨酯制成的。聚氨酯更广为人知的用途是制造轻巧的绝缘材料和室内用的坐垫等。由聚氨酯制成的避孕套的结实程度是传统的由乳胶制成的避孕套的两倍，所以能做得更薄。这种新型产品完全透明，比传统的避孕套稍大一点。调查表明，80%的使用者更喜欢这种新型产品，并认为它能增加快感。这种新型的避孕套不会引起过敏，也不会受润滑油的影响，并能有效地阻挡精子以及传播性病的细菌和病毒，其中包括艾滋病病毒。

对大多数人来讲，聚氨酯是一种海绵状的东西，适合于制作坐垫和床垫，或者是用在隔热板上的轻巧的硬泡沫塑料。我们的汽车里就有多处用到这种材料。由于它重量轻，所以能节省燃料。用它做椅垫或毯子下的隔音层，会使我们感到舒服。用它做减震的仪表板或方向盘，可使我们更加安全。聚氨酯作为一种有弹性的材料，不仅适合于制成避孕套，还可以制成靴子、鞋底、游泳衣和袜子。

化学家们是把含有醇羟基基团和异氰酸基团的分子放在一起进行反应来制造聚氨酯的。当这些分子混合在一起时，很快就能形成很强的化学键，把它们牢牢地结合在一起，同时放出大量的热量。如果反应同时还生成了挥发性的液体，那么就会在塑料上形成气泡，当把它制作成形时，它的体积就相对膨胀了，就像烤箱里烤出的松软的蛋糕一样。根据使用的化学药品的不同，以及起泡程度的大小不同，最终的产品可能是用于家具的软泡沫塑料，或者用于冰箱和墙壁隔热层的硬泡沫塑料。聚氨酯制成的泡沫塑料非常轻，因为里面 95% 都是气体。

聚氨酯泡沫塑料正在帮助南非缓解住房需求问题。对于那些还不得不住在用铁板或三合板搭起来的棚子里的人来说，一个临时的解决方案是向他们住的小棚子上喷洒聚氨酯，它能驱散昆虫、阻挡太阳的热量并能隔音，使这些棚子住起来更舒适。然后，在聚氨酯上面再涂一层防火的树脂，这种树脂能阻挡阳光里的紫外线对聚氨酯的破坏作用。一座这样的棚子只需花 120 英镑(约合 180 美元)即可大为改观。即使这些人以后住上了新房子，原有的投资也不会浪费，他们可以用刀子把涂有聚氨酯的棚子切成一块一块，用在新居里面。

有 40%的聚氨酯被制成硬泡沫产品，有 30% 被制成软泡沫产品。以前，人们对聚氨酯的易燃性很敏感，并对形成泡沫所需的氟氯烃的危害非常担心。今天我们无需再为此两者担心了。聚氨酯能满足各种新的防火标准，而且这些防火标准比以前更加严格。生产聚氨酯泡沫塑料时已不再使用氟氯烃，至少在欧洲和美国是这样的。它已逐步被不会破坏臭氧层的材料所取代，如氢氟碳、戊烷或二氧化碳。

跨国企业帝国化学工业公司近来研制出了一种新型的软泡沫材料，这种泡沫材料里的气泡是由水形成的。水和少量的用来制造聚氨酯泡沫材料的异氰酸盐反应，产生二氧化碳。该公司还在聚氨酯泡沫材料的基础上设计了新一代的绝缘材料，适宜于在真空状态下使用。这种“超级绝缘材料”的绝缘效果是传统产品的三倍，所以这种材料可以做得薄一些。今后用这种材料生产的电冰箱可以设计得总体积小一些，而内部的容积大一些。

现在，聚氨酯的非泡沫产品每年有大约500万吨的产量，从而开辟了新的市场。莱克拉是一种合成弹力纤维。它现在已不仅仅用于传统的用途——游泳衣了，而是扩展到新的市场，如运动服和时尚服装。第一次把足球的表面涂上聚氨酯是在1994年的世界杯上，据说目的是让球速更快。聚氨酯还能用作黏胶，把许多材料粘到一起去。例如，我们可以把旧轮胎切开，重新粘贴成极好的运动跑道，或者铺成孩子们玩耍的操场。

即使聚氨酯制成的产品没用了，它也不会被浪费掉。把它当作燃料放到垃圾焚化炉里燃烧，便能释放能量，因为它具有和煤相同的热量。更好的办法是把它分解，然后回收。聚氨脂可以被分解成起始反应物，用这些反应物可以重新反应生成一批新的聚氨酯。

展位8　使影片更精彩，快餐垃圾——聚苯乙烯

和聚氨酯一样，聚苯乙烯也曾经因可以制造重量很轻的绝缘材料而享有盛誉，但它也曾因被制成一次性的汉堡包的包裹物而受到指责。不但如此，它还被用作盛装热咖啡的一次性杯子。

环境保护主义者反对用完即扔的文化是无可非议的，但他们不但指责使用聚苯乙烯材料的人，说他们制造了堆积如山的垃圾，而且指责是聚苯乙烯破坏了臭氧层。因为人们就是用氟氯烃气体吹胀聚苯乙烯聚合物的。但目前还有一种说法，认为聚苯乙烯根本不会对环境产生威胁，相反，它是所有聚合物中对环境最为友好的。因为每生产1吨用于隔热的膨化聚苯乙烯，在一年时间里将节省3吨供热的燃料。生产膨化聚苯乙烯所用的燃料只占全部燃料的0.2%，而房屋供暖所消耗的燃料却占全部燃料的35%，相对而言，前者显得微不足道。另外，膨化聚苯乙烯给人们带来的好处远远不只是为我们的供暖账单上

省点钱，它有时甚至能挽救人们的生命，因为汽车里的安全坐垫和摩托车手用的头盔里都有这种膨化聚苯乙烯。

聚苯乙烯早在1839年就被发现了，但它被大规模生产出来却是1930年的事。聚苯乙烯是由苯乙烯单体作为初始反应物制造出来的，而苯乙烯又是由苯和乙烯反应生成的。苯乙烯是一种无色透明的油状液体，在145℃时沸腾。加热这种单体在水中的悬浮液就可以使它聚合，同时要用过氧化物来引发聚合过程。这一聚合反应的产物便是聚苯乙烯，其形态是一个个大小不一的小珠子，直径从0.2—3毫米不等。

这些小珠子在94℃时能够软化，在227℃时便会熔化。这两个数据给出了聚苯乙烯正常工作的温度范围，指示我们在什么范围的温度里可以利用蒸汽来软化小珠子，或者用模子把它塑造成形。聚苯乙烯作为反应产物有良好的电阻特性，而且能抵抗酸碱的腐蚀。它与碳氢溶剂和酒精(乙醇)不起反应，但能在其他许多种有机溶剂里溶解。聚苯乙烯有一个缺点，就是很容易燃烧，并散发出浓浓的烟云，然后就会熔化，但它的燃烧过程可以通过加入阻燃物而得到抑制。

聚苯乙烯的分子结构大致是这样的：它含有很多个苯环，连接在聚合物长链的所有其他碳原子上。正因为它有苯环，这种聚合物才拥有了不同寻常的特性。这些苯环使它很像玻璃材料，因为某一长链上的苯环往往会吸引其他长链上的苯环，从而使得这种聚合物的韧性小、易碎裂。然而，这种结构使聚合物的多条链之间结合得更为紧密，结果使它成为一种有较高折射率的透明材料。较高的折射率使它像玻璃一样能发出诱人、闪烁的光芒。苯环还能吸收紫外线，这一特性使它适宜于制成室内能发出紫外线的荧光灯的保护罩。而在户外时，苯环使这种材料所具有的特性成了缺点，它会在太阳光所含的紫外线的强烈照射下分解，颜色变黄。因此，像人类一样，这种材料也需要避免受到那些具有破坏作用的射线的照射。

人们最熟悉的聚苯乙烯的形式可能是膨化聚苯乙烯泡沫塑料。事实上，它有三种形式常为消费者所接受：聚苯乙烯，膨化聚苯乙烯，高密聚苯乙烯。每种形式的聚苯乙烯都有许多用途，表 4 就显示了各种形式的聚苯乙烯是如何广泛地进入我们的生活的。

表 4　用途广泛的聚苯乙烯

由聚本乙烯制成的产品	刷子、梳子、剃须刀 化妆盒 一次性杯子 实验装置(一次性吸量管等) 装录音带、录像带、CD 碟片的塑料盒
由膨化聚苯乙烯制成的产品	建筑材料、建筑用隔热板 装热饮的容器 装冻鱼的大盒子 摩托车用头盔的衬里 电子产品外包装
由高密聚苯乙烯制成的产品	梳子和衣架 断路器外壳 食物盘、黄油桶、酸奶瓶 冰箱内衬 玩具

聚苯乙烯本身的用途相当广泛，如可制成酸奶瓶、冰箱内衬、眼影粉盒和玩具等。宴会和野餐时用的一次性杯子也晶莹透亮，可以像玻璃一样闪闪发光。另外，它们也和玻璃一样易碎，但不会像普通玻璃那样，碎裂之后形成的碎片有危险而锋利的棱角。稍厚一点的聚苯乙烯被用来制成装磁带和 CD 碟片的塑料盒，而用聚苯乙烯制成的薄膜可以用在商业信封正面的开窗处。

正如其名称所显示的那样，高密聚苯乙烯质地坚硬。它是在聚苯乙烯中掺入 10%的聚丁二烯或苯乙烯和丁二烯的共聚物后形成的。

掺杂后的产物不再是透明的，但强度大得多，可用来包装食品。我们可以先把高密聚苯乙烯做成一张薄片，然后软化，再用模子塑造成形，制成冰箱门的衬里、餐具、放奶品的容器、挂车或拖车的车盖、断路器的外壳等。一般的聚合物受动植物脂肪的影响较大，但高密聚苯乙烯几乎不受这种影响，所以，它适宜于制成装面包酱和人造黄油的容器。

膨化聚苯乙烯在作为包装材料方面显示出来的优点使它具有一些独特的地方。我们在打开用这种轻塑料作为包装材料的家用电器时就会看到膨化聚苯乙烯。由于膨化聚苯乙烯重量极轻，所以用它做包装材料能降低运输成本。此外，人们似乎觉得它再没有其他吸引力。人们熟练地使它成形以适合于所包装的物品，并在运输期间最大限度地保护物品，这几乎没有什么特殊之处。（令人遗憾的是，此后我们只有把它扔掉，因为它没有其他用途。）不过，基于上述同样的特点，它还适合于做成防护头盔的衬里。

因为安全的需要，人们在拍摄电影上激烈的打斗场面时也会选择膨化聚苯乙烯来保护演员。当我们从屏幕上看到演员被巨大的石块或水泥板砸到时，不禁心惊肉跳；当一位英雄人物令人难以置信地搬起重物以解救一名被绑架的儿童时，观众都屏住了呼吸。实际上这都是膨化聚苯乙烯在其中增加了电影的娱乐性。当这种材料被作为建筑材料使用时，用法就要严格得多。这种材料能防水，且受到的浮力很大，所以用在船坞、浮标和浮桥上最为合适。建筑工程师把聚苯乙烯颗粒用作堤防、桥梁、高架机动车道、堤坎、甲板和港口防护堤上的混凝土里的填充物。这种做法绝对不会使这些建筑物的牢固程度受到影响。

然而，对我们生活产生重大影响的却是聚苯乙烯在隔热方面的特性。当我们把手放在一块膨化聚苯乙烯上时，可能会对手上感到一阵温热觉得好奇。我们也会对它能有效地使房屋保暖心存好感。膨化聚苯乙烯的隔热特性不但能使我们的房间在冬天里暖和，而且能使空调房在夏天保持凉爽。把膨化聚苯乙烯做成电冰箱或冷冻柜的衬里，这些电器的工作效率将有很大提高。

装热饮料的薄壁杯和放食品的容器都会用到膨化聚苯乙烯，但用量很少。然而，20 世纪 80 年代的环境保护运动还是把它们作为攻击的目标之一。这不但因为这些东西都是一次性的，随用随弃，而且有人还指责说膨化聚苯乙烯是用对臭氧层有破坏作用的氟氯烃气体制成的。这样一来，这种材料一下子就成了无人不知的东西。今天，人们把膨化剂换成了戊烷。戊烷是一种挥发性的碳氢化合物，它对臭氧层不存在威胁。

当加拿大维多利亚大学的霍金(Martin Hocking)博士对用膨化聚苯乙烯生产的杯子做了从产生到分解的全程研究后，得出了一个出乎他意料的结论：用膨化聚苯乙烯制成的杯子对环境的影响要比用纸做的杯子对环境的影响小。根据霍金博士的仔细考察，他认为制造硬纸杯所需的化学药品比制造聚苯乙烯所需的化学药品更多。而且，制造纸杯所需的水和蒸汽也比制造聚苯乙烯所需的水和蒸汽多。此外，生产前者的耗电量是生产后者的 10 倍以上！

现在，膨化聚苯乙烯不但能对环境产生有利的影响，而且它作为一次性物品的不良形象也因可重复利用而逐步淡化。聚苯乙烯可以重新得到利用，而且膨化聚苯乙烯工业长期以来一直都在利用回收的废弃物。长途运输打包用品是膨化聚苯乙烯的主要用途，现在，整个欧洲都在重新回收利用这种材料。好几家电器设备生产商也在回收废弃的膨化聚苯乙烯制的打包用品，把它们制成录音机的外壳和花盆。还有一些聚苯乙烯被建筑行业回收，这些颗粒状的膨化聚苯乙烯被用作制造下水道的材料，或者用来生产要求重量较轻的建筑材料，如砖、水泥板和熟石膏板。

那些无法重新利用的膨化聚苯乙烯也能作出自己的贡献，即放出能量。它可以被放在焚化炉里燃烧，与其他聚合物一样放出大量热量，而它与相同重量的煤或石油放出的热量一样多。如果这些热量用于发电或供暖系统，那么，我们可以说膨化聚苯乙烯从诞生到结束使命的短暂过程中对环境有益而无害。

展位 9　比钢更强——凯芙拉

1996 年 7 月，美国环球航空公司 800 航班的一架载有 229 名乘客和机组人员的飞机在长岛附近坠入大海，其中原因也许永远不为人知了。那时，全世界恰巧都在翘首以待亚特兰大奥运会的开幕。有人猜测，恐怖分子在飞机上放了炸弹。这一情况曾经在 1988 年发生过，当时泛美航空公司 104 航班的一架飞机在苏格兰的洛克比上空爆炸，270 名机上人员死于非命。但我们现在要讲的是，如果当时飞机货舱里用凯芙拉材料密封的话，货舱里的炸弹可能并不至于使飞机爆炸。

凯芙拉是一种连子弹也不能穿透的塑料，这也是它被用于防弹背心的原因。现在，凯芙拉已用于飞机的发动机舱里，以使意外爆炸产生的破坏降到最小，这类破坏可能使发动机的涡轮叶片被震飞。由于凯芙拉重量轻、强度大，现在制造的波音 757 型飞机的机架就把它用上了。用凯芙拉制成的行李舱能够承受多大的爆炸冲击还有待考察。英国的防卫评估研究署已经承接了一个 500 万英镑的项目，试图研究这种保护方案的可行性。他们对密封状态的飞机进行了实物试验，地点是在该研究署设在霍尔斯特德堡的爆炸研究机构。这些试验表明，用凯芙拉制成的墙板在承受爆炸之后产生了变形，但没有破裂，而炸弹产生的碎片全部留在密封舱内。要保护一架飞机，大约需要3吨凯芙拉材料。因为飞机重量增加了，每年还要多花3.5万英镑左右的燃料费。

凯芙拉是在1965年由夸莱克(Stephanie Kwolek)首次发现的。他在美国化学工业巨子杜邦公司工作，当时正在参与一个项目，研制一种能像石棉一样隔热，像玻璃纤维一样坚硬的新纤维。然而，由于这种聚合物特殊的性能，以及需要一种特殊的溶剂(后来发现这种溶剂能够致癌)来制造它，所以存在的问题不少。就这样，这一项目一直拖到1982年，至此为止，已花去了5亿美元的研制经费。有人称这是在“寻找市场中的奇迹”，即便如此，杜邦公司还是在继续寻找着它的巨大的潜在市场。这种材料有着独一无二的特性，设计者原来还希望这种材料能够替代人造丝纤维和轮胎上用于起紧固作用的钢丝。杜邦公司拒绝披露它在美国、日本和北爱尔兰的梅唐地区的工厂里生产了多少这种材料。

凯芙拉这种聚合物包含了由多个苯环与酰胺基团相互结合形成的长链，这种分子结构与蛋白质的分子结构十分相似。当带有两个酰胺基团的苯环与另一个带着两个酸性氯化物基团的苯环进行反应时就可生成凯芙拉。使得凯芙拉具有如此不同凡响的强度的原因在于它的结构的有规性。在大多数纤维中，聚合物的链都是无规的，主链与支链纠缠在一起。但凯芙拉不同，它的链与链之间的吸引力非常大，以至于排成了平行的两行，这使得由凯芙拉材料制成的平板相当牢固，远非其他聚合材料可比。

虽然凯芙拉能够在纯硫酸里溶解，操作者能够从浓硫酸里把它无毒害地提取出来，但总的来讲，这种材料分子的有规性使它产生了一个问题：极难溶解。而用浓硫酸溶解它也是一个加工程序。除了几乎不受所有的化学药品的腐蚀外，它还有一些其他的特点：阻燃，可弯折，重量轻。把它制成纤维制品，并经过热处理后，它的强度就变得更大。这样制成的材料可用于生产盔甲、宇航服、安全手套、捕鱼叉。凯芙拉还是制作网球拍、滑雪板、跑鞋的部分材料。凯芙拉的强度是钢的 5 倍，弹性比碳纤维更大。它使得传统材料以外的材料往往因自身特性的缺陷限制了它们的应用范围这一状况大为改观。

另一个使凯芙拉的强度特性大有用武之地的体育运动领域是方程式赛车。虽然由于对它的限制，使它现在使用得较少了，但它还是起到了很大的作用。根据普里克斯工程的主任结构工程师奥罗克（Brian O'Rourke）的看法，凯芙拉材料很大的张力是它的一大优点，但它的这一优点被它很差的抗压能力抵消了。而且，它还不易上色。尽管如此，由于凯芙拉的硬度—重量比大于其他材料，所以适宜于加进压板层，来加固汽车司机的座舱。万一发生碰撞时，这种材料对司机的保护作用是不可忽视的。

像凯芙拉那样适宜做包装材料的塑料制品是少有的，这种材料即使老化失效，也是逐渐进行而不是突变的，因此，往往也有回旋的余地。与许多聚合物不同的是，在低温下它不容易碎裂，即使温度降到 −70℃时依然如此。如果要把光纤铺到严寒的山区，可以在光纤外面套一层凯芙拉材料制成的护套。把凯芙拉长期暴露在室外受日晒雨淋或者放在海水里浸泡也不会影响其性能。即使把它浸入开水或有机溶剂里 3 年，它仍能保持不变。凯芙拉能够阻燃，遇到明火也不燃烧，在阻燃过程中能够自然熄灭，并几乎不放出烟雾。所以它适合于做传送带，尤其是用在矿山里运送矿石的传送带上；它还适合于制造用在化工和工程机械上的胶皮管。把油轮拴在停泊处的绳索也不是用钢而是用凯芙拉制成的。但是，凯芙拉最引人注目的用途还是用于生产保护身体的盔甲、防弹衣和头盔，用凯芙拉制成的产品比其他材料做成的产品更轻，而且可以量身定制。

在现代生活里，凯芙拉这种神奇的材料却没有找到更多其他的用途，这的确有些奇怪。但这并不意味着将来的某一天我们不会感激这种把如此众多的神奇特性集于一身的材料。

第五展馆里各个展位上展出的分子都属于同一个大家族，即有机聚合物家族。和所有其他的“家族”一样，各成员之间的差异性常常要比相似性更明显。虽然其中一些成员在早年没有受到严格的管束，相信最终它们将在社会成员的共同管理之下成熟起来，为社会作出更多的贡献。

第六展馆

风景画展览：对环境的呼吁、关心和评论——悄悄影响这个世界的分子

展位 1　我们呼吸的气体——氧气

展位 2　如此之多而又如此不活泼——氮气

展位 3　一位懒散却作了许多贡献的独行侠——氩

展位 4　太高或太低都让人感到不舒服——臭氧

展位 5　酸雨、葡萄酒和马铃薯——二氧化硫

展位 6　虽好但使用过多的杀虫剂——DDT

展位 7　疯牛和比疯牛更疯的化学家——二氯甲烷

展位 8　水，水，无处不在的水——H_2O

展位 9　水白晶纯——硫酸铝

100 年前，如果你说到保护环境，指的是防止洪水泛滥或森林大

火。房舍和农田会因一场洪水、一次大潮或者一场大火而成为一片废墟，家庭也因此而支离破碎。当时，工业区的上空弥漫着烟、雾、尘，河流简直像一个露天垃圾场，废弃物堆得像小山一样。人们除了抱怨别无办法，因为他们的生计都依赖于这些会引起污染的工业。人们虽然也努力过，但效果微乎其微，似乎治理污染的道路既痛苦又漫长。

50 年前，当你谈及保护环境，你指的是控制城市扩张，以及清理工业废物。那时盛行的观点是快速改变环境污染状况，而且也确有许多目标已经达到：废弃物堆成的小山被覆盖了一层青草，变成了人造假山；废弃不用的场地被人打扫干净后变成了体育中心或仓库；河流里的鱼多了起来，岸上的野生动物也多了起来。另外，燃煤工业喷出的浓烟和令人窒息的雾气都已成为回忆。只是城市里的空气因汽车尾气的排放受到影响，但有证据显示，这一污染也将因汽车变得越来越“干净”而逐步得到改善。

今天的人们又关心另一些环境问题了。他们要对不同种类的污染采取行动。仅仅把旧工厂、煤气厂、铸造工厂推倒铺上草坪还不够，现在我们希望脚下踩的泥土也是未经污染的，这样人们就可以把住房盖在未经污染的土地上，孩子们也可以在房子旁边的花园里自由自在地坐在地上玩耍。人们希望发电厂不再是制造酸雨的罪魁，还希望所有的河流湖泊都非常干净，大家可以坐在河边垂钓，或者跳进河里游泳。

我们从出生直到停止呼吸，个人是没有多少选择的。我们所呼吸的空气来源于我们居住或工作的场所。当然，我们可以控制的一些事情有：避开汽车尾气，换换住房里的通风设备等。即便如此，我们也不得不呼吸各种气体混合在一起的大杂烩。这些气体中有些是人工合成的，有些甚至还会危及我们的身体健康。现在，人们对空气中的危险气体非常敏感，这实在是正常的反应。

当污染涉及环境的其他方面时，我们确实还是有控制能力的。如果我们认为水龙头里流出的水不能使自己满意，可以到超市里去买瓶装的绝无污染的水，那里有十几个品牌的纯净水可供你选择。此外，保护环境还有许多需要从个人做起的小事。人们现在都愿意多次使用家庭用具后才把它们丢弃，以减少家庭垃圾的数量；人们也会把一张纸尽量发挥它的功能，多写一些字，以减少纸张的消耗。塑料和金属也是一样，在被扔掉之前，人们都会自觉地做到物尽其用。人们现在不赞成在地上挖个洞，把垃圾埋入地下的做法，而认为将垃圾烧掉更明智一些，因为焚烧垃圾能放出热量，既可用于发电，还能为当地的暖气系统供暖。人们还希望房屋都能够有效地隔热，家用电器可以节能，家用轿车省油而且跑的路程长一些。有些人喜欢乘坐便宜的公共交通工具，或者干脆在慢行道上骑自行车。总之，人们都在以自己的实际行动配合着污染的治理。

上面的做法都是在正确方向上努力，但仅有这些还不够。有些在环境问题上的理想主义者提出了人间的绿色天堂方案。他们要把我们的环境变成亚当和夏娃居住的伊甸园，那里所有的东西都是自然的、能够进行自我维持的、与自然界和谐相处的。理想主义者梦想的世界由小镇子和小村庄组成，这些有人居住的区域由天然生长的森林地带和无人烟的开阔地带隔开。这是多么令人陶醉的人间天堂啊！我想，在科学的帮助之下，这一幅景象可能会得以实现，而且无需放弃已有的卫生食品供应、舒适的住房、良好的医疗保健服务、完备的教育体系、可以争取到的工作岗位以及丰富的文化生活。也就是说，凡是现有的优点都能保留到那幅诱人的图画里去。我坚信，终有一天，这样的生活会到来，但它一定是在化学家、生物化学家和生物技术人员的共同努力下才得以实现的。

话说回来，我们还得回到现实中来。那么现实是怎样的呢？人口在不断膨胀，城市在日益扩张。在这一展馆，我为大家介绍一些与人们共同关心的环境问题有关的分子。其中第一种就是我们呼吸的空气中含有的气体，然后我们再看一些似乎能够改善环境，却引起了人们非议的分子。

展位1 我们呼吸的气体——氧气

空气中最重要的气体是氧气，在干燥的空气中，它的体积占了21%。如果没有足够的氧气吸入，人就会死去。如果我们处在一个封闭的空间里，氧气将逐渐耗尽，这种事情就会发生。如果我们所处的地方海拔太高，在那里气压太低，也会发生氧气不足而导致死亡的情况。在那里，空气中的氧气比例可能仍是21%，但由于气压太低，肺就很难从空气中吸收氧气。一般来讲，即使在最高的山顶上，虽然那里空气很稀薄，但仍有足够的氧气。早期的探险家们以为高山上的氧气不够用，必须自带氧气，这种想法后来证明是错误的。

1953年5月29日，诺盖（Tenzing Norgay）和希拉里（Edmund Hillary）首次登上了喜马拉雅山上的世界最高峰——珠穆朗玛峰，他们当时都携带了氧气瓶。40年后，即1993年，没有携带氧气瓶的泰勒（Harry Taylor）独自一人登上了珠峰，他是一位33岁的英国特别空勤团（SAS）前任官员。1975年，日本的武井淳子（Junko Takei）成为第一位携带氧气瓶登上珠峰的女性。1995年5月，哈格里夫斯（Alison Hargreaves）成为第一位不带氧气瓶登顶成功的女性。

人们需要氧气在体内产生出能量，而大气中的氧气已准备好满足人们的需要了。然而，空气中所含的氧气量有一个上限和一个下限，超过这个限度就将对人体产生危害。下限是氧气在空气中占17%，上限是氧气在空气中占25%。

我们可以像许多病人一样呼吸氧气含量较高的空气，但如果我们身处氧气含量很高的环境里，那就十分危险了。在医院的氧气室里治疗的病人如果不经意间点燃了香烟，会造成非常可怕的烧伤。1967年1月27日，第一艘“阿波罗”号载人宇宙飞船在地球轨道上飞行时，大火在太空舱富含氧气的空气中开始蔓延，三位宇航员顷刻间被活活烧死了。1969年10月，在英格兰东北部的南希尔兹，相同的命运落到几位船舶修理工身上，他们当时正在“迪莉娅女士”号船上，用一个利用压缩空气打孔的电钻在进行常规作业。他们无意中把压缩空气与供氧设备连接了起来，当压缩空气中的氧气超过临界值25%时，有一个人点燃了香烟，从而引起燃烧，一下子把那人的全身都点燃了。当他的伙伴们冲过来救他时，他们也被火烧着了。几分钟之内，4人死亡，7人重伤。这一奇怪的多人同时自燃的事件最后由附近的泰恩河畔纽卡斯尔大学的费尔斯(Ian Fells)教授查明了。他调查了整个事件的过程，最后发现那些人错接了一根橡皮管，引起了燃烧事故。

同样，氧气太少也会对生命造成威胁，这使得在美国亚利桑那州实施的生物圈计划于1993年1月未完成就中途流产了。1991年12月，有8个人进入了四壁为玻璃的密封的生态系统中去，目的是想知道如果把人送到太空站或月球上，这些人能否维持生命。几周之内，这些实验者已经开始剧烈喘息，因为该密封生态系统中的氧气含量已跌至17%以下。谁也不知道里面原有的30吨氧气到哪里去了。有人认为，它很可能是与土壤里的铁发生反应，生成其他的化合物了。

在人类的血液里，氧气被铁或血红蛋白吸住，于是血液能够高效率地把氧传送到任何一个需要的地方。(大多数物种都用铁做氧的载体，但并非全都如此，蜘蛛和龙虾就是用铜做载体，所以它们的血液是绿色的。)幸亏血液里有了血红蛋白，这样1升血液可以溶解200毫升氧气，这是同样体积的水能够溶解氧气量的50倍。如果空气中氧气含量降低，那么血液中的含氧量也会降低。虽然在空气中氧气含量较低的情况下，人体可以通过加快心跳速率来加强供血，但这种状态不可能长久地维持下去，所以便会导致死亡。

一个氧分子包含两个氧原子，结构十分简单，但这两个原子之间的化学键至今仍使化学家迷惑不解。这两个原子以双键相连，但分子中会含有两个自由电子，这意味着氧分子就是一个所谓的“自由基”。

氧气在 -183℃ 时液化，液态的氧具有磁性，1848年法拉第(Michael Faraday)首先发现了这一现象，他当时要把液态氧倒出来，结果发现它们向一块磁铁的两极流去，从而证明了它有磁性。液氧之所以有这种特性，原因是它带有两个自由电子。从理论上讲，这些电子应该立即与任何它所接触到的东西发生反应，而事实上我们知道，氧气是一种相对不太活泼的分子，否则它就不会在数百万年的漫长岁月里逐步积累到占空气的1/5。氧分子即使在进入人体后，也不是立即就与它的目标分子发生化学反应，而是需要一种酶的催化方能进行。

在地球周围，有1 000万亿吨氧气包围着它，而所有这些氧气都是植物进行光合作用的副产品。我们每年燃烧70亿吨化石燃料，同时要消耗掉240亿吨左右的氧气。这240亿吨氧气仅占全部氧气的0.0024%，而植物能很快补充其中的绝大多数。即使植物不再向空气中补充氧气，以现在消耗氧气的速率，还需2 000年才能使空气中的氧气含量从21%下降到20%。

人的大脑必须在氧气充足的状态下才能发挥其功能，如果缺氧，大脑将在几分钟内死亡。鲜为人知的是，太多的氧气也会对大脑产生毒害作用。根据苏格兰爱丁堡大学的唐纳德(Kenneth Donald)的观点，许多潜水运动员都没有意识到这一点。唐纳德对这一课题做了毕生的研究，在他的专著《氧气与潜水员》(*Oxygen and the Diver*)一书中，他警告潜水员在水下25英尺(约7.6米)时就不能吸纯氧了。因为这会引起痉挛，而且有好几位潜水员都因此而丧命。许多业余潜水员，如海底摄像人员、为了追求奖金的冒险家，还有一些考古学家，在潜水时不用压缩空气，而是用所谓的“强心混合呼吸剂”。这是一种提高了氧气含量的空气，但它也可能是危险的。强心混合呼吸剂是氮气和氧气的混合物，是在第二次世界大战期间，由英国海军为清除水雷的潜水员研制的。这种产品能够避免氧气中毒和由减压引起的疾病，即“减压病”，可以让潜水员在海底多呆一会。今天，专业潜水员用的是价格昂贵的氧气和氦气的混合气体，这种混合气体能使潜水员在水中500米以下仍能安全作业。

在工业上，纯氧是通过蒸馏液化空气制得的，它可以在需要的地点制备，也可以先在某个地方制备好，然后通过管道或装在绝热的油罐车中运过去。美国一年生产2 500万吨纯氧，英国的纯氧年产量超过400万吨。工业生产的纯氧一半以上用于炼钢，1/4左右用来生产环氧乙烷。环氧乙烷可以用来制造防冻剂或生产制瓶所需的聚酯以及纤维制品(见第五展馆)。其余的纯氧则用来发挥氧气本身的功能，如医疗、净化下水道等，防止出现1992年发生在巴黎的那种环境灾难。在巴黎发生的事件大概情况是这样的，一次暴风雨把大量未经处理的污水灌入塞纳河中，这些污水中的污物很快耗尽了河水中的氧气，致使河中的鱼类大量死亡。现在，人们一天要用大气泵把 15 吨的氧气打入塞纳河中。

你可知道，氧气是由谁发现的呢？现在一般的说法是普里斯特利(Joseph Priestley)。他出生在英国的利兹，是一位不信奉国教的传教士，也是一位支持法国大革命的左翼知识分子，还是一位业余化学家，专门研究各种气体。他搬到威尔特郡卡恩地区谢尔本勋爵(Lord Shelburne)的庄园后，于 1774 年发现了氧气。在那里，他加热了氧化汞，并收集了生成的气体，他在吸入了这种新气体后感到头脑一下子轻松了许多。他还注意到，老鼠在这种新气体里生存的时间要比在普通空气中生存的时间长。普里斯特利后来又搬到伯明翰，在那里，他的家和实验室被右翼分子洗劫一空。后来他移居美国，联系他前后的生活经历，此举并不难理解。

普里斯特利并不知道在他发现氧气的几个月前，住在瑞典乌普萨拉的舍勒(Carl Scheele)已经制造出了氧气。可是舍勒却没有得到发现氧气的殊荣，原因是他把自己的原稿寄给出版商后，那个出版商没有发表。普里斯特利和舍勒都没有对氧气做出流传至今的命名。oxygen(氧气)是由法国大化学家拉瓦锡(Antoine Lavoisier)选的词，意思是“形成酸的物质”。拉瓦锡错误地认为，氧这种元素是任何酸都必须包含的一种基本成分。

从历史上看，有没有更早发现氧气的人呢？有证据表明，在普里斯特利发现氧气的 150 年前，氧气就已被发现了。在 1624 年的伦敦，詹姆斯国王(King James)和他的属下数千人曾一同观看过那个时代的伟大发明：潜水艇。从这一事件中我们可以分析出一些重要的结论。那艘非凡的潜水艇是木结构的，外面包了一层重量很轻、涂了油脂的皮革。从它的密封舷窗伸出桨来，由 12 位桨手划艇。当时，这艘潜水艇的设计师荷兰人德雷贝尔(Cornelius Drebbel)和几位乘客都在艇内。这艘潜水艇从威斯敏斯特到格林威治，在水下航行了2个小时，约有几英里的航程。(但这一重大发明并没有给海军部留下好印象，他们建议不要发展这种船只。)这次神秘的航行在大约40年后还为许多人津津乐道，其中也包括大科学家波义耳(Robert Boyle)。这位波义耳不是别人，正是波义耳定律的提出者。他曾写信给当时艇上的一位还在世的乘客，这位乘客告诉他，当潜水艇内的空气不足以供艇内人员呼吸时，德雷贝尔就从一个容器里取出了“纯净的空气”，使人们又能正常呼吸了。这无异于在说，这种纯净的空气就是氧气。

还有一种解释来自希德洛(Zbigniew Szydlo)，他在《不会弄湿手的水》(*Water Which Does Not Wet Hands*)一书中写道，德雷贝尔对波兰的炼金术士森迪沃奇(Michael Sendivogius)的工作相当熟悉。这位炼金术士的在世时间是1566—1636年，他知道一种被他称为“生命的空中食粮”的气体。“不会弄湿手的水”是森迪沃奇为硝酸钾起的一个别名，森迪沃奇曾经观察到，当硝酸钾被加热后会有气体挥发出来。实际上只要稍稍加热，这种盐中就会有氧气放出。在他那个时代，硝酸钾是从地窖和公厕的墙壁上被人剥下来收集到一块的。在那些地方能生长出白色晶体状硝酸钾，另外，过滤粪便和土壤也能得到硝酸钾。当时，人们把硝酸钾收集起来主要用于制造火药。

硝酸钾能够放出氧气的特性可能已为梅奥(John Mayow，1641—1679)所知，他是一位牛津大学的化学家，伦敦皇家学会的早期会员。当他加热硝酸钾后，还就得到的来自硝酸钾中的“空气微粒”写了文章。有人认为这些微粒也是指氧气。还有人甚至提出炼金术士们所说的“长生不老药”不是液体，而可能是这种不为外人所知的气体：氧气。

展位 2　如此之多而又如此不活泼——氮气

虽然氧气是空气中的基本组成气体，但空气中含量最高的是氮气。氮气以它自己的方式肯定着自己的价值。它和氧气一样重要，因为氮也是人类生命活动不可缺少的元素。与氧气不同的是，在适当的条件下，氧气能够剧烈“燃烧”，发生化学反应；而氮气很不活泼，很少参与化学反应。虽然氮气自身有“惰性”，但每一条 DNA 链、每一块肌肉纤维、地球上每一种生命体内的每一个细胞里含有的每一种酶，都需要氮元素，所以氮气还必须要进行反应。

当天空中有闪电划过时，氮气和氧气便可以反应。雷雨每年都能够把大量的氮以硝酸盐的形式带到地面上来，而植物的根正是以硝酸盐的形式从土壤里吸收氮元素的。然而，这些硝酸盐根本无法满足所有植物生长的需要。有些植物，如大豆和海洋里的海藻等，自身带有一种叫“固氮酶”的酶。固氮酶能够从空气中吸收氮气，使它参与化学反应，并以氨的形式将其“固定”下来。在 20 世纪初化学家们设计出一套以氨的形式固定氮气的方法之前，固氮酶为地球生物界提供了几乎全部的氮。现在，人们能够利用使氮气和氢气反应生成氨气的方法来固定氮。氨是一种重要的化肥，但这种人工反应需要很高的温度和压力。

那么固氮酶为什么能够毫不费力地固定氮元素呢？化学家、生物学家和生物化学家经过 50 多年的努力，终于在 20 世纪 90 年代发现了这种酶的内幕。

空气中的氮分子包括 2 个氮原子，它们以一种非常牢固的化学键——三键——结合在一起。要把氮气转化成氨气，必须打破这 2 个原子间的化学键连接，把它们分开，然后让每个氮原子和 3 个氢原子结合。为了做到这一点，固氮酶就需要提供 6 个氢原子和 6 个电子，事实上，它提供了8个氢原子和8个电子，不但生成了2个氨分子，还生成1个氢分子。

使早期的研究人员疑惑不解的是固氮酶本身含有2个很大的蛋白质分子，这两个蛋白质分子对于固氮过程都是必需的。其中较小的蛋白质分子含有4个铁原子和4个硫原子，较大的蛋白质分子含有12个铁原子、12个硫原子和2个稀有金属钼原子。加利福尼亚州帕萨迪纳的加州理工学院的里斯(Douglas Rees)和其他研究人员，开发了一项先进技术，能把较小的那个蛋白质分离出来，培养其单晶，再利用X射线轰击这种蛋白质晶体，以测出它确切的化学结构。该研究最终揭示了这种蛋白质的结构。这是一种环状蛋白质，4个铁原子和4个硫原子簇合在一起，很像一块宝石从指环上突现出来。这种蛋白质的功能是提供电子，把电子转移给较大的那个蛋白质。“宝石”正好接触到较大蛋白质中的一个特殊位置。

另一个美国的研究小组由普渡大学的博林(Jim Bolin)领导，专门研究那个较大的蛋白质分子，也正是这个较大的分子在捕捉氮气分子。他们的研究揭示了固氮酶的另外一半的结构，展示了较大蛋白质分子上铁原子和硫原子的排列方式。此外，他们还揭示了重要的钼原子在蛋白质上的具体位置。钼原子在蛋白质上的功能是吸引空气中的氮气。

这项研究还解开了生物固氮过程中放出氢气的疑团：在钼原子吸引氮气的位置上存在有氢原子，等氮气分子到来后，氢气被置换出来。固氮酶中较大的蛋白质分子一直处于等待状态，直到有一个游荡的氮气分子进入到氢原子被置换出来的空穴里去，而这个氢原子呆在空穴里的作用可能仅仅是保护这个空穴不被其他分子侵占。否则其他分子也会占据这个空穴，产生化学反应。一旦氮原子进入了空穴的位置，它就黏附在钼原子上，并与氢原子结合在一起，同时从周边的铁原子那里吸收一个电子。较大的蛋白质分子然后就把更多的氢原子注入，较小的蛋白质分子就不断地补充更多的电子，传递到钼原子的位置上。这个过程一直进行到氮分子产生一个氨分子并离开空穴为止。而余下的氮分子还要进行同样的过程，直到所需的 3 个氢原子都和它结合生成氨分子，离开空穴为止。然后，蛋白质继续用新的氢原子保护反应位置，直到下一个氮分子进入。

以上讲的这些听起来挺复杂，但现在毕竟谜底已经揭开了，化学家们就可以以生物固氮酶为模型仿造出相似的分子，以它为催化剂在常温下使氮气和氢气反应。这样，我们就能节省大量人工固氮所需的能量。还有一种办法就是利用生物技术和基因工程的成就，把大豆等含有的固氮酶的基因复制到其他植物中去。这无异于让植物自行生产化肥，至少可以解决氮肥问题。这些做法的目的是，在这颗行星上以尽可能少的耕地满足人们对食物的需要，同时还要保证既定的谷物产量。如果能够做到，我们就可以把更多的土地腾出来作为野生动物的天然栖息地，让野生动物和人类在这颗行星上和睦相处。

展位 3　一位懒散却作了许多贡献的独行侠——氩

氩的发现要归功于瑞利勋爵(Lord Rayleigh)和拉姆齐(William Ramsay)。他们在 1894 年就宣布了其发现，但当时没有进一步阐述其细节，直到第二年才披露。因为只有这样，他们才有资格参与由华盛顿特区的史密森研究院组织的以“对大气……的新发现”为题的竞赛。他们赢得了 10 000 美元的奖金，折合成现在的美元，价值约 150 000 美元。氩真是太幸运了！而这已经是它第二次走运了。

氩在 1785 年就被卡文迪什(Henry Cavendish)在伦敦南部的克拉

珀姆无意间发现了。（我们还要在本展馆的展位 8 与卡文迪什打交道。）卡文迪什对大气化学很感兴趣，他把空气和氧气的混合气体通过电火花放电，然后收集生成的气体。无论他在混合气体中放电多长时间，都会剩下占总体积 1%左右的气体没有参与化合反应。他当时没有想到自己在不经意间已经发现了大气中的一种新元素。一个多世纪过去了，他观察到的现象仍然是个难解之谜。尽管如此，这一现象还是没有被人遗忘。

促使第二次发现氩的契机在于氮气的神秘特性，即氮气的密度与它的来源有关。从空气中提纯的氮气的密度是1.257 克/升，而把氨气进行分解后得到的氮气的密度只有 1.251 克/升。瑞利和拉姆齐认为，这种情况之所以发生，无非有两种可能性，要么是从空气中提纯出的氮气里包含了一种较重的气体，要么以化学方法获得的氮气中含有一种较轻的气体。除此以外再无其他解释了。然而，后一种解释的可能性几乎没有，所以他们便开始专心致力于对从空气中提取的氮气进行研究。

拉姆齐把从空气中提取的假定为纯氮气的样品用镁来燃烧，氮与镁可以形成固体氮化镁。与卡文迪什遇到的麻烦一样，拉姆齐发现，总有占原体积 1%的气体没有参与反应。这种剩余的气体比氮的密度高 30%。当他们对这种原子的光谱进行检查时，发现光谱上出现了一条新的光谱线，至此，这只能解释为一种新元素了。拉姆齐和瑞利为这种元素起的名字源于希腊语单词 argos，意为“懒惰的”。于是氩就有了正式的名称，拉姆齐还于 1904 年荣获了诺贝尔化学奖。

在空气中的含量为 1%的氩气现在是一种重要的工业气体。世界上有数百家化学工厂在利用液态空气提取氩气。一个中等规模的工厂一天能处理 375 吨空气，整个操作过程全部由计算机控制，只需少量的技术人员维持其正常运转。这些工厂把空气分离为氧气、氮气和氩气，然后把这些气体以液态的形式装入油罐之中，用船运往世界各地。一个油罐大约能装20吨液态氩。

氩气在金属加工业中有着特殊而又重要的地位。钢铁工业用氩气作为一种惰性气体，当氧气在熔化的铁水中冒泡以调整钢铁中的含碳量时，加入氩气来搅动铁水，可使钢铁中的含碳量均匀。当炽热的金属（如熔化的铝）需要与空气隔离以避免氧化时，也要在金属与空气之间隔上氩气。如果这种金属需要焊接，还需用氩气保护金属不与空气中的氧气反应。这种焊接的做法一般是用电弧焊机熔化要焊接的金属棒。电弧焊机用直流电产生电弧，能够使温度达到很高。金属棒周围需要一股氩气流来保护它不受氧化，通常焊接一个器件1分钟约需10—20升氩气。原子能科学家在提纯和再加工放射性元素时也要用到氩气以保护燃料成分。制造高级工具的合金材料里要用最好的金属粉末，而要生产这种金属粉末，也需要在液态氩（-190℃时液化）喷流的参与下生产。有些金属冶炼厂为了防止有毒性的金属粉尘扩散到公共环境之中，就使这些粉尘通过氩等离子气炬排出。在这里，氩原子受到电作用，温度能够高达10 000℃，这样金属粉尘颗粒就能变为熔化的废料滴。

另外，在外科手术上，还会用氩激光器来缝合动脉、杀死肿瘤。而氩激光器发出的强烈的蓝色光束还被化学家用来研究那些只存在一万亿分之一秒的分子的状态。

有些消费品里面也含有氩气。在封闭的双层玻璃制品的两层玻璃之间注入氩气，可以提高玻璃的绝热性能，因为氩气的绝热性能比一般空气的绝热性能要好。日光灯管和白炽灯泡里也含有氩气。在白炽灯泡内，氩气能有效地驱散灯丝上的热量，使它的温度不致升得太高，同时氩气还不会与灯丝材料发生反应。夜间用的信号灯里如果充满氩气的话可以变成蓝光，如果再加点水银蒸气就可呈现鲜艳的蓝色。氩气最奇特的用途是用于豪华汽车的轮胎里。它不但能保护橡胶，使它不与氧气反应从而减缓老化，而且能在汽车快速行驶时，降低轮胎发出的噪声。

氩气的大多数应用都基于这种气体的惰性，即任何东西都不能诱导它与其他物质反应。无论加热到多高的温度，无论有多么强的电荷穿过，氩气都无动于衷。至今它也不会与其他任何一种原子产生化学键的结合。氩气分子只包含一个氩原子。即使那种所谓含有氩的包合物也只是把氩当作原子，嵌在它的大分子晶格中的孔里去。

大气中有几万亿吨氩气在绕着地球旋转，这些氩气是在几十亿年里慢慢产生的，其中大多数来自钾元素。钾有一种放射性同位素钾40，它的半衰期是12.8亿年。在100万个钾原子中，只有117个原子是钾40。当某一个钾40原子的衰变时间到了时，它的原子核能够以两种方式变化，或者放出β射线然后变成钙40，或者它又捕捉到该原子自身的一个电子然后变成氩40。而10个钾40原子中，只有1个会以后一种方式变化。由于地球已经存在了大约46亿年，所以就有足够的时间形成现在包围着地球的所有氩原子。上述的衰变过程还可以解释为什么氩(18号元素)的原子质量比钾(19号元素)的原子质量大，原因是绝大多数的氩是氩40(即原子量为40)，而绝大多数的钾是钾39(即原子量为39)。

如果放射性的钾40被溶解到海里、扩散到土壤中或存在于生物体内，那么，由它生成的氩原子就会逃逸到空气里去。如果钾40存在于岩石里或地球内部，那么生成的氩就难以挥发，只好呆在那里了。通过测量矿物中所含的钾与氩的比例，我们就可以确定矿物形成的年代。

氩是惰性气体家族中的一员，而惰性气体大多是由拉姆齐和特拉弗斯(Morris Travers)在1895—1898年间发现的。其中有三种惰性气体是从空气中提取的，它们是氖(neon)、氪(krypton)和氙(xenon)。这三种气体的名称分别来自希腊语单词neos(新的)、krypton(隐蔽的)和xenos(奇怪的)。第四种惰性气体是氦，它也是被发现了两次。

氦气是惰性气体中最轻的气体，它早在1868年就被让森(Pierre Janssen)检测到了。当时让森到印度去研究日全食，他记录到太阳的光谱中有一条黄色的谱线，他无法解释这条谱线对应的元素，而这往往预示着存在一种未知的元素。天文学家诺曼·洛基尔爵士(Sir Norman Lockyer)把它称为helium(氦)，源自希腊语单词helios(太阳)。他怀疑地球上可能不存在这种元素。1895年，拉姆齐在地球上找到了这种元素。虽然它在空气中的含量比氪和氙多，但拉姆齐并不是从空气中提取，而是从铀矿石中得到氦的。铀矿石在溶解于酸时会放出氦气。(当一个放射性原子放出α粒子，它就是在放出氦原子的原子核，该原子核能够迅速捕获2个电子形成氦原子。)

展位4　太高或太低都让人感到不舒服——臭氧

经验告诉我们，并非所有的朋友、家人、汽车、美食和假期都对我们有好处，也并非所有的近邻、姻亲、快餐和机场都对我们没好处。这同样适用于环境中的分子。有些分子被人当作“坏分子”，虽然它们可能也有优点。臭氧在低空会产生污染，如果在平流层上就可以保护人类不受太阳光中的紫外线的伤害。本展位将把重点放在低空臭氧上，可能会把它当成“坏分子”来看待，但我们可能仍然记得，我们的祖父母以及祖父母的祖父母却是把臭氧当作保护人类的英雄来看待的。

化学物质也会像时尚一样经历风光与没落的轮回，在某一个时代被人尊崇，到了另一个时代可能被人鄙夷，其中最明显的例子就是臭氧了。每年的冬末，高层大气里的臭氧渐渐耗尽，人们开始担心没有了臭氧层，太阳将肆无忌惮地把有害的紫外线投射到地球生物体身上。而每年的夏天，我们又担心吸入太多的低层空气中的臭氧，因为它会对生物体造成伤害。

一个世纪以前，臭氧也是人们需要担心的东西，但原因恰恰和现在相反，那时人们担心在我们的周围没有足够的臭氧。当时人们认为臭氧是天然的、对人体有益的、能增添活力的物质。在山顶和海滩上臭氧的含量较高也证明了这一点。正是在那些地方，空气既新鲜又干净，而且远离缺乏臭氧、烟尘笼罩的都市，确实是疗养和度假的好地方。

吉尔伯特(William S. Gilbert)* 曾经与沙利文(Arthur Sullivan)** 合作，因创作了一系列维多利亚时代的歌舞喜剧而名声大作。这些喜剧包括《日本天皇》(*The Mikado*)与《HMS 围兜》(*HMS Pinafore*)等。1865 年，吉尔伯特曾以“臭氧”为题赋诗一首，这首诗以简洁的语言表达了那个时代的人们对臭氧的态度。这首诗第三段和最后一段是这样的：

如果你驻足在本尼维斯山的最高处，
你将会发现这种气体很多，
在地势较低的地方，

---

* 吉尔伯特(1836—1911)，英国诗人。——译者
** 沙利文(1842—1900)，英国作曲家。——译者

实验表明
一点也不知道有用的臭氧踪迹，
一点也找不到这种有用的气体！

但愿因我是一个无知的小伙子才这样认为，
我愿意因此受一个巴掌或一顿责骂，
但是，它从不出现在人们希望它出现的地方，
所以，我把它称为警察臭氧，
我的朋友们都知道它是警察臭氧！

很难想象有那么一个时代，人们能够把空气中的某种化学物质视为亲切的、值得开玩笑的对象。吉尔伯特认为，臭氧在高山上含量较高，但在地处平原的城市上空很少。今天，我们的担忧恰恰相反：在城市里，我们受到臭氧的威胁，而在高空又担心它过于稀薄。

维多利亚时代人们对臭氧的好感使人们把它当作不可缺少的健康伴侣，用动力装置把臭氧注入教堂、医院、剧院甚至地铁里。如今我们稍微聪明些，明白臭氧对肺有刺激作用。在空气中，臭氧的天然浓度较低，约为20ppb。到了夏天，由于阳光作用于汽车尾气中的二氧化氮，结果使臭氧的浓度可以高达100ppb。

1976年夏天，英国测出的本国上空的臭氧浓度为260ppb，这是历史上的最高纪录，与法定的上限100ppb相比高多了。臭氧能够损害肺部的巨噬细胞，使它们消灭和破坏细菌的能力下降，而且臭氧的刺激作用甚至会引起呼吸困难。

臭氧是一种蓝色气体，有一种“金属般”的气味，所以人一闻到就能识别出来。我们可以把它压缩成蓝色液体，进一步冷冻还可变成

紫黑色固体，但很少有人把臭氧制成液体或固体，因为这样它很容易爆炸。臭氧分子含有3个氧原子，呈V字形连接。臭氧不是氧原子结合的稳定状态，会很快转化为带有2个氧原子的普通氧气。当有碳作催化剂时，转化的速度会更快。

ozone(臭氧)一词源于希腊语单词ozein，意思是“气味”。在打雷的时候我们就能闻到臭氧的刺激性气味。当我们站在高压电设备或冒火花的电器附近时也常常能闻到这种气体。臭氧是一种强氧化剂，这就是它会损害巨噬细胞的原因。

工业上使用的臭氧量也在不断增加。它在化学工业中被用作生产聚合物(如PVC)的增塑剂，在医药工业中用于生产无菌饮用水。臭氧还可以保存食品，杀灭瓶装矿泉水里的细菌。用于这些目的的臭氧都是在现场生产，立即使用的。

工业上制造臭氧的方法有两种，都是模仿自然界产生臭氧的方法。常用的方法是让空气通过表面经过硬化处理的同心玻璃试管，用50赫兹的交流电产生15千伏的高压，让空气在高压放电的情况下产生臭氧。这和打雷形成臭氧的原理相同。经过这样的处理，空气中会含有2%的臭氧。另一种方法是把空气用紫外线照射。这种方法只适合于制造低浓度的臭氧，用于生产无菌产品和消毒。

在21世纪，臭氧将成为生产纯净饮用水和净化游泳池水质的理想化学物质。与通常使用的氯气不同的是，臭氧的杀菌能力更强，它不但能杀死一般的病原体，而且还能杀死隐球孢虫。隐球孢虫是不久前才发现的一种能引起痢疾的病原体，能够在中等浓度的含氯溶液中生存。用臭氧杀菌要比使用氯气杀菌复杂。用氯气杀菌只需把氯气通入需要消毒的水中，达到所需浓度即可。当我们用臭氧来对游泳池里的水进行消毒时，这一过程需要分为几个阶段。首先，要准备好溶解于水中的饱和臭氧溶液，它是用来对池水消毒的。在把经过臭氧消毒的水放入游泳池之前，先将其通过炭制的过滤器，把未用尽的臭氧除去。最后再加入少量的氯气，把水倾注入池中。氯气能使池水清洁，但它与臭氧不同的是，它的作用时间较长，而臭氧很快就会失去杀菌作用。公共游泳池中的氯气浓度必须高到足以对付那些有不洗澡恶癖的人身上携带的细菌，即使这样的浓度会使一些人呼吸起来感到不舒服，甚至眼睛发酸，但也只能这么做。

在发电站里，臭氧也是净化冷却水的理想化学药品。发电站里滋生的细菌通过冷却水会妨碍到热量交换过程，引起热量交换的效率下降。在法国，用臭氧来解决这一问题已有80年的历史了。在实际运作中，往往需要600个单位以上的臭氧来净化冷却水。

臭氧还被用来净化污水管道里排出的废水，尤其是当废水被排到离度假海滩不远的地方时，更需要用臭氧来消毒。臭氧不但能杀死废水中的细菌，而且能够去除甲硫醇(它在第一展馆已经展出过)所具有的硫的气味。甲硫醇来源于细菌代谢释放出的挥发性的硫化物。这些硫化物经过臭氧的氧化能够变成无味的硫酸盐。这样就不会使硫化物进一步转化成甲硫醇，从而散发出气味了。

令人欣慰的是，臭氧的上述诸多用途，都不会加重低空臭氧污染。深入研究臭氧对植物和庄稼的影响表明，低空臭氧污染正在损害着植物。尤其在农村地区，这一问题显得更为突出。臭氧使植物的抵抗力变得更差，对自然产生的一些不利条件，如虫害、细菌和霜冻等更加敏感。在美国进行的研究显示，当臭氧浓度达到50ppb，庄稼就会减产，小麦甚至会减产1/6。以此估算，美国农业每年将白白损失30亿美元。不难想象，当臭氧浓度高达250ppb时我们会损失多少粮食。而这一浓度也并非没有出现过。

有意思的是，臭氧在交通拥挤、污染严重的城市上空浓度相当低，这却是引起周边农村地区臭氧浓度较高的原因。在农村地区，夏日里的强烈阳光会使二氧化氮和碳氢化合物进行反应生成臭氧。

正如吉尔伯特所指出的那样，臭氧不会出现在我们希望它出现的地方。尽管我们今天希望它出现的地方和以前的人们希望它出现的地方恰恰相反，但这仍然不能办到。以前人们认为臭氧是好东西，希望它在地面上比在高空多一些，但臭氧并不遂人愿。而如今，每年春天在南极上空出现的臭氧空洞令人担忧，因为它每年都在不断扩大。虽然这完全是一种自然现象，但还是有人认为这与人类向空气中排放的某些气体有关。任何含氯原子的气体都能够在空气中存在很长时间，最后向上扩散到臭氧层，在来自太阳的强紫外线照射下，这些气体会放出氯原子，从而对臭氧分子产生破坏作用。每个氯原子都有破坏100万个臭氧分子的能力。氟氯烃(即众所周知的CFCs)气体是破坏臭氧的“元凶”。它主要存在于烟雾剂和电冰箱里，已被人们应用了近30年，生产规模达百万吨。现在严格限制这些产品的法规已经出台，氟氯烃气体在大气中的含量正在不断下降，但是，还要很多年才能彻底消除其对臭氧层的威胁。

展位5　酸雨、葡萄酒和马铃薯——二氧化硫

吸入臭氧对人体不好，但吸入二氧化硫对人体更糟。1952年12月，在历史上最为严重的“黄色烟雾”事件中，二氧化硫使4 000名伦敦居民死亡。5天的时间里，整个伦敦城都窒息了。最后，这股烟雾扩散的范围达1 000平方英里(约合2 590平方千米)。在当时，家家都用煤做饭、烧水、取暖，这就是那些二氧化硫气体的主要来源。

在工业上凡是用煤作燃料的地方，都会产生二氧化硫。在城市

里，它的浓度稍低一些，因为城市里还用其他燃料。我们这颗行星整个被二氧化硫包围了，那是工业区排放出来的废气以及从活火山里喷发出来的气体进入大气层所致。二氧化硫在空气中会被氧化，又在云层的水滴中溶解，然后以酸雨的形式降落到地球表面。

全世界每年有3亿吨二氧化硫被排入大气层，其中一半源自火山喷发，另一半源自燃烧煤等化石燃料。实际情况可能更糟，因为只要是含有硫元素的物质在燃烧时都会放出二氧化硫。幸好天然气中含有的硫以及石油中大量存在的硫在燃烧之前就被除去了，但要除去煤中含有的硫很不容易，必须先把煤用蒸汽处理过，然后再燃烧。现在新建的一些工厂已经有能力这么做，但更常用的方法还是先燃烧煤，然后再把二氧化硫从烟气中除去。

现在，许多工业化国家都在致力于降低二氧化硫的排放量，它们准备从1980年计起，在25年时间里使二氧化硫的排放量下降70%。有些国家做得很好，如英国，已经减少了一半的排放量。它的成功并非刻意完成的，而是行业变迁的副产品：大多数国家都在朝着清除传统的燃煤发电站这一目标稳步迈进，或者通过向燃烧后的废气喷水，用石灰中和酸来达到清除二氧化硫的目的，但这种方案对解决问题来说代价太高。美国走了一条完全不同的道路来减少二氧化硫，即征收污染税*。美国环境保护局的目的就是在2000年以前把二氧化硫的排放量降至每年不到1 000万吨。1993年4月，环境保护局召开了第一次拍卖会，出售排放二氧化硫的权利，这一权利大多被燃煤电站以每排放1吨二氧化硫支付150美元的均价买去了。

---

* 这里的污染税就是经济学意义上的皮古税。当一种行为产生负的外部效应时，政府出面拍卖产生负外部效应的权利。这样，污染者获得了污染的权利，也必须履行支付污染代价的义务。——译者

人们对酸雨以及在燃烧含硫量高的褐煤的工业区附近它对蔬菜和湖泊的影响感到担忧，实际上，酸雨对森林和田地大有好处。如果这种说法使人惊诧，那就让我作进一步解释。1992年，位于芬兰首都赫尔辛基的森林研究所的一篇名为“欧洲森林的生物量和含碳量预算”的论文在《科学》(*Science*)杂志上发表(1992年，第256卷，第70页)。这篇论文报告了由考皮(Pekka Kauppi)、米耶利凯宁(Kari Mielikäinen)和库塞拉(Kullerro Kuusela)发现的事实。他们指出，与人们的常识恰恰相反，欧洲的树木并没有因酸雨而成百万计地减少，而是更加茁壮地成长，其成长势头为历史之最。这是大气中二氧化碳和二氧化硫含量增加的结果。树木的繁茂正是许多科学家翘首以待的绿色星球出现的前兆。人类的活动在一年之内把250亿吨二氧化碳排入大气，这些二氧化碳大多能找到它们的去向，但其中60亿吨消失得无影无踪。这几位芬兰科学家认为，这些消失的二氧化碳被植物吸收了，仅欧洲的树木和森林就吸收了其中的1/10。如果全世界的树林都长大了，所有消失的二氧化碳就都被找到了。欧洲的树木时时刻刻都在舒枝展叶，延根伸茎，它们正是利用了酸雨中的硫作肥料才做到了这一点。酸雨在一年中为每平方米土壤提供4克硫肥料，这足以使地处土壤质量不高地区的森林获得营养，茁壮生长。

二氧化硫对人们的另一个好处在于保存食物。即使二氧化硫存在的时间非常短，但由于它是人体新陈代谢的一个自然部分，所以人们认为它是安全的。二氧化硫能杀死细菌，是很好的抗氧化剂，并能防止食物变成褐色。它被大量用于保存食物，以二氧化硫的形式，或者以亚硫酸钠、亚硫酸钾、亚硫酸钙的形式做氧化剂，后面这些亚硫酸盐在溶液状态时能生成二氧化硫。二氧化硫一般不用于保存肉类食品，因为它会破坏维生素B_1。但也有例外，如香肠、苏格兰美味肉馅香肠就可以用二氧化硫保存。二氧化硫被广泛地用于水果和蔬菜的保鲜，因为它能使这些食品保持它们天然的颜色，例如，用二氧化硫保存的土豆在剥皮之后仍能保持白色而不是黄色。食品加工商把这种经过精心保存的美味蔬菜加入汉堡包之中，即做成了所谓的蔬菜汉堡包。他们使用二氧化硫作为防腐剂已得到英国农业、渔业和食品部的批准。

从罗马帝国时代起，用亚硫酸盐来储藏酒就是一种广为人知的方法了。那时二氧化硫是通过燃烧天然硫产生的，而这需要在装酒的大桶边上进行，以使桶里的葡萄汁能够吸收二氧化硫气体。只需万分之一的二氧化硫就足以阻止我们不希望的多重发酵，同时使我们希望的发酵活跃进行。当葡萄被压碎榨成汁时，由于葡萄的表面已有天然酵母存在，在被压碎的同时葡萄汁就开始发酵了。二氧化硫能阻止这种自然发酵，然后由酿酒人把数量合适的酵母洒进去进行人工发酵。这些酵母能使葡萄汁中的二氧化硫保持较高的浓度。事实上，有些酵母自身能产生二氧化硫。家庭酿酒人常常以焦亚硫酸钠片的形式使用二氧化硫，而焦亚硫酸钠又叫坎普登片剂。葡萄酒在装瓶之前还需用更多的亚硫酸盐处理一下，以防止进一步的发酵，一瓶葡萄酒大约需要多达 350 毫克亚硫酸盐来处理。这样产生的二氧化硫大多数都在与酒中包含的成分反应后消失了，但有些储藏时间较短的白葡萄酒中仍含有较多的二氧化硫。

对于二氧化硫对食物的影响问题，在世界上居领先地位的是由英国利兹大学的韦德齐哈(Bronek Wedzicha)博士领导的研究小组。韦德齐哈在《食物中二氧化硫的化学》(*Chemistry of Sulfur Dioxide in Foods*)一书中谈到，二氧化硫是我们能够使用的作用最为多样的食物添加剂，而且十分安全。它能控制使食物变质的任何一种方式：微生物引起的腐败、氧化分解、变成褐色。它甚至能延长维生素C的有效期。根据韦德齐哈的研究，二氧化硫能够以多种方式和食物成分反应。根据在大鼠身上所做的实验来看，这些反应物都是无害的。

二氧化硫气体对鼻子和肺都有刺激性作用，所以很容易识别。那些对二氧化硫十分敏感的人在嗅了以后可能会产生严重反应，这些人甚至在喝软饮料和储藏时间较短的酒时也会有同样的反应。啤酒、德国淡啤酒、苹果酒里都含有二氧化硫，但含量一般非常少，对大多数饮用者来说感觉不到它们的存在。

话又说回来，二氧化硫还是有刺激性作用的，它对易于患哮喘病的人影响较大。由于二氧化硫能引发人体的肥大细胞产生瞬时反应，所以这种气体有时在飞机上也被用于检查病情。肥大细胞是与周边血管联系很松散的组织里的细胞，尤其在肺和肠道里比较多见。肥大细胞有包含组胺的微粒，当这些细胞受到二氧化硫和其他刺激物的刺激时放出组胺，它能引起发病。在美国，二氧化硫的使用十分普遍，有些死亡事件据说也是由于使用二氧化硫不当引起的。

我们先不考虑种种关于食物添加剂的耸人听闻的警告，二氧化硫可以被认为是安全的，因为它是人体内的氨基酸正常代谢自然形成的一种化学物质。不但如此，人体还具有一个内在的保护系统，它能有效地清除体内多余的二氧化硫，把它转化为无毒的亚硫酸盐。该系统的解毒能力能够轻而易举地对付我们吸入的二氧化硫。

展位6　虽好但使用过多的杀虫剂——DDT

DDT是一个伪装的“恶魔”，这是一般人的看法。在第二次世界大战中期，它却像希望的灯塔一样出现在人们的视野中。丘吉尔(Winston Churchill)在一次广播演说中提到这种新化学药品时说：

“这种神奇的粉末……能够产生令人惊讶的结果，将被大规模用于在缅甸作战的英国军队。”1944年，盟军还在新占领不久的那不勒斯城成功地使用DDT，阻止了一场斑疹伤寒的暴发。

据估计，DDT拯救了大约5 000万人的生命。在一个战火弥漫的世界里，这的确是一个好消息。但自那以后它就被军方把持，成了军事机密，代号为G_4。G_4听起来像是一种神奇的新药，但它就是后来被用作杀虫剂的DDT。DDT是dichloro-diphenyl-trichloroethane（二氯二苯三氯乙烷）的首字母缩写。早在1874年DDT分子就被一位名叫蔡德勒（Othmer Zeidler）的大学化学系学生合成出来了。他找来了三氯乙醛（又叫迎头倒或米基芬），这种物质有快速催眠的作用。他把三氯乙醛在硫酸中与氯苯混合，结果就得到了白色的沉淀物DDT晶体。蔡德勒报道了他发现的新分子，但仅此而已，这并没引起任何人的注意，也没人知道它有非凡的杀虫功效。

DDT再次被人发现是1939年的事了，当时瑞士盖杰公司的默勒（Paul Herman Möller）正在寻找新的杀虫剂。他试了试二氯二苯三氯乙烷粉末，令他吃惊的是，只需很少的量就能极有效地杀死各种各样的昆虫。不久后这种物质就开始批量生产，在此后的30年里，共生产了300万吨DDT。默勒于1948年因他为人类健康作出的贡献而荣获诺贝尔生理学医学奖。

DDT通过作用于昆虫的神经细胞来杀死它们。DDT分子能打开穿过细胞膜的通道，使钠原子无需经过检查就能通过。这就能反复触发昆虫的神经，直至昆虫力竭而死。（其他动物的神经细胞不会以这种方式受到DDT的影响。）这种“神奇的粉末”注定将挽救成百万人的生命。DDT可以杀灭携带细菌的昆虫，如能引发斑疹伤寒的虱子，又如能引发瘟疫的跳蚤，再如能引发疟疾和黄热病的蚊子。DDT

还能杀死影响农作物生长的害虫，如科罗拉多土豆甲虫。DDT 比当时使用的其他的杀虫剂都要安全得多，因为其他的杀虫剂主要是基于有毒的元素，如砷、铅、汞等。虽然今天很多人认为 DDT 与它们一样，也是同样危险的毒药，但当时它的确要安全得多。

然而 DDT 的使用在 20 世纪 50 年代还是取得了巨大的成功，这是有目共睹的。英国政府利用 DDT 在它当时的殖民地开展了大规模的扑灭疟疾的运动。锡兰(即现在的斯里兰卡)在 1948 年开始用 DDT 对付疟疾，在那里，每年有 250 万例疟疾病例。后来人们开始在这个岛国上的每个家庭都定期喷洒 DDT，到 1962 年，只有 31 例病例正式上报。这说明，疟疾这种自古即有的顽症已被明显地遏制住了。

并非人人都赞成使用化学药品做杀虫剂，就在同一年，卡森(Rachael Carson)的著作《寂静的春天》(*Silent Spring*)出版了，这部充满激情、感人至深的作品很快就成了环境保护主义者的“圣经”。卡森指责 DDT 是一种“死亡的万灵药”。几年后，许多人都开始要求禁止使用 DDT，谴责它杀害了野生动物，尤其是鸟类；还说它能致癌；说它积聚在环境之中，因为它是无法进行分解和还原处理的。更有力的证据是，分析化学家发现 DDT 到处都是：土壤中、水中、我们的食物中甚至人体的组织里。大家知道，分析化学家能检测到微量的这种杀虫剂。

除了上述这些令人担忧的说法，还有一条更强有力的科学上的理由不利于 DDT 的继续使用。这就是 DDT 能使昆虫物种产生变异，形成抗药性。昆虫能产生一种酶，通过从 DDT 分子中移去一个氯原子来达到解毒的目的。迄今为止，为人所知的大约就有 500 种昆虫对 DDT 产生了抗药性。这是对 DDT 过度使用的无言明证。在某些热带国家，如印度，DDT 还在使用，但限制在每年 10 000 吨。美国早在

1972年就禁止使用DDT了，其他的许多发达国家也先后采取了同样的做法。锡兰也早在1964年就不再在居民家中喷洒DDT了。但5年内，岛上又出现了250万例疟疾病例。

美国科学与健康理事会主席惠兰(Elizabeth Whelan)女士在她的著作《中毒的恐慌》(*Toxic Terror*)里讨论了赞成与反对使用DDT的两派观点，并对禁用这种便宜且有效的杀虫剂的理由提出了质疑。她指出，DDT所拯救的生命的数量是其他任何一种化学药品都不能达到的。她还向许多错误的观念提出了疑问，并且认为，并不存在明显的证据能够表明这种杀虫剂会致癌。

以前的报告上说，DDT将在环境中长期存在下去，无法被分解。这种说法的根据是在一小块土壤里使用10倍于标准施用量的DDT，然后使土壤保持干燥或阴湿的状态，再测量DDT含量。DDT确实没有分解。然而，在正常的土壤状态下，DDT会被微生物分解掉，使得DDT的活性只能持续两周左右。微生物还能通过去除DDT分子中的一个氯原子的方式来使它失去活性。同样的机理也发生在海水中。在海水中，90%的DDT在一个月之内就会消失。DDT在人体内的积聚的确是事实，在DDT开始被禁用的时候，人体中DDT的平均含量大约是百万分之七。这些DDT来源于食品，因为20世纪60年代，大多数食品中都含有约0.2ppm的DDT。DDT主要集中在脂肪组织里，并且排泄得很慢。人体内DDT的“半衰期”约为16周。

但DDT在体内的含量水平对人体健康毫无影响。世界卫生组织确定的DDT的年摄入量警戒线是255毫克，这个量相当于20世纪60年代后期DDT使用量达到最高点时人体摄入DDT量的10倍。我们从一些偶然的事故或自杀事件中得知，DDT并没有人们想象的那么可怕。有人想喝DDT自杀，喝了一杯这种杀虫剂，其DDT含量为

4 000 毫克(4 克)，居然对健康没有有害影响。对人来说，DDT 的致死剂量大约是 30 克，而且要求不含杂质。

奇怪的事总是层出不穷，有些昆虫物种甚至能忍耐更高的 DDT 剂量。巴西有一种蜜蜂，是在亚马孙河流域被人发现的。这种蜜蜂能主动地寻找 DDT 并把它收集到一起。事实上，某些蜜蜂体内含的 DDT 的量能达到其自身体重的 4%。如果以一个正常体重的人做一个换算，则相当于一个人的体内含有 6 磅(约合 2.7 千克)的 DDT。对于这些蜜蜂来说，DDT 不是什么毒药，而是一种性引诱剂。也难怪，确实有一些性激素分子与 DDT 分子很相似。

讨论至此，我们应该对 DDT 采取一种什么样的态度呢？显然，要把它的荣光恢复是不可能的，但从它的兴盛到禁用还是能给我们许多启迪的。也许，我们应该在有所限制的条件下继续使用 DDT，发挥它的杀虫本领。同时，也永远不要重蹈 20 世纪 40 年代和 50 年代的覆辙，在随意和欠考虑的情况下滥用这种药物。

展位 7 疯牛和比疯牛更疯的化学家——二氯甲烷

牛海绵状脑病(BSE)一般被称为疯牛病，它出现于 20 世纪 80 年代中期的英国，几乎毁了整个英国的牛肉业，而牛肉业恰恰是英国经济的重要组成部分。这种病最令人害怕的是它的传染途径，因为它能够越过物种之间的差异，从一个物种身上传播到另一个物种身上。比如从绵羊传播给奶牛，又从奶牛传播给羚羊(在伦敦动物园就曾发生过)。这种病还能继续传播下去，传给猫，最后再传给人，一棒接一棒。当它传播到年轻人身上时，表现出来的就是克—雅氏病(CJD)。更令人感到不安的是，要是一种简单的溶剂不被人们误解为对环境有危害，这种情况恐怕就不会发生了。

疯牛病与羊瘙痒病一样，都是一种脑消耗疾病。羊瘙痒病在200多年前就曾出现在羊身上，可能还可以追溯到更早的时候。当人们把屠宰后的羊内脏添加到牛饲料里去时，因这些羊内脏里也包含了患有羊瘙痒病病羊的内脏，吃了这些饲料，奶牛就染上了一种新的疾病。致病因子不是一般的病原体，如细菌、病毒或真菌等，人们认为一种名叫朊病毒的小蛋白质是造成这种疾病的原因。这就能解释为什么这种疾病不同于其他疾病，能跨越物种之间的巨大鸿沟而传播。*

疯牛病能从一个物种传播到另一个物种，它能把其他物种作为肆意发挥邪恶能量的大舞台，使这些动物成为没有抵抗能力的群体，而且它还能存留在人脑中，威胁整个人类。这种情况也许能够解释，在过去，为什么邪恶的传染性疾病能突发性地出现，并消灭整个人口的一大半。黑死病就是这种给人类带来巨大灾难的疾病中最有名的一种。奥尔德斯·赫胥黎写过一本小说，它的基调是宿命论和反科学的，书名叫《猿与本质》（*Ape and Essence*）。该书的故事发生的时间从公元2108年开始，讲述了人类在遭受第三次世界大战的荼毒，经历了大规模核战争的毁灭性打击之后的景象。因辐射产生的基因变异和可怕疾病使人类惨遭摧残：

> 鼻疽病——啊，我的朋友，鼻疽病。你虽是一种出现在马身上的疾病，与人毫无瓜葛，但是，别担心，科学能够轻而易举地把你在各物种间传播开来……

赫胥黎进而又继续描写这种可怕的疾病。鼻疽病是一种接触性传

---

* 参见《病因何在——科学家如何解释疾病》，保罗·萨加德著，刘学礼译，上海科技教育出版社，2001年。——译者

染病，能跨越物种不同的障碍，从被感染的马传染给接触过它的人，只是这样情形很少发生。然而赫胥黎演绎的却是现实中的可怕场景，其中有些已为疯牛病所证实。但是，如果人们没有把某种有用的化学药品误解为一种不安全的药品，不把原先已准备用来处理屠宰场下脚废料的计划废除的话，疯牛病产生的悲剧性后果可能就不会发生。这里所说的化学药品就是一种连普通人都能够自己调制的溶液，而且至今仍在广泛使用，常用于油漆刷复原稀料和油漆清除剂之中。

英国化学家发现了这种溶剂二氯甲烷（DCM），对于提取干饲料中的脂肪非常理想。干饲料是指屠宰场中的下脚废料被干化处理后制成的高蛋白牛饲料。干饲料是把动物内脏打成浆状，最后在120℃下加热加压，使它脱水。最后还需要进行提取脂肪的工序。这道工序可以用一种溶剂来处理，以前人们用的是己烷或者三氯乙烯，前者是一种很容易着火的危险的溶剂，后者比前者安全一些，但能与部分蛋白质发生化学反应，对制成的饲料造成污染。

现在人们已经建造了使用DCM作为溶剂提取脂肪的实验性工厂，经过这样的处理后能生产出高质量的脂肪和牛饼（干饲料），两者都不含有疯牛病的病原体。引进新工序代替老方法的计划也已制订。但在此计划制订好之前，人们便看到了美国环境保护局的报告：DCM能使小鼠致癌。面对这样的紧张局面，英国国内生产干饲料的工厂废弃了新的溶剂，代之以一种全新的无溶剂加工法。他们在80℃左右的温度下精炼干饲料，然后通过加压把其中含有的脂肪提炼出来。但是，非常遗憾，疯牛病的病原体经这种新方法处理后仍能被保存下来，牛群吃了这种饲料后就有可能感染疯牛病。

DCM还在承受着来自其他方面的压力。环境保护主义者指责它损害地球的大气层，因为它和氟氯烃气体一样，含有能破坏臭氧层的氯原子。

此后的研究表明，DCM不会诱发人体产生癌症，也不会破坏臭氧层，因为它很快会被氧化，其生成物一经雨水冲洗就能轻易地从空气中被带走。同时，经历这些波折之后，到现在DCM仍是自己调制的油漆刷复原稀料和油漆清除剂中的有效成分。它有一种独特的性能，能穿透已变硬的油漆薄膜的表层，并把它们除去。

以前，DCM在工业上使用的旧名称是亚甲基氯，它是一种透明、易挥发、不可燃烧的无色液体，还有一种好闻的气味。这种分子是一种简单分子，有2个氢原子和2个氯原子结合在1个碳原子上。在工业上它被大规模用于清洗金属表面，溶解动物脂肪、植物油、石蜡、树脂、橡胶和焦油。在制造黏胶纤维纱、香烟过滤嘴和玻璃纸时，DCM都是必需的一种原料。这几种产品都是由醋酸纤维素的DCM溶液制造出来的。

帝国化学工业公司的氯化学制品工厂位于柴郡的朗科恩，是英国最大的生产DCM的工厂。该厂是利用甲烷生产DCM的。世界上DCM的年产量约为100万吨，其中帝国化学工业公司的产量就占了1/5。DCM最初是被用来当作乙醚的安全替代物。乙醚是一种有挥发性但很容易着火的液体，直到20世纪60年代在医院和实验室中还很常见。有人把DCM当作麻醉剂使用，但这种用法并不流行。然而，它在其他方面的用途很多。高纯度的DCM广泛应用于制药和化妆品生产。

和所有的挥发性溶剂一样，DCM也有很严格的使用规定。它在空气中的安全浓度最高是100ppm，远低于能引起头痛和呕吐的2 000ppm，而一旦其浓度达到20 000ppm，就会引起死亡。大多数进入体内的DCM都随呼吸被排掉了，但有些转化成了一氧化碳，这将会对心脏造成影响。DCM 溅到皮肤上会引起刺痛感，这也可以提醒人们赶快用清水冲洗。冲洗后这种感觉就逐渐消失，不会引起永久性创伤，一般也不用专门治疗。

对 DCM 用于制作牛饲料起到了负面影响的是这样一种说法，即有一种特殊的小鼠，把它们置于 DCM 蒸气浓度较高的环境下，会得癌症。然而，许多人都没有意识到，为了试验的目的，这些小鼠被专门进行了喂养，好让它们对形成癌症的化学物质非常敏感。我们在第一展馆里看到的那些化学药品，有些就符合这个条件。对生活在高浓度的 DCM 环境下的小鼠和仓鼠进行的研究表明，它们并没有表现出癌症发病率上升的情形，另对 6 000 名长年与 DCM 溶液打交道的人群进行的流行病学研究同样表明，没有发现癌症发病率高于常人的迹象。

真正了解 DCM 是否对人类有害这一公案的是格林（Trevor Green），他在英格兰马克莱斯菲尔德的泽内卡毒物学中心实验室工作。他研究 DCM 已有 10 年时间，并发现了那种特殊的小鼠对 DCM 如此敏感，并容易患上癌症的原因。这种小鼠体内有一种酶，叫谷胱甘肽-S-转移酶，含量很高。这种酶在这种小鼠的每一个细胞的细胞核里都有，它能激活 DCM 产生一种代谢物，这种代谢物能够改变细胞的 DNA，从而引发癌症。尽管大鼠、仓鼠和人类在体内都含有这种酶，但它并不位于细胞核中，所以 DCM 对于人类并不表现为致癌物质。

除了有时候火山喷发会带出少量的 DCM 外，自然界中没有天然的 DCM 产生。当前大气层中 DCM 的含量为 0.05ppb，这几乎全部是人类活动的产物。不过，即使生产再多的 DCM，它在大气层中的含量也不会上升，因为它能够被光和氧分解。DCM 在空气中的存在时间只有9个月。它不会破坏臭氧层，也不会在城市上空形成光化烟雾。政府部门的科学家也对它下了结论，认为它作为一种温室气体，并不会产生多少负面效应。

过去人们认为DCM是一种危险的污染物，现在看来这是一个悲哀的误判。确实，如果我们少走了这一段弯路，可能就会控制疯牛病的蔓延，不但能挽救几百万头牛的生命，而且也能挽救一些人的生命。

展位8 水，水，无处不在的水——H_2O

从古代开始，许多科学家就对水非常着迷。古希腊哲学家泰勒斯(Thales)*就把水看作一种基本元素。这种看法一直延续到1774年。这一年，卡文迪什(他就是我们在本展馆展位3中谈到过的那个卡文迪什)明确地告诉我们，水是由氢原子和氧原子形成的化合物。从此以后，水成了化学家们研究最多的物质，但至今它仍是一个巨大的疑团，只是被解开了一些而已。

很少再有什么比水分子更简单的物质了。水分子的分子式是H_2O，2个氢原子连接在1个氧原子上，呈V字形排列。然而，也很少有比水的性质更难以捉摸的物质。例如，H_2O的姊妹分子H_2S(硫化氢)是气体，水本应像硫化氢一样也是气体，但它却是液体。还有，当水的温度降至0℃时会变成固体即冰，而冰却漂浮在水面上而不是沉在水底。水在低于4℃时就会膨胀，当它刚刚变为冰时，膨胀的程度最大。(在第八展馆我们将看到有关锑的展位，锑是除水之外

---

* 泰勒斯（约公元前640—前546），他认为，水是万物的本原，万物皆由水而来。——译者

的另一种固化时会膨胀的物质。）水在结冰时膨胀的特性可以解释许多日常现象，如水管在冬天会爆裂，冰块“兴高采烈”地浮在大多数饮料的上面，而不是“愁眉不展”地沉在下面。当然，如果饮料的主要成分是酒精的话，放到里面的冰块就会沉下去。

我们应该为冰浮在水面上这一事实感到高兴，因为如果相反的话，在地球上就几乎不会有生命存在了。如果生命起源的河流、湖泊、大海，在冬天都被冻成了固体，生命就会立即在这一环境中死亡。而在现实中，由于水自上而下结冰，冰就可以有效地保护下面的生物。地球上只有极少数的几种微生物能够在冰中生存。

为什么水是液体呢？原因就在于它所含的两个氢原子上。氢原子就像一种化学黏合剂，通过氢键把一个个的水分子“粘”起来。在水的液体状态下，这些氢键不断地形成、断裂，断裂、形成。但当固态的冰形成时，氢键会锁定成开放式的框架，就像许多分子垒成的蜂巢。这个框架比水轻，所以能浮在水面上。如果水冷冻后形成的是紧密而牢固的固体，则这个世界就完全两样了，北极就会是一个新的大洋底部的大固体块。

近来，化学家已掌握了一种把普通水变成超临界水的方法，使水能够具有许多奇特的性质。化学家把普通水加热到远远高于沸点的温度。尽管水在100℃时会沸腾，但前提是在海平面上，即大气压为1个标准大气压时。在珠穆朗玛峰上，只需75℃水就会沸腾，因为那里的气压下降了。在矿井的最深处，需要比100℃再高几度水才能沸腾。如果我们持续地加压，就能在220个大气压下使水的沸点达到最大值374℃。一旦超过这一临界温度，液态的水就不存在了，无论压力继续加大到什么程度。这时的水变成了一种所谓的“超临界”流体，虽是气体却具有液体的性质。

在这种状态下，水能够溶解几乎所有的东西，甚至包括油。当它溶解油时，这种流体的体积会突然缩小一半以上。之所以会发生这种情形，原因在于超临界水有紧紧包住其他分子的性质。更令人惊奇的是，有机材料将在这种流体中“燃烧”，也就是说会被裂解成更简单的分子。作为一种可选择的方法，有人建议使用超临界水来焚化下水道排出的污物，这些污物能够被溶解成晶莹剔透、无味、无菌的溶液。

把氧气注入超临界水中，它就会变成一种强氧化剂，能够分解一些最难分解的有毒废料。在美国新墨西哥州洛斯阿拉莫斯国家实验室工作的科学家，正在用这种方法来处理不需要的火箭燃料、炸药和化学武器。在超临界水中，化学物质会反应得更快，有些反应的速度甚至能达到普通条件下的100倍。超临界水的麻烦在于它能够缓慢地腐蚀几乎任何一种金属，甚至包括黄金。研究者们现在面临的问题是找到一种能够用于制造抗超临界水腐蚀的压力容器的材料。

除了在高压下加热使水变成超临界状态以外，还有其他方式可以提高水的活性。超声波就能对水产生显著的影响。超声波的频率很高，超出了人耳能听到的频率范围。它能产生极小的气泡，当气泡破裂时，在这些气泡内部能在几分之一秒的时间里产生极高的温度和压力。在这样的温度和压力条件下，气泡里的水分子能使它的一个氢原子挣脱氢氧键的束缚，形成一个具有很强反应能力的羟基自由基。这个羟基自由基会与它遇到的任何其他分子进行反应。这样，水中的那些危险的、难以控制的物质就能被处理掉了。利用声化学方法甚至能清除掉氟氯烃气体。氟氯烃气体一般来说很难处理，因为人们当初就刻意要它不会燃烧，不产生化学反应。这就是它被广泛用作烟雾剂、隔热泡沫材料、制冷材料长达40年的原因。以永田义雄（Yoshio

Nagata)为首的一批日本化学家，在日本的大阪大学证明了这种方法的有效性，即能够将从旧冰箱和空调设备里收集来的待处理的氟氯烃转化为简单的化合物，如二氧化碳和盐酸。方法很简单，只需在20℃的水中对其用声波进行处理即可。

展位9　水白晶纯——硫酸铝

当我们从水龙头上接一杯水时，总希望它晶莹洁净。然而，在水未进入公共供水系统之前，即当它还是未经处理的天然水时，这时的水往往是浑浊的。如果把水存放在水库里，可以把自然水源中含有的许多云雾状杂质沉淀掉。事实上，消费者希望能将自来水中所有的杂质都去掉。要做到这一点，水需要经过凝结剂的处理。凝结剂能够使哪怕是最微小的颗粒凝结成团，最后再将其过滤掉。

一个多世纪以来，供水工程师们都用硫酸铝作为凝结剂。当水中因为含有盐和细菌而形成云雾状杂质时，加入少量的熟石灰(氢氧化钙)和硫酸铝就能将其净化。加入的这两种物质会发生反应，生成固态的氢氧化铝。这是一种絮状沉淀，当它下沉时能够把水中的杂质带走。凝结剂和不溶性的氢氧化铝的作用就是带走杂质，同时还会在水中留下大约0.05ppm的不溶于水的铝金属。这一浓度远低于饮用水中所含的杂质铝的建议浓度0.2ppm。令人惊讶的是，凝结剂还能去掉以自然形态存在的多余的铝。现在的供水系统已能保证留在饮用水中的铝含量非常低，因为曾有人提出，铝是导致阿尔茨海默病的罪魁祸首。正如科学家所证明的那样，这种恐惧是毫无事实根据的，但那是另一回事。当我们谈到硫酸铝时，人们就认为铝是很危险的。

我们要谈到的一个有关硫酸铝的事件发生在英格兰康沃尔市的一个小社区，时间是1988年。当时，卡默尔福德村的居民打开水龙头，发现自来水中含的不溶性金属铝的浓度突然变得很高。1988年7月6日，一位司机来到当地自来水厂，他的车上装载有一罐20吨重的浓硫酸铝溶液。他错误地把这一罐硫酸铝溶液径直倒入了自来水总管中，而没有倒入贮存罐里。几小时内居民就开始抱怨起来，而自来水公司在居民抱怨之前就已发现了司机犯下的错误，并立即用大量清水冲洗供水总管道。后来这些硫酸铝溶液被排入附近的卡默尔河中，河内5万条鱼很快死亡。

铝在饮用水中不受欢迎，当然，卡默尔福德村的居民也不会乐于接受硫酸铝浓度高达600ppm的自来水。但铝真会那样严重地影响人们的健康吗？

铝在地壳中是含量最为丰富的一种金属，在花岗岩等岩石中，以及在土壤尤其是黏土中，铝常常与氧原子和硅原子结合在一起，形成化合物。尽管要想把铝从它的主要矿石铝土矿石中提炼出来需要消耗大量的能量，但总是物有所值，一旦被提炼出来之后，铝就能反复使用，只需再消耗很少的能量就可以使它恢复原样。今天，占相当大百分比的铝会被回收再利用。

铝的用途非常广泛，像飞机、轮船、容器、啤酒罐、汽车、电缆等都需要铝，这可能是任何一种其他金属都不能比的。在家里，铝被制成窗户框架、烹饪用的铝箔、平底锅和饮料罐。铝既轻又硬，而且由于它的表面能形成一层坚硬又不易穿透的氧化铝薄膜，因此它不受腐蚀。我们可能还戴着含有氧化铝成分的珠宝，如红宝石、蓝宝石和黄玉等。氧化铝本身是白色的，是它所含的金属杂质赋予了它颜色。在我们的食物中含有铝盐，在治疗消化不良症的饮片内含有大量的氢氧化铝。

在造纸和自来水工业里，硫酸铝的生产规模可达上百万吨。硫酸铝是由氢氧化铝和硫酸反应生成的稳定的白色粉末。它容易在水中溶解，1升水能溶解350克(约合13盎司)的硫酸铝。事实上，它的溶解度相当大，一般都以浓溶液的方式运输。在卡默尔福德发生的那次严重事件中，卡车上装的就是这种浓溶液。

几个世纪以来，人们都在以多种方式使用混合的硫酸铝钾盐(也叫明矾或明矾钾碱)，如印染业中的媒染剂、鞣剂、水泥硬化剂、食品添加剂甚至止血剂。那时，没有人怀疑铝会危害健康。后来，到了20世纪70年代，医生们发现铝会造成严重的健康问题，当时他们诊断出了因透析导致的痴呆。一些使用肾透析仪的病人患上了迁延性脑损伤，处于垂死状态。最后他们找到了原因，即在于铝的含量很高。这些铝一部分来源于透析时所需的大量的水，还有一部分来源于透析仪器中的一些铝制配件。

再后来，铝与脑损伤的另一种联系也被发现了。那些死于阿尔茨海默病(这是一种迁延性的痴呆症)的人被发现脑中异常地沉积了衰老斑，通过对这些衰老斑进行分析，研究人员在其中发现了硅酸铝。有一段时间，人们认为铝是引起阿尔茨海默病的原因，但现在看来，这些沉积很可能是这种疾病的症状。如果你至今还在为饮食中所含的铝而担心，那么你最好读一读休斯(John T. Hughes)博士的著作《铝与健康》(*Aluminium and Your Health*)。休斯是一位神经病理学家，在牛津医院和牛津大学工作了许多年。在这部书的末尾，他再次向我们保证:“经过对阿尔茨海默病的多年研究，我坚信铝一定不是这种疾病的起因。”

铝在地球上的含量是如此丰富，使我们想避都避不开它。令人颇为惊异的是，铝在人体中居然没有代谢过程。我们通过饮食正常摄入的铝会穿过消化道径直而去，那些进入到血液里去的铝也被很快排出。然而，铝能够附着在血液里所含的一种叫做转铁蛋白的分子上。这种分子是用来携带身体内必需金属的分子，这就是铝进入大脑的途径。

成年人平均一天摄入 6 毫克铝(即一年摄入 2 克左右)。摄入量的多少主要依赖于我们的饮食偏好，无论我们是否用铝锅烹饪，是否消化不良，是喜欢喝茶还是喝咖啡，铝的摄入量都取决于所吃的东西。例如，经过加工的奶酪含铝量较高，约为 700ppm。蛋糕和饼干在制作时可能使用了磷酸铝钠发酵剂，而硅酸铝钠又被放到粉状食物中以使它不致涨得太大。

从铝锅中把铝带入饮食中的量是很小的，即使用铝锅烹制大黄也不用担心。这时草酸有一种不同寻常的副作用，我们在第一展馆中已经说到了。它能使铝锅光亮如新，因为它溶解了表层的金属氧化物。这是我们的祖母辈都知道的厨房里的诀窍。铝对草酸有一种特殊的亲和力，对果酸(如柠檬酸)也一样。这种结合能够使人体更易于吸收铝。即使用铝锅炖大黄，含在大黄里的铝也是微量的。用铝锅烹调通常能在食物中增加大约 1ppm 的铝，对此我们不必担心。

一个喜欢喝茶的人，在他的饮食中铝的主要来源是茶。茶的植株能从土壤中吸收铝。事实上，明矾常被用作茶园的肥料。一杯茶平均约含 4ppm 的铝，这是铝的建议摄入量的 20 倍，那些喜欢喝浓茶的人的一杯茶中约含 10ppm 的铝。

尽管许多年以来，人们都对饮食中的铝非常关心，但现在可以说这种金属对于人体相对是无害的。如果我们一天吞下 6 片治疗消化不良的药片，那么就等于我们在一天之内摄入了一年的铝摄入量。1 品脱(约合 0.57 升)卡默尔福德的被注入硫酸铝的水只提供给饮用者相当于半片助消化片剂中所含的铝。

也许在一杯水中还潜伏着其他更令人担忧的金属物质，这就是自来水公司要定期检查水中的这些金属是否超过了法定最大值的原因。法定最大值一般是由世界卫生组织确定的，表5中所列的就是这样一个标准。

表5 饮用水标准*

锑	0.005	铅	0.01
砷	0.01	镁	0.5
钡	0.7	汞	0.001
铍	n.a.①	钼	0.07
硼	0.3	镍	0.02
镉	0.003	硝酸盐	50
铬	0.05	亚硝酸盐	3
铜	2	硒	0.01
氰化物	0.07	铊	n.a.②
氟化物	1.5	铀	n.a.③

① WHO没有足够的数据为它设立一个标准，但美国环境保护局设的标准是0.001。

② WHO没有提供，美国环境保护局提供的是0.002。

③ 至今还没有足够的数据可以设定一个标准，欧洲和美国的有关机构也没有给出一个数值来。

* 这是世界卫生组织(WHO)在1993年制定的饮用水中所含无机物的最大标准值，表中数字的单位是毫克/升。

第七展馆

我们尚未找到出路——作为运输燃料的分子

太阳的射线、月球和地球的运动都能产生大量的能量。太阳光被生长在陆地上的植物以及海洋里的藻类吸收，用于把二氧化碳转化为具有高能量的碳氢化合物，这些化合物进而又变成石油。这些能量一起为动物和人类提供了大多数的食物。人类还能砍伐各种植物和树木，燃烧它们以放出热量。当阳光照射在贫瘠的土地上，或照射在楼顶上时，我们能用太阳能电池板来加热水或者发电。阳光照到海面上，会引起水的蒸发，继而形成降雨降落在陆地上，我们也可以利用这些水来进行水力发电。

在地壳下面，整个地球就是一个巨大的能源库，但那里的热量不易取得——尽管在世界的某些地方，例如新西兰，地热是能量的重要来源。从地球表面也能获得能量。地球日复一日地自转，产生全球大气运动，以及潮水涨落、海浪拍岸，由此我们能利用风能、潮汐能和海浪的能量等。只要我们把旅行的方式大半改为步行或骑自行车，那么仅仅利用这些干净的能源就能满足地球上几十亿人所需的全部燃料和能量。

这些天然的可再生资源到底能为我们提供多少能量，这一问题至今还在争论之中，但不管是什么结论，我们拥有利用这些资源的各种手段，而这些资源足以为20亿—30亿人口提供足够的食物和能量，并基本上能满足由高科技带来的现代化生活对能源的需求，而如今我们认为这种生活是理所当然的。对于大多数家庭来说，这种可再生资源还能够提供一辆小汽车所需的能量，只要这些车在一年之内仅跑上几千英里(1英里约等于1.6千米)，不能没有节制。问题在于我们这个地球上已经存在了60亿人口，预计在21世纪中期还会达到100亿。这些人中大多数无疑都渴望拥有一辆小汽车。

展位1　化石燃料——碳

世界人口在不断增加，我们别无选择，只能不断地开发核能，掘取化石燃料以及其他这颗行星馈赠给我们的自然资源。没有哪种资源是永不枯竭的，但至少它们目前还足以供我们使用很多年。化石燃料是经过上亿年的沉积形成的，尽管每年都能发现新的矿藏，但总有一天它们都会被耗尽。这些化石燃料的储量巨大，但也是有限的，或者以我们不便利用的方式存在着。我们所说的储量，是指从经济的角度进行计算的，认为它有开采价值，即开采起来很便宜。那些从经济的角度算起来不值得开采的矿藏也是可以开采的，只不过需要更高级的技术来支持而已。

我们对化石燃料的依赖性很强，而且在相当长一段时间里估计都不会改变。所以，我们需要知道在地壳中埋藏有多少煤，其中值得我们开采使用的又有多少。这听起来好像是几乎不可能知道的事情，但只需一点化学知识就能帮我们找到答案。至少是多种答案中的一个。

只要我们算一算空气中有多少氧气，就能够大致估算出地球上化石燃料的数量。每一个氧气分子（O_2）都是从一个二氧化碳分子（CO_2）产生的，而氧之外的碳元素一定是存留在什么地方了。一般说来，这些碳元素主要变成了煤、石油和天然气。另外，焦油砂的分布范围很广，里面也包含碳。碳的还原态会有多种形式，如天然气（即 CH_4）、石油（主要是 CH_2）或者煤（这里的碳原子带的氢原子最少，主要是 CH）。当还原态的碳通过燃烧氧化时，就会放出大量的能量。这时碳就恢复到氧化态，即二氧化碳，回到大气中去。

碳能以多种“形态”存在，这要依赖于碳原子与氧原子或氢原子形成多少化学键。氧越多则氧化程度越高；氢越多则还原程度越高。碳的还原程度越高，它在燃烧并且转化为它的氧化物而形成 CO_2 时放出的热量就越多。

把 100 吨的二氧化碳分裂成碳和氧的话，可以得到 73 吨氧气和

27 吨碳。得出这个结论并不难，因为一个二氧化碳分子的总重量是44个单位，由12个单位的碳和32个单位的氧组成，换算一下就可以得出上述结论。在地球的大气层里，有1 000万亿吨氧气，所有这些氧气都是二氧化碳经光合作用过程产生的(即太阳光和植物经过光合作用放出氧气)。我们可以算出1 000万亿吨的氧气必定来自1 375万亿吨二氧化碳。此外，剩余的375万亿吨的碳一定储藏在地壳的什么地方了。

人类一年会用去多少碳呢？答案可能会让你大吃一惊，因为它所占的份额太小了，只有70亿吨。这是把每年人类所用的煤、石油、天然气里的碳都加到一块计算出来的结果。由此可见，以此速率用碳，则需要5万多年才能把地球上这么多碳全部用完。这当然只是理想状态的计算，因为我们永远不可能把空气中的所有氧气都变回到二氧化碳，否则所有的动物早就灭绝了。而人类也将在远远不到把碳用尽的时候就不得不停止燃烧化石燃料，原因在于当空气中的氧气含量低于现今21%的水平时，人就感到不舒服，当含氧量降至17%时人就只能大口大口地喘粗气了，一旦低于这个值人将窒息而亡。这种情况我们在第六展馆已经作了详细的讨论。大家知道，树木的生存需要二氧化碳，人和动物的生存需要氧气，如果人们消耗氧气的速度快于植物补充氧气(植物利用我们为它们的不断生长慷慨提供的二氧化碳很容易做到这一点)的速度，那么这种不顾后果地长期大规模利用化石燃料的做法最终将导致空气中氧气含量的减少，直接受到危害的还是人类自己。

如果我们真心希望避免长期损害我们的家园——地球，那就应该有规划地、尽可能有效率地利用能源。这就是化学家为人类提供的方案。化学家解决不了人口激增的问题，那是宗教、文化和伦理等问题，尽管化学家能够帮助那些热衷于性爱却不愿生孩子的青年人。化学家能够办到的是为更轻便的汽车设计适用的材料，为建筑物设计更好的隔热层，总之，都是为了提高能源效率。他们能帮助我们从使用化石燃料转变到使用可再生能源的轨道上，发现更好的适合做太阳能电池板的材料，发现更好的种植高热量庄稼的方法。同时，我们能够使开采出来的化石燃料放出尽可能多的能量。然而，我们需要使用多少能量呢？如今，我们出行全靠石油，我们究竟能够从这种化石燃料中获得多少能量呢？

一桶原油最后能被制成小汽车用的汽油、飞机用的煤油、重型汽车用的柴油、工程上用的润滑油、铺路或铺房顶用的沥青。另外大约还有10%的原油被制成了石化产品，这些石化产品又进一步被生产成其他各种产品，其中有一些我们已在第五展馆里看到过。要生产这些产品，需要约5%的原油做燃料，燃烧放出获得其他95%的各种石油产品所需的能量。最后，这95%的石油产品具体被制成了哪些东西，主要取决于石油的来源、石油公司开采的效率、炼油国的经济总需求以及消费者的需求。这就是复杂的经济学世界。相对而言，化学所研究的问题还是更容易理解一些。

我们能够从含碳燃料的用途，根据含碳燃料分子中有几个碳原子来对这些燃料进行分类。最简单的碳氢化合物是甲烷（即天然气），只含一个碳原子（记为 C_1）；然后是乙烷，含两个碳原子（C_2）；再其次是丙烷（C_3）、丁烷（C_4）、戊烷（C_5）、己烷（C_6）等等。这些分子以及这个系列上的含更多碳原子的那些分子，都叫做烷烃。汽油中的碳氢化合物主要是 $C_{7—8}$，煤油中主要是 $C_{9—11}$，柴油是 $C_{12—16}$，树木的油脂产生出的松节油大约是 C_{10}，石蜡油是 $C_{20—25}$，润滑油是 $C_{30—45}$。烷烃中所含的碳原子越多，则挥发性越弱，也就越安全。

把石油加热时，那些最易挥发的成分最先跑掉。这些最易挥发的成分就是含碳原子最少的那些分子，它们主要是较轻的丙烷和丁烷。为了方便运输，人们常把这些气体液化。液化石油气（LPG）就是用轮船装载运到世界各地去的。

升高石油的温度，蒸馏出的液态碳氢化合物的次序如下：首先是汽油，它占了40%；其次是煤油，主要用作航空燃料；最后蒸馏出的是卡车用的柴油，现在越来越多的家用小轿车也用这种燃料。

要提炼其他产物，需要把石油在真空中加热，在这一阶段蒸馏出的产品，可以进一步再通过催化剂的催化作用把它们转化成以上没有提到的新产品。这些新的产品具有更高的价值。石油经过一系列的加热之后，剩下的就是润滑油和沥青。

人们总是尽量把一桶石油变成轻油，转化得越多越好。然而，即使遗留下来的一小部分沥青也是需要的，虽然它大约只占总量的2%。我们一般从常识上看，会认为沥青就是一种黏稠的黑色焦油。但这种看法忽视了它长期的发展过程。大多数的沥青与混凝料、沙子、石子组成的路渣掺和在一起被用于制作铺路的柏油。尽管在柏油中沥青只占6%，却对柏油的性能好坏起着关键作用。经过细心的掺合，再加入黏合剂，能制成沥青乳状液，经过冷却铺在路面上。也可以把沥青经过聚合处理做得极其坚硬和耐用；或者制成透明的沥青，经过着色处理，用于铺永久性的路标或者漂亮的小路和人行道。现代化的道路在雨天行车时噪声很低，溅起的水花很小，这就是所谓的“静悄悄的柏油路”。这样的道路比旧式马路更加开阔，汽车驶过时发出的噪声更小，道路的排水系统也更好。在有些国家，这类柏油马路已成为目前唯一能够获准修筑的柏油路了。

这种柏油路不仅能够满足环境标准，如较小的噪声污染，多使用工业废渣作混凝料，而且能够在特别恶劣的天气状况下安然无恙。另外还可以向沥青里加入聚苯乙烯类的聚合物，这样处理之后，就可以加强沥青的黏度和自我愈合的特性，也就提高了它的弹性、韧性和抗断裂性能，使它也适合用作建造屋顶的材料。

化石燃料可能是位于能量链的生产者一端，但是位于此能量链的另一端的消费者使用能量的情况又如何呢？平均而言一个人要消耗多少能量呢？英国石油公司的《BP 世界能源统计总览》（*BP Statistical Review of World Energy*）给出的数字是这样的：在一年中，全世界各种能源的总消耗量是 95 万亿千瓦时，除以世界人口 55 亿，结果是平均每人每年的总消耗量为 17 000 千瓦时。显然，世界上有很多人只消耗了这个平均数的很小部分，而另一些人消耗的是此平均数的 2 倍甚至 3 倍。这个平均数相当于在全年的昼夜中每人每小时消耗 2 千瓦时能量。

另一种考察能量消耗的方法是看典型的一户人家所消耗的能量。假设一个家庭住在气候温和的地区，房子里有 3 间会客厅和 3 间卧室，还有一辆家用小轿车。就全世界的一般情况而言，这还不是一个典型的家居设置，却接近大多数人所追求的目标，也是很多人已经达到的小康之家标准。事实上，我们都生活在各自不同的环境里，并非每个家庭都有车，然而现实的变化是很快的。在北美洲，每 100 人有 50 辆车；在澳大利亚，每 100 人有 45 辆车；在欧洲每 100 人约有 40 辆车；在日本，每 100 人有 30 辆车。全世界平均下来每 100 人有 10 辆车。这个数字是把印度和中国这样的国家也算上后得出的。在印度和中国每 100 人不足 1 辆车。在世界人口稳定的情况下，以及平均一个家庭有 2 个成年人、2 个孩子和 2 个老人的情况下，我们期望每 6 个人有一辆车。这个每 100 人有 17 辆车的比例，就相当于在现有人口的情况下，世界上共有10亿辆车。

无论个人追求的是什么样的生活，我们都能够计算出一个典型的家庭使用能量的大致数量。表6左边第二栏给出的数字是一年中所用能量以千瓦时计的数量，这些数字来源于壳牌石油公司、英国环保局以及中央信息办公室。

表6　经济发达国家里一个典型家庭所使用的能量

能量的使用场所	千瓦时	该能量所占百分比	该项能量支出费用所占百分比
供暖(天然气)	13 000	45	18.5
烧热水(天然气)	4 500	16	6.5
汽车(汽油)	8 500	30	56
烹饪(电力)	1 000	3	7
冷藏/冷冻(电力)	600	2	4
洗碗机(电力)	500	2	3.5
照明(电力)	250	1	2
洗衣机/干燥器(电力)	200	0.5	1.5
电视机等(电力)	150	0.5	1
总　计	28 700	100	100

表6所涉及的只是我们作为个体能够自由支配的能量，即限于家庭和汽车的能量消耗(在大多数国家，汽油税是汽车耗能支出费用高达总能量消耗费用56%的原因)。表中所列的能量消耗的各个项目不包括集体使用的能量消耗，即未计入工作单位、公共建筑、公共交通、飞机旅行和货车运输的能耗。没有供暖和热水这日子就没法过，但想拥有家用汽车的想法似乎是我们更急需慎重考虑的事。

也许，人们对汽车的钟情永远都不会减退。人们太容易爱上汽车了，因为汽车能给人们带来极具诱惑力的快乐。汽车能给我们一种随心所欲、自由自在的方便，给我们一种占有的快感，能舒舒服服地坐在里面，让这位铁打的朋友保护我们不受暴风雨袭击。而且它还能为我们提供音乐和广播。除非我们能发明一种可持久使用的新能源，来代替现在驱动着全世界95%的汽车的那些由化石燃料衍生出来的能源，否则，终有一天现有的能源会被耗尽。那时人们至多只能在部分情况下使用汽车，而在更多情况下必须以步代车，对汽车的“爱情故事”也将得以终结。我们在前面已经告诉读者了，这种代替化石燃料用作运输的新燃料可能是什么，而且指出了这些燃料将怎样从可再生资源中衍生出来。

全世界有6亿多辆汽车，它们都需要液态燃料来驱动发动机。大多数汽车用的是汽油，另外有少数用的是柴油。但目前使用柴油的发动机也越来越多了。驱使这些发动机运转的燃料能够用可再生资源吗？能不能找到一种与现有燃料不一样，而且不污染大气环境的燃料呢？

液态碳氢化合物被人们制成了很好的液态燃料，用于轿车、载重汽车和飞机中。这种液态燃料在燃烧时放出大量能量，大约每升能放出33 000千焦的能量(要烧开1升水或1夸脱水大约需要400千焦的能量)。不论我们用什么样的燃料来取代它们，这种新的燃料都必须能够放出大量的能量。源于可再生资源的几种主要替代燃料是生物燃料、乙醇、甲醇和野油菜甲酯。

“生物燃料”是一个一般性的称呼，指因能定期收获而视作可持久使用的燃料。有些植物内含丰富的油脂，如美洲的香槐，它能缓缓地渗出乳白色的乳状树液。从理论上讲，这种物质能够用作石油工业的原料。巴西的兰氏香脂苏木(*Cobaifera Langsdorfii*)也会流出树液，这种树液能够直接放入柴油发动机的燃料箱中使用。但至今没有一种植物能够作为汽车燃料，但我们相信，终有一天人们能够通过基因工程来提高树木油脂的产量，甚至能够使这些树木经受得住暖和的气候。这样各家的菜园里都种上一棵这样的树，让它慢慢地滴下生物燃料，供家用汽车的柴油发动机运转之用。

当然，可能性大得多的是利用我们上面提到的工业产品做燃料。那么，我们能从这些典型的燃料中获得多少能量呢？表 7 列出的是我们已经使用的一些燃料放出能量的数据，另外一些燃料很可能是未来的竞争者。这些数据来源于 1992 年出版的《麦克米伦化学与物理学数据》（*Macmillan's Chemical and Physical Data*）。表中所列的数字为每千克该种燃料放出以千焦计的能量值，而不是每升放出的能量。原因是表中的燃料包含了气态燃料和液态燃料两大类。对于燃料而言，最重要的是它在燃烧时会放出多少能量，放出的能量越多越好。在同样加满油箱的情况下，携带较轻燃料的汽车能多跑一些路程。表中列出的一些燃料是气体，但使用它们的技术已有所不同。如果我们观察一下含氧的化学物质如乙醇和甲醇，那么就能清楚地看到，由于它们已部分氧化，每千克放出的能量会少一些。

表 7　燃料放出的能量(kJ/kg)

氢气	甲烷	汽油、煤油、柴油	野油菜甲酯	乙醇	甲醇
143 000	56 000	48 000	约 45 000	30 000	23 000

当我们考虑把一种燃料用另一种燃料来替代时，我们还需要考虑另一个因素：这样使用安全性如何？我们对汽油非常熟悉，当人们在往汽车的油箱里加油时极少会发生事故。然而，我们知道，汽油是一种极易燃烧的燃料，所以它是一种有潜在危险的燃料，尤其是当油箱遇到偶然事件破裂时更是危险。如果汽油的替代燃料没有额外的危险性，那么，我们在替换掉汽油时，就不会有人反对。从燃烧性上讲，甲醇比汽油更安全。而且当汽车撞毁时，甲醇也比汽油安全，爆炸的

可能性较小。但对发动机而言，甲醇显得太粗糙，不是一种好燃料。此外，甲醇有毒，这又是一个威胁健康的问题。从方便和安全两方面结合起来考虑的话，乙醇是液态燃料中最好的一种。这种“生物柴油”没有特别的缺点。另一方面，液化气燃料确实会带来新的危险性问题，尤其是在添加燃料时，危险性更大。而且添加液化气燃料的次数比添加汽油的次数更多，所以也就更不安全。

展位 2　生产你自己的汽油——乙醇

生物燃料中最成功的是乙醇，它的大众化名称叫酒精。和汽油相比，除了单位体积放出的能量略少这个小缺点外，乙醇是一种非常好的替代燃料，适合于家庭轿车使用。1 升乙醇在燃烧时放出24 000 千焦能量，而燃烧 1 升纯碳氢燃料(如汽油)可放出 33 000 千焦能量。

在巴西、津巴布韦和美国，利用甘蔗和多余的谷物，生产出了大量的生物燃料乙醇。巴西在 20 世纪 70 年代和 80 年代曾用高昂的代价进口石油，现在巴西人把乙醇当作他们克服因进口石油带来的与日俱增的负担的办法。虽然巴西国内现在已有了本国的石油资源，它还是坚持每年生产约 120 亿升乙醇。巴西有数百万辆燃烧乙醇的汽车，另有几百万辆燃烧混合燃料的汽车。这种混合燃料是 20% 的乙醇加 80% 的汽油。乙醇占巴西各种运输燃料的 20% 以上，尽管这与 1989 年最高峰时的 28% 相比已经下降了。由于乙醇的成本已不再具有竞争力，尽管农民们努力把甘蔗的产量提高了 20%，现在已高达每公顷 77 吨，尽管生产厂家以改进发酵和蒸馏的工艺水平提高它的产量，但乙醇还是无可挽回地衰落了。乙醇之所以目前还是比较流行，原因在于它的其他优点，即它是所谓的氧化燃料。氧化燃料是指燃烧时能产生较少污染的燃料。乙醇使巴西成为第一批停止使用含铅汽油的国家之一，使巴西的城市上空一氧化碳的含量骤减，并消除了由未燃烧的碳氢燃料引起的光化学烟雾。上述现象可以从巴西的圣保罗看到，该城市有 1 500 万居民，空气却是比较干净的。

通过发酵多余玉米和谷物中的淀粉，美国一年能够生产 35 亿多升的乙醇，而且美国计划到 2000 年底把现有的年产量翻一番。美国也将要把乙醇和汽油的混合燃料进行重新配方，把它用在那些空气污染严重的城市。不能种植甘蔗的国家，可以选择种植甜菜，甜菜的产量很高。所以，从理论上说，在世界上大多数国家，乙醇都可以作为一种可再生燃料来大量生产。

一个西方国家能够生产足够多的乙醇供每一个家庭的一辆汽车使用吗？答案是肯定的。平均一辆家用轿车跑 13 千米会用去 1 升汽油，一年会用去 1 250 升汽油，可用 1 730 升乙醇来代替。一个拥有 100 万辆轿车的城市一年需要 17.3 亿升乙醇。该城市需要种植大约 4.5 万公顷的甘蔗或甜菜以供轿车燃料之所需。这么大的面积大约是一个城市面积的 1.5 倍。如果一个城市是半径为 10 千米的圆形区域，那么需要在这个城市的周边多规划约 6 千米宽的环形区域，在其中种上甘蔗或甜菜以满足轿车燃料之所需。很显然，这是可以办到的。

展位 3　把煤变成汽油——甲醇

以前人们生产甲醇的方法很简单，就是在蒸馏器里把木头碎片加热。基于此，甲醇又叫木酒精，它的另一个名称是甲基醇。今天，人们是利用合成气来生产甲醇的。合成气是蒸汽和碳（如焦炭或煤）或碳氢化合物（如石油或天然气）反应生成的气体。利用氧化锌或氧化铬作催化剂，可以把合成气变成甲醇。甲醇蒸气通过沸石制成的催化剂，又能转化为汽油。所谓的沸石就是有着很大空洞的硅酸铝。甲醇扩散到硅酸铝的空洞里去，就可生成汽油。

人们认为，合成气的出现为处理煤和石油剩余物开创了一个更新、更清洁的时代。把煤或石油的剩余物转化为合成气就意味着，煤和石油在不放出二氧化硫和其他污染气体的情况下，也能够燃烧发电。在荷兰的比赫讷姆有世界上最大的气化煤工厂，在这里，一天能把 2 000 吨煤转化为合成气，而这些合成气可以发出高达 250 兆瓦的电力。把合成气通过陶制的过滤器可以过滤掉所有杂质，同时，熔化的熔渣可以变成道渣用于铺路。

把煤转化成油，始于 20 世纪 20 年代在德国出现的费—托过程 (Fischer-Tropsch process)。把煤变成合成气需要铁或钴作为催化剂，以及其他助反应剂，并且进而转变为更有用的液态碳氢燃料。这种技术能够使得燃烧性能较低的煤转变为汽油、柴油和航空燃料，并为第三帝国在第二次世界大战期间每年提供了大约 60 万吨的液态燃料。1944 年，在一次对德国燃料供应基地的联合攻击中，这些专事生产液态燃料的工厂受到盟军的密集轰炸，使其生产停顿下来，这无异于断了德国空军的粮草，从而加快了欧洲战争结束的步伐。

20 世纪七八十年代，费—托技术还帮助过南非的经济，当时世界范围的反对种族隔离的贸易禁运完全切断了南非的燃料供应。

现在，费—托技术还在马来西亚宾吐鲁、沙捞越的工厂里得到应用，这些地方生产的高级碳氢燃料不含硫化物和氮化物，而那些利用石油生产的燃料燃烧时会放出这两类化合物，从而造成空气污染。

合成气还能转化为甲醇。甲醇是液态的，在 65℃ 沸腾，并且能够单独作为燃料来驱动轿车发动机。事实上，在著名的印第安纳波利斯汽车赛中，它是可供车手们选择的燃料之一，这是因为它能非常干净地燃烧，不会产生污染物，而且和汽油不同，在发生相撞事故油箱破裂起火时也不会产生火球。

世界上甲醇的需求量现已超过每年2 000万吨，其中大多数被加入到无铅汽油之中。在无铅汽油中大约有5%的甲醇。另外，甲醇还被用于生产甲基叔丁基醚(MTBE)。MTBE被越来越多地加入汽油之中，这可以使得燃料燃烧更为干净以减少污染。加入MTBE的燃料就是所谓的氧化燃料。

当汽油在汽车发动机里燃烧时，最后的产物并非都是二氧化碳和水。不完全燃烧会产生污染物质，如碳氢化合物和一氧化碳。这些未燃烧的燃料(即碳氢化合物)在阳光的作用下会形成更具危害性的污染物质。为了克服这类问题，美国政府通过了《1990年净化空气法案修正案》(1990 Clean Air Act Amendment)，这项修正案规定，在一年内的某些时间里，必须使用氧化燃料。每年冬天，有29个美国城市会转而使用含15% MTBE的汽油。为此，每年有60多亿升的MTBE被生产出来，而且产量还在不断提高。

并非没有人反对使用MTBE，有些人说它的余气提高了其他污染物质如甲醛的数量。还有一些人提出MTBE本身对健康有害，会引起头痛、目眩、眼酸和眩晕。通过对使用MTBE的新泽西州北部和不使用MTBE的新泽西州南部的汽车修理厂和加油站工人的比较研究，并不能得到上述结果。1996年美国国家研究理事会提交的报告里也没有出现对汽油添加剂安全性的关注。针对人们提出的抱怨和对该气体的反应症状，上述两个机构得出的调查结果并没有分歧。估计MTBE难闻的气味是人们抱怨的原因。对啮齿类动物进行的广泛测试表明，它们能够忍受较高剂量的这种化学物质，因为吸收进体内的MTBE能迅速转化为叔丁基醇，并在排尿时一起排出。

看来，甲醇将在燃料添加剂中扮演越来越重要的角色，主要是用来生产 MTBE。从理论上讲，利用可再生资源(如木炭)生产甲醇是可行的，因为它们可提供生产合成气所需的碳。甲醇还可以在燃烧室里更干净地进行燃烧，把能量用于电动汽车的充电，但这一技术还需要走过很长的艰苦摸索的道路。

展位 4　田野里的黄金——野油菜甲酯

在很多国家都分布着一块块金黄色的田野，像是宣告着油菜籽的丰富储量。油菜籽是含植物油最高的农作物之一，几乎能够在任何地方生长。在欧洲，油菜的生产范围南起地中海，北至苏格兰。油菜是一种理想的“隔断”农作物，可以种在几种谷类作物之间来阻断谷类疾病的传播。

油菜是十字花科植物，它的学名为 *Brassica napus*，但它的俗称来源于大头菜的拉丁语名 rapa。由于大头菜硕大的根茎是可食的，因此种植范围很广。在北半球，在 9 月份播种的油菜叫冬油菜，在 3 月上旬播种的油菜叫春油菜，它们收获的时间分别是 6 月的月头和月末。冬油菜籽的产量约为每公顷 4 吨，春油菜籽的产量约为每公顷 3 吨。经过压榨后，1 吨(1 000 千克)油菜籽能产出 320 千克的植物油，剩下的渣滓可以压制成饼。这种饼的蛋白质含量很高，可以喂牲口，但有可能引起甲状腺疾病，因为饼里有一种化合物的含量较高，它就是芥子油甙。

自从人们把卷心菜和大头菜杂交形成野油菜以来，在 400 年里，油菜都对经济是非常重要的。1572 年，英国议会通过了一项法案，鼓励老百姓在当地种植这种“与西班牙和其他外国的油料无异”的产油农作物。到 17 世纪末，油菜籽的加工业已相当兴旺，可以生产燃灯用的油和喂牲口的饲料。该行业兴盛了200多年，直到先出现了鲸油，再后来于19世纪末又出现了化石燃料油，从此以后，油菜籽加工业才日薄西山。由于某些行业还需要油菜籽中的油脂，中国和印度对油菜籽都还有需求，在这些国家里油菜还在广泛种植着。20世纪的两次世界大战再次增加了对油菜籽的需求，尤其是作为一种船用润滑油。今天它又找回了昔日的荣光，只是换了一个新品种。

以前的油菜里含有一种叫芥酸的脂肪酸，这种酸的分子链上含有22个碳原子，它在20世纪70年代成了一种主要的事关人类健康的东西。那时在荷兰和加拿大的研究表明，饮食中芥酸丰富会引起多余脂肪在年轻哺乳动物的心肌上沉积。结果，种植油菜的人就选择芥酸含量低的品种种植，这样就产生了一个油菜新品种，名字叫卡农拉(canola)。卡农拉这个品种不但芥酸的含量低，而且饱和脂肪酸的含量也很低。

芥酸是一种油，它因一部悲剧影片《洛伦佐的油》(*Lorenzo's Oil*)而烙上了特征性的标记。这部影片说的是一位妇女为了挽救她儿子的生命而进行的奋斗历程。这位妇女采用了一种叫洛伦佐的治疗方法，其中就包括让她的儿子服下高剂量的芥酸。这种酸只能从英国的克罗达公司获得，该公司专门加工菜籽油并能提取和净化该治疗方法中使用的芥酸。

油菜是食用油的宝贵来源，也能成为化学工业所需的碳氢燃料的可再生资源。在早些时候，油菜被用于制造塑料、合成橡胶、肥皂和润滑油，而且它也能作为热油燃烧。

各种植物油(以及动物脂肪)都是被称为甘油三酯的分子，都含有三条脂肪酸长链，它们连接在甘油小分子上。菜籽油不经进一步处理就可以在柴油发动机里燃烧，但几天以后甘油的化合物往往就会堵在发动机里。如果放入碱之后再加热，油就会分解为脂肪酸。如果加入甲醇，温度控制在50℃，甘油就被沉淀下来，同时一种生物燃料也能被分离出来。这种“生物柴油”的更正确的叫法是RME，它是rape methyl ester（野油菜甲酯）的首字母简称。

在欧洲，意大利的诺瓦蒙特公司就在生产RME。该公司为意大利17个城市的公共交通车辆提供这种燃料，也为柏林和博洛尼亚的出租汽车以及意大利北部科莫湖上的渡船提供这种燃料。在奥地利，有100多个加油站出售RME，那里种植着几千公顷的油菜以保证这种燃料的供应。有几个欧洲国家也计划建造或正在建造RME工厂，到2000年底，这些国家的RME年产量会超过50万吨。未上税的RME的成本与上税后的柴油的成本相当。即使它上了税，在交通拥挤的城市里，公共汽车和出租汽车司机还是倾向于使用RME，因为它和柴油不同的是，它不会像柴油那样燃烧后放出二氧化硫，而且排出的烟尘颗粒较少。

人们很可能还会继续大量消费菜籽油，现在，世界上90%的菜籽油被用于食品加工，尤其是用于人造黄油，另外还用于烹饪用的脂肪油、饼干、油炸马铃薯片、汤、冰淇淋和糖果点心等。工业上用的菜籽油仅占10%。其中制药公司把它用作细菌的培养基，化学工业在生产塑料包和粘贴薄膜时也会用到它。

食用菜籽油中的脂肪酸含有6%的饱和脂肪酸，64%的单不饱和脂肪酸和30%的多不饱和脂肪酸。当一条链上连着的每个碳原子都附着2个氢原子，我们就说这条链是饱和的。如果碳原子邻近的氢原子丢失了，则说这条链有不饱和键。如果链上有1个这样的键，就叫它是单不饱和的。如果链上有2个或更多这样的键，就叫它是多不饱和的。有些食品专家认为单不饱和脂肪对健康最有利，这么看来，油菜的得分就会很高，因为它所含的单不饱和脂肪与橄榄油所含的单不饱和脂肪(77%)相近。菜籽油中还含有少量的芥酸，这种酸也是单不饱和的，只是含量太高时会有一种难闻的味道。老品种的菜籽油中含有50%的芥酸，现在我们种植的油菜是经过选择性培育的新品种，榨出的菜籽油中含有的芥酸不到1%。但现在老品种的菜籽油又开始受到人们的青睐，原因是这种酸在化学工业上有市场。这种油菜可以种在不再需要种植粮食类农作物的农田里。我们可以用甲醇来处理这种菜籽油，生产出RME，供柴油发动机使用。

从理论上说，任何植物和动物脂肪都可以转化为生物柴油。几年前就有人提出在新西兰用废弃的绵羊油脂作燃料。马萨诸塞州波士顿洛根机场的公交车使用的燃料就含有20%的废弃的动植物脂肪。这些废弃物都是从波士顿收集来的。

藻类也能够制油，如果遇到合适的环境，它们能够在一天的时间里使自身的数量翻5番。这还不算，有些藻类能把相当于自己重量一半以上的部分转化为油。它们在污浊的水中生长得很好，甚至能在比海水更咸的盐水中生长。只要阳光充足，1公顷(1万平方米)大小的池塘在一年时间里可以生产出120吨海藻，是种植如油菜或甘蔗等农作物产量的2倍以上。在科罗拉多州戈尔登的太阳能研究所(SERI)工作的罗斯勒尔(Paul Roessler)认为，这样的一个池塘每年能够产生大约10万升燃料。而且，藻类所含的油脂还可以转化为甲酯。SERI现在正在研究两种硅藻，角毛藻(*Chaetoceros*)和舟形藻(*Navicula*)，以及绿藻(*Monoraphidium*)，它们有可能成为藻类燃料的候选品种。

同时，荷兰的农业生物学和土壤肥料研究所的研究表明，一个油菜品种如果能早开花、晚结实并形成串荚，就有可能把菜籽油的产量从每公顷2.5吨提高到5吨。这些特性已分别显现在许多油菜品种里，现在要做的就是把这些特性都集中到一个品种上来。

推广生物燃料的困难在于它们都有隐含成本，也就是说，我们在上面讨论生产1升乙醇、甲醇或RME时，假定了它们只是能源产品而非经济运行过程中需要考虑成本和收益的商品。事实上，要生产生物燃料，在生产过程中就需要投入大量其他能量。在我们获得可以使用的燃料之前，农作物就需要种植、施肥、保养、收割、处理，所有这些步骤都需要耗费能量。的确，我们可以算一算，要生产1升RME可能不得不消耗1升化石燃料。很显然，如果情况真是这样，那么生产生物燃料就是毫无意义的事情了。但也许还有其他办法，使得在无需消耗化石燃料的情况下生产可作为生物燃料的农作物。这种想法似乎有可能实现，即在生产过程中只用电，而电又是水电站提供的，这样就不涉及消耗化石燃料的问题了。但事情仍然没那么简单，要修建水电站需要大量的水泥，而生产水泥又要消耗化石燃料。

终有一天，我们的后代将迫于压力，不得不找到一条在没有化石燃料的情况下的生存之道，所以上述问题终将被人们解决。同时，我们最好更深入地研究其他一些可从可再生资源中产生的燃料分子，而不放过任何一个机会。

展位5　净而冷——氢

我们知道，杜瓦(James Dewar，1842—1923)发明了真空热水瓶。一般来说，热水瓶会使我们立刻联想到它能使热水保持较长时间的温热，但杜瓦却是用它来使极冷的液体保持极冷的状态。幸亏有了他发明的泛着银光、有着真空层的玻璃器皿，才能使他于1898年首次把氢气液化，并且在次年使氢气固化。氢气的熔点是-259℃，沸

点是 - 253℃。氢气是所有气体中最轻的，于 1766 年首次由卡文迪什制得，卡文迪什用的方法是使金属和酸反应生成氢气。（我们在本展馆中已不止一次地提到过卡文迪什。）

我们发现，氢的整个发展史都与运输相关，但这种联系总是以一种不切实际的方式存在。今天的情况仍是这样。第一个利用氢气的人是吉法尔（Henri Giffard），1852 年他在巴黎就用氢气使一只汽艇飞上了天，但直到 20 世纪，所谓的"飞艇"才度过了一段短暂但十分壮观的生涯。在第一次世界大战期间，飞艇曾被用来轰炸伦敦和巴黎，且在 20 世纪 20 年代和 30 年代还载人飞越了大西洋。这一奇思妙想最终得以收敛，主要原因是引人注目的"兴登堡"灾难。这场灾难发生在 1937 年的纽约，当"兴登堡"号飞艇着地时发生了爆炸，当场炸死了很多人。

最近，有人赞成用氢气做汽车燃料，而且戴姆勒—奔驰空中客车公司也正在研制一架用氢气作动力的新型飞机。其中的困难在于氢气的储存，因为当氢是气体时，它占据的空间很大，1 千克氢气要占据 11 立方米的空间，相当于 1.1 万升。然而，把 1 千克氢气压缩成液氢后，就只有 14 升，燃烧后能放出 3 倍于 14 升汽油燃烧时放出的能量。液氢技术目前已经成熟。美国太空计划就需要大量的液氢，该计划在实施时曾一次就通过公路和铁路用油罐车拉了 7.5 万升液氢。位于卡纳维拉尔角的一个储油罐里就装有 300 多万升液氢。

目前有许多个计划都是关于一旦天然气耗尽后，把氢气输送到各个家庭作为燃料的。由于氢气比甲烷轻，需要 3 倍于甲烷气体体积的氢气才能放出相同的热量。这是使用氢气的一个缺点。但使用氢气对环境更有益，即燃烧氢气时只会产生水蒸气。终有一天，也许会出现一个"氢经济"，把氢用管道输入家庭，供取暖、烹饪之用，甚至可能成为家用轿车的燃料。

燃氢汽车目前已经在日本成为现实。由日本武藏理工学院的古滨昭一(Shoichi Furuhama)领导的一个科学家小组已对燃氢汽车进行了20多年的研究，并于1992年完成了试验，用装有100升液氢的汽车跑了约300千米。氢燃料一般是装在不锈钢制的杜瓦瓶内的。该车是一辆尼桑美妇Z型跑车，其中柴油发动机的火花塞被做了一些变更，使得它在100个大气压下可以点燃氢气。1996年，位于德国巴伐利亚的巴伐利亚汽车厂的6辆燃氢汽车已经上路，在该领域处于世界领先水平。巴伐利亚汽车厂期望在2010年能把燃氢汽车推向市场，到2025年约有2%的汽车是燃氢汽车。此外，机器人加油站也将建立。机器人会自动给汽车输入液氢，而且将在3分钟内干完活，做到零漏损。(现在给普通汽车加油，约有2%的汽油漏损。)

现在，氢气燃料的成本是汽油燃料的3倍，而且燃氢汽车的成本也是普通汽车的2倍左右。目前人们常用120升装的燃料罐在5个大气压下装液氢，而且需要在内胆和外层容器之间，用70层薄薄的绝热铝箔和玻璃纤维填充这3厘米的间距。120升的燃料罐装满后约重60千克(约合27磅)，足以使一辆中型客车运行400千米，而危险并不比燃烧汽油的汽车大，但使用相同重量的汽油燃料却可以行驶约2倍于此的距离。

欧洲使用的氢气的来源之一是加拿大。欧洲—魁北克水—氢试验工程表明，圣劳伦斯河上的水力发电站能够成本低廉地大规模生产氢气。液氢可以盛装在200米长的储罐里，用船装运跨过大西洋。每一只储罐可以装1.5万立方米(1 500万升)液氢。

但是氢气作为一种燃料，无需把它变成液体运来运去：某些金属合金就有吸收和储存氢气的功能。马自达公司制造了一辆氢汽车，在1991年的东京车展上亮相，这辆车就是用这种方法来储存氢气的。钛和铁的合金或镁和镍的合金都能够吸收相当于自身体积那么多的液氢，并在需要时将其释放出来。在合金内部，氢原子占据了金属原子之间的空隙。在马自达汽车里，氢不是用来燃烧，而是用来发电的。在燃料室里氢放出电子产生电流，然后再和氧气结合形成水。

遗憾的是，用合金吸收氢的方式来存储氢这一方法还存在很多困难。把氢输入合金或抽出合金会使合金易于粉碎，过一段时间合金就成了一堆粉末，如果有极少量的水汽进入，储罐的性能就会大大降低。这样的问题以及氢的高成本使燃氢汽车成为一种不切实际的精巧之作，似乎燃氢汽车风行于市的那一天将遥遥无期。

如果真要搞一个“氢经济”，显然，那将需要很多氢气。为了满足化学工业的需要，目前已有大量的氢气被生产出来，并通过分布在欧洲和美国的长达数百千米的管道输送。氢气的用途非常广泛，但大多数是被用来制造氨水、过氧化氢和麦淇淋。很多氢气都是作为生产氢氧化钠(有腐蚀性的碱)的副产品生产出来的。这些气体或者燃烧后用于发电，或者通过管道输送到其他公司(例如生产过氧化氢的公司)，或者压缩在高压筒里出售。一辆载满氢气筒的卡车就可以说明氢在应用上面临的经济困境：一辆载重40吨的货车在满载的情况下实际上只能运送净含量不到半吨的氢气，而这些氢气所能放出的能量只相当于一辆满载的油罐车里的汽油燃烧时放出能量的一小部分。

世界上氢气的年产量约为3 500亿立方米，约合3 000万吨。氢有两种自然来源，即水(H_2O)和像甲烷(CH_4)这样的碳氢化合物。据估算，在大气层中约有1.3亿万吨氢气，但氢气的挥发性强，不易回收，而且它还在不断向太空中散逸。

在水中通电，利用电解法可以得到氢气，但这并不是一种经济的方法。虽然经过改进可以提高这种方法的效率，如在氧化锌的多孔电极之间电解水蒸气。利用水力发电站在夜晚的剩余电量来生产氢气可能会是一条经济可行的路子。

还有一种产生可再生氢气的方法是利用可再生的煤生成合成气。但这种方法产生的是氢气和一氧化碳的混合气体，最好能将一氧化碳转化为另一种燃料甲醇。生产氢气的第三种办法至今仍是一个正在探索的新路，就是利用太阳光来分解水，把水分解成氢气和氧气。早在20年前人们就发现，把粉状的二氧化钛和铂金属掺合在一起就能起到像阳光分解水的作用，但分解出来的氢很少。在日本茨城的国家化工实验室工作的佐山和弘(Kazuhiro Sayama)和荒川弘典(Hivonori Arakawa)指出，在水中加入碳酸钠能大大提高氢的产量。但是，即使如此，利用阳光分解水以得到氢气这一方法，离大批量生产还有很长的一段路要走。

最后，有些嗜热细菌自身也能放出氢气。1996年，在田纳西州橡树岭国家实验室工作的一组科学家告诉我们，葡糖脱氢酶和氢化酶能够共同从葡萄糖分子中产生氢气。脱氢酶是从热等离子体耐酸物中找到的，而这种东西又存在于闷烧煤后的残渣堆积物中。氢化酶是从热球菌中找到的。热球菌存在于太平洋深处的火山口。这两种酶都能耐热，所以能够在高温下发挥作用，使整个过程的进程加快。如果每年都有大量的纤维素作为生物量生产出来，换句话说，假定这种葡萄糖的聚合物的供应非常充裕的话，我们在未来的某一天就有可能利用木材和废纸(它们都含纤维素)在这类酶的协助下生产氢气。

展位6　正在承受压力——甲烷

乙醇、甲醇、RME和氢气都有可能成为供家庭汽车使用的可持续的能源。如果这些燃料不能满足我们的全部需求，我们还可以寻找其他的能源，比如垃圾。在垃圾焚烧炉里把垃圾当作燃料来烧能够回收大量的能量。

在肯塔基大学工作的塔吉埃(Mehdi Taghiei)估计，美国每年能够从废塑料中生产出8 000万桶油。他已证明了把废塑料和四氢化萘混合在一起，在一个氢气压力、450℃的条件下加热1小时，就会把90%的塑料转化为轻油。轻油与普通的原油不同，它不含硫，因此容易提炼。四氢化萘是一种沸点很高的碳氢化合物溶剂。另有一些化学公司还发现了更好的方法来把塑料转化成轻油，它们是通过用炽热的液化沙床来达到这一目的的。沙床能够把各种各样的塑料(包括PVC)都变成有用的碳氢化合物，以便于循环使用。

加热、加压能够把木屑和报纸里的纤维素转化为油，事实上这和地壳深层古代植物在高温高压环境下转变为化石燃料的过程是相当的。当垃圾在缺乏空气的环境下分解时，产物就是甲烷气体。在欧洲，甲烷被人们用来发电。然而，这只是在有补助金支持时才具有商业价值。甲烷也可以被转化为合成气进而转化为甲醇。垃圾本身也能够直接转变为油。1987年，美国巴特尔太平洋西北实验室的研究人员证明了这一过程是完全可行的。做法是垃圾先被变得呈碱性，然后在高压条件下加热。这可以把有机物转化为油、水和二氧化碳。

比把垃圾转化为液体燃料更好的方案是让它们在微生物作用下放出甲烷，这就如同老的垃圾垫土的地方所发生的情形一样。从装腐烂废物的罐子里放出的甲烷气体可以被收集起来，甚至可以用来驱动轿车。目前，这样的轿车用的就是天然气中的甲烷。甲烷可以储存，并作为压缩天然气和液化天然气使用。目前，装在钢瓶里的这两种天然气已被用作运输燃料。现在全世界约有50万辆汽车用的是压缩天然气，使用这种汽车燃料的国家主要包括意大利、加拿大和新西兰。把一辆车改装成使用压缩天然气的车很容易，因为天然气和汽油一样，都能在火花点燃的发动机里充分燃烧，只是装天然气的罐子非常笨重、体积又大，结果会使放行李的空间减小，并且在第二次加燃料之前比用汽油做燃料跑的路程短。

甲烷也是一种可再生的燃料，是污水处理后的主要副产品，也是任何有机物在厌氧菌的作用下分解的主要副产品。我们还可以从垃圾场里的腐烂物质中提取甲烷气体。通过这两种方法处理后得到的甲烷都可以制成压缩天然气。之所以还需要处理是因为收集来的甲烷并不纯净，含有二氧化碳和氮气等没有燃烧价值的杂质，需要进一步提纯。经过进一步的分离，甲烷被制成压缩天然气出售，使用起来就方便得多，燃烧放出来的气体就能供热或推动轮机发电。

在大规模使用压缩天然气和液化天然气之前，我们必须要具备安全地控制这两种燃料的能力。控制它们的技术是很复杂也很可靠的，但我们一定不能忘记，这些燃料本身是很危险的，所有挥发性的碳氢化合物都是有危险的。历史上发生的好几起事故都证明了它的危险性。有一起特别严重的灾难就发生在墨西哥的第二大城市瓜达拉哈拉，时间是1992年4月22日，当时该城市的下水道发生了20次连锁爆炸，炸毁了许多建筑，并导致194人死亡。在事故发生的前一天，当地居民抱怨说从下水道里能闻到汽油的味道，但当局并没有采取任何行动。国有的墨西哥石油公司的官员谴责当地一家食用油生产厂，说这家工厂发生了己烷泄漏。而其他人则认为，这些泄漏物中一定有许多吨的汽油。

事实上，只要有65毫克的烷烃蒸气挥发到1升的空气里就会引起爆炸。而60加仑(约合273升)的这种物质就足以使1 000米长、2

米直径的下水道发生爆炸。上述事件中发生的连锁爆炸是空气和烷烃蒸气的混合物造成的。当碳氢化合物含量较低时，混合气体将沿着下水道燃烧，当燃烧的火焰每次触及浓度较高的混合气体或到达下水道的弯曲部位时就会发生一次爆炸。

1974年，位于英格兰弗利克斯巴勒的一家化工厂发生爆炸，原因是储放己烷的大气罐着火燃烧。1987年，西班牙圣卡洛斯的一个度假村变成了一个巨大的火球，这是由装液化丙烷气的罐子破裂引起的。1989年，一条沿着横贯西伯利亚的铁路铺设的天然气管道因破裂发生天然气泄漏引起爆炸，吞噬了两列路经事发地点的火车。1984年发生的一次事故最为悲惨，在墨西哥城，一座液化丙烷气的储存仓库发生爆炸，当场炸死542人，4 000多人被严重烧伤。

上面提到的都是已经发生过的事故，这类事故是否还会重演目前还很难讲。但我们有理由相信，我们能够安全地使用甲烷气体。甲烷可以被压缩成液体，其沸点是-165℃。液态甲烷的体积只有气态甲烷的0.2%。通过把甲烷液化，每年都有750亿立方米以上的甲烷气体被用船运往世界各地。利用特殊的运输船，一次可运送250万升液化天然气。

液化天然气需要在-160℃的温度下储存和处理，这一温度在那些热带国家(如海湾国家)意味着要比室外表面温度低240℃。在阿曼，有许多可以容纳1.2亿升液化天然气的储罐，就放在炎热的室外。这是工程师们的杰作，即使在冰箱都无法正常工作的高温下，这些储放液化天然气的罐子也不会爆炸。这些天然气会在接下来的20天里慢慢地蒸发。在文莱，1971年就建起了一个液化天然气储存系统。该系统在25年里一直保持-160℃的低温并仍在安全运行。

除了上述的安全性之外，我们还是会被天然气爆炸带来的阴影笼罩着。幸好研究人员对甲烷气体的特性进行了深入研究，这类事件再次发生的可能性已大大减小。除非多种相当特殊的条件同时具备，否则甲烷气体只会剧烈燃烧，而不会发生爆炸。如果泄漏的天然气开始燃烧，越来越多的燃料被加到燃烧的过程之中，于是体积膨胀，燃烧越来越猛烈，在这种情形下就可能发生爆炸。

研究人员利用激光、微秒内成像的胶片以及对扩散的火焰锋的形状和颜色进行的计算机图像分析，来研究烷烃气体的爆炸。研究表明，灾难产生的关键在于湍流，即湍流促进了空气和烷烃蒸气的完全混合。如果能避免湍流，就能避免爆炸。早期的输油设备、储油设备和化工厂都设计成一个由管道、楼梯、通道和支柱组成的网络。事实上，这个网络恰恰促进了湍流的形成，而这也是许多灾难性事故发生的根源。比如发生在英国弗利克斯巴勒的爆炸就是由湍流引起的。今天，设计师会用更合理的设计取代旧有的设计方案，以防止湍流的产生。

不但如此，现在还有许多能够研究大量烷烃泄漏的测试设备。在给定的条件下，计算机能够预测将发生什么样的事情。计算机能把烷烃的蒸发率、风速、气体所经之地的地形轮廓以及邻近的储存罐都作为变量考虑进去，并能给出在这些情况下最好的行动方案。从细致的研究中编制出来的计算机程序已在全世界范围内得到了应用，化工厂的设计师和安全专家都能使用这一软件。

除了爆炸以外，烃烷气体还会用另一种不那么激烈的方式威胁人们，这种方式可能潜在着更大的危险性。烷烃都是很“好”的温室气体，甚至比二氧化碳还“好”。人类、畜类、水田都把甲烷气体排入到大气之中，从油井、输油管和储油罐中泄漏的天然气也日复一日定量地向空气中注入甲烷。有人认为，俄罗斯一半的天然气产品都因泄漏飘进了天空。天然气能否在不增加这颗行星的负担的情况下大规模地使用，对人们来讲还是一个有待观察的问题。

展位 7 使街道更安全——苯

无论我们把何种燃料加入到家用轿车的油箱之中，为了使燃烧更充分，而且要保护发动机，都需要加入添加剂。其中有一种添加剂是 20 世纪 20 年代发明的，它就是四乙铅，这种化合物能保护发动机，但对人体有害。含铅汽油被禁用之后，就需要发明无铅汽油，即找到一种不含铅的添加剂以改进汽油燃烧的效率。老式汽车是为含铅汽油设计的，新的无铅汽油也要满足老式汽车的要求。有一种特殊的无铅汽油就是为这些老式汽车设计的，这种汽油里加了苯，目的是为了提高燃烧的效率。但苯也是一种污染物。老式汽车的司机们可以选择铅污染或苯污染，至于最终选择了哪一种，那是他们的事。

其他使用无铅汽油的司机大可不必因为他们开的是新式汽车而自鸣得意，以为自己可以避免污染环境之嫌。实际上，大多数汽油都含苯，含铅汽油中含苯 2%左右，超级无铅汽油含苯 5%。甚至无铅汽油里也会有少量的苯。超级无铅汽油与含铅汽油相比，多余的苯可以提高汽油的性能，这使得为含铅汽油设计的老式汽车不得不在含铅与含苯之间作出减少环境污染的选择。很少有司机选择超级无铅汽油，因为它最多只能使销售额增加几个百分点，除此以外并无益处。

上述各种燃料都是用一种液态碳氢化合物异辛烷来衡量的。异辛烷是一种含有 8 个碳原子的碳氢化合物，它的名称产生了所谓的“辛烷值”，这指示了一种等级。异辛烷的辛烷值是 100。当石油被提炼成汽油后，我们就得到一种平均辛烷值小于 100 的一种碳氢化合物的混合物，无铅汽油的辛烷值是 95，即等级为 95。等级为 95 的汽油对现代的发动机来说已足够用了，但对老式发动机没有好处。老式发动机所用的汽油需把等级提高到98，这可以用加入几滴四甲基铅（它比四乙铅更好一些）来解决，加入量一般是每升中加入0.15克。还有一种方法是提炼石油，以使汽油中含有更多的芳香族碳氢化合物，如苯。芳香族化合物也含有较高的辛烷值，一般加入5%左右的苯就可以使等级为95的无铅汽油提高到等级为98的超级无铅汽油。

苯的首次分离是在1825年，由位于伦敦的皇家学会的法拉第完成，他在加热鲸油后放出的气体中找到了苯。炭化焦油能够提供大量的苯，它们曾用于印刷用油墨、速干油漆、干洗液，以及用于防水纤维的橡胶溶液。苯还可以用于制造聚苯乙烯、颜料和尼龙。但现在多数苯是从石油中提炼出来的。

由于苯非常易燃，所以很危险。不但如此，在一个封闭的环境下吸入苯的挥发气体会致死。尽管苯曾经是工业上的常用原料，是家庭常备的有机溶剂，但并不表明它无危险。苯能使实验室里的动物患癌，而且，在苯含量较高的地方工作的工人们较易患上白血病。在第二次世界大战以前就有人怀疑苯会引起白血病，因为有几位与苯接触频繁的人好像就是得了这种病。唐纳德·亨特（Donald Hunter）在他的《职业病》（*The Diseases of Occupations*）一书中写道，到1939年为止，在几万名每天都与苯打交道的人中，已有14位患上了白血病。（有讽刺意味的是，在20世纪初，医生们向患者的骨内注射苯来治疗白血病。）正是由于苯与白血病有联系，引起了人们对在汽油中加苯的“聪明之举”的怀疑。美国提出的安全条例中规定，在公共场合，苯的含量需低于0.1ppm，比英国现行的标准5ppm低得多。但是英国政府部门的专家们已经建议把这一标准修改为平均不得高于5ppb，这是现行标准的千分之一。而且专家们建议，最终应该把苯的含量降到 1ppb。

在早些时候，10ppm 甚至 100ppm 都被认为是安全的。在露天环境下，苯的含量是这一数字的几千分之一，并往往以十亿分之一为单位进行度量。1991 年 12 月的伦敦是一个寒冷的时节，其中有一天苯在空气中的含量高达 13ppb，而一般时候苯的含量是 2ppb 左右。有一些苯来自于车库的前院和正在泄漏的汽油箱封口，但大多数苯来自于没有安装催化转换器的汽车，这些车在不完全燃烧时就会把苯排向空中。今天，由于提炼技术的提高，汽油中苯的含量正在逐渐下降，苯在空气中的含量也应该下降了。在美国，汽油中苯的最大允许含量是 1%，通用汽车公司已研制出一种提炼技术，能够把汽油中全部的苯都除去。不但如此，不用加苯的老办法，已有其他的方法可以提高汽油的辛烷值，如利用含有氧分子的乙醇或乙醚。

另一种降低公共场所中苯浓度的方案是重新设计汽油泵。有三种方法可以达到这一目的。第一种方法是在汽油泵的喷嘴周围放一个波纹管，用来接住注油时从油箱里散发出的油雾，然后把接到的油再注入油箱。第二种方法是在注油时吸出从油箱里散发出的油雾，把它放回车库主人的地下储油罐中。这种方法曾在美国试验过，但司机们并不热心于此道，现在只在洛杉矶使用。第三种办法是用汽车后部行李箱里含碳的金属罐来吸收油雾，然后在汽车开动时把它返还到油箱中。碳可以吸收挥发态的苯。

通过肺部的呼吸把苯吸入人体的数量最大，超过从食物和饮水中吸收的苯。香烟的烟雾中也含有苯，但含量极低，没有额外危险性。1990 年，人们在佩里埃公司生产的饮料中发现了苯，引起了一场恐慌。饮料中的苯来源于使水碳酸化的二氧化碳。即使这样，饮料中的苯含量也不过相当于伦敦上空的苯含量，即 13ppb 左右。它的含量极低，你每天喝一瓶这样的饮料，喝上 100 年也只会摄入0.5 克苯。佩里埃饮料公司立即回收了它的全部零售存货，并很快解决了这个问题，不久就生产出了不含苯的饮料。今天，它的饮料产品完全是“纯净”的，绝无苯的任何痕迹。

展位 8　红色魔法师的魔力——铈

铈是一种很少有人听说过的金属，大约在 200 年前被人们发现，它有可能为解决与交通相关的另一个环境问题提供一条出路。因为氧化铈能够除去柴油发动机排出的废气中 90%的微粒。

有些卫生专家认为，废气对生活在繁华街道附近的人们来讲是一个日益严重的威胁。由于柴油机车辆的数量不断增加，放出的粉尘微粒也在增加。现在，有些国家有 20%多的柴油机新车在出售，和公共汽车、货车、载重卡车和出租汽车一样，这些新车也会放出由细小的碳颗粒组成的烟尘，这些颗粒的大小小于 1 微米。一辆用柴油发动机驱动的汽车在跑 1 英里(约合 1.6 千米)的过程中会放出 330 毫克这种粉尘微粒，而用汽油驱动的发动机只放出 25 毫克粉尘微粒。

粉尘微粒可以停留在肺里，它是引发呼吸道疾病的“凶手”，会引起哮喘和支气管炎。国际肿瘤研究机构的报告说，粉尘中包含一种致癌物质苯并芘。苯并芘在普通的煤烟中也有，甚至在烧焦的面包片里也有。然而，其含量极低，无需担心。人体免疫系统中的反致癌机能能够轻易地使它失去致癌的功能。

粉尘问题在法国显得尤为突出，因为法国有一半的新车用的是柴油发动机。估计一年会排出 8 万吨粉尘。到 20 世纪 90 年代中期，标致汽车公司已成为世界上最大的使用柴油发动机的汽车生产商。这项生产受到了政府的支持，征收的柴油税只有传统汽油税的 1/3。欧洲柴油发动机汽车的产量已经超过每年200万辆，到2000年，这些汽车在一年之内就会排放出20万吨粉尘。

减少粉尘排放的途径之一是用一个硅酸盐制成的过滤器挡住它，然后把它燃烧掉。但这种方法浪费了燃料。法国化工巨子罗纳普朗公司提出了另一种解决方案，即向燃料中加入少量的氧化铈。氧化铈能够对粉尘的燃烧起到催化作用，并能去除它们。你也无需惊讶，因为该公司是世界上铈金属的主要供应商。

只需加入极少量的氧化铈就能发挥功效。1吨(大约是1 400升)柴油中只需加入50克氧化铈，也就是说，一辆柴油发动机驱动的汽车在它的使用寿命期间只需1.5千克的氧化铈添加剂。一辆车上可以装备一个盛有氧化铈的注射筒，它的有效期为10年左右，成本大约是250英镑(400美元)。

铈是一种灰色金属，由于它容易失去光泽，易受水侵蚀，而且一用刀刮便会着火，所以除了制成氧化铈做添加剂以外，铈本身很少有其他的用途。此外，铈可用于硬化钢，用于摄影室里的碳弧灯、探照灯和打火机里的打火石。氧化铈被用于抛光玻璃表面，效率高于传统的氧化铁红粉。有“自我清洁”功能的烤箱壁上也含有氧化铈。它也能够对食物残渣的氧化过程进行催化，这些残渣主要是碳。

铈(cerium)是瑞典化学家贝采里乌斯和希辛格(Wilhelm Hisinger)在1803年首次发现的，他们用当时发现不久的小行星谷神星(Ceres)的名字为这种新的元素命名。事实上，直到70年后，两位美国化学家希勒布兰德(William Hillebrand)和诺顿(Thomas Norton)才首次得到了纯净的铈金属样品。铈是稀土元素族中的一种。稀土元素在难以分离和提纯方面表现出的特性很相似。

铈在自然界中分布很广，人体中平均含有40毫克，但人们对它所起的生物作用并不了解。铈无毒，铈盐曾经被用作治疗孕妇晨吐和晕车的药物。由于它对人体完全无害，含铈的色素有可能成为涂料、油墨和塑料中有毒金属色素的潜在替代物。如果用含铈的颜料制成交通指示灯，则会更加醒目，尤其是红色的指示灯远比以前的醒目。红色颜料是各种颜料中销售量最大的一种，全世界年销售额超过5亿英镑(7.5亿美元)。

硫化铈是一种无毒的鲜红色颜料，它注定会取代由一些有毒金属如镉、汞和铅制成的颜料。(你将在第八展馆见到其中的两种金属)。直到最近，镉红才成为红色颜料中较受欢迎的一种，但对像镉这样的重金属的使用有着极严格的规定，其他重金属，如铅和汞也一样，它们都是有毒的。遗憾的是，目前使用的大多数的红色金属颜料中都含有这些有毒金属。硫化铈也是一种鲜红色的化合物，在温度高达350℃时仍能保持稳定。它甚至能产生自身特有的“颜色间隔”，原因是它能产生其他颜料不具备的各种程度不同的红色。硫化铈是在硫蒸气中加热铈金属的蒸气得到的。加入微量的其他稀有金属，它就能产生一排颜色，从深栗色到鲜红色再到明亮的橘红色。

如果把铈的这些新用途估计在内，那么铈的需求量最终会猛增，年需求量可达到几十万吨。那么有没有足够多的铈矿石来满足全世界的需求呢？稀土金属专家马埃斯特罗(Patrick Maestro)写了一本《柯克—奥思默化工技术百科全书》(*Kirk-Othmer Encyclopaedia of Chemical Technology*)，其中就涉及了这个问题。他指出，铈是地球上稀土金属中含量最丰富的一种，比铜和铅更为普遍。

用作燃料添加剂和颜料并不是铈的需求量将增加的唯一原因。生产纯平电视屏幕、低能耗的电灯泡和磁—光转换的光盘都需要用到金属铈。最能享用铈金属的多种益处的国家是中国，因为中国是世界上铈矿石最丰富的国家。全世界铈的储量大约是5 000万吨，中国就占了3 600万吨以上。此外，其他的铈矿主要分布在美国、印度和澳大利亚。

展位9　挽救树木——醋酸钙镁

今后，不但汽车所用的燃料是个问题，而且在燃料中加入的添加剂也是一个问题。有时我们会遇到路面结冰而不能行驶的情况。当冬天来临时，为了使市内路面适于行驶而常撒上些盐，这严重威胁了道路两旁的植物，尤其是树木。一个不甚寒冷的冬天能够挽救成千上万棵城市里的树木。这不仅是由于树木免受了霜冻之苦，更是由于免遭了为去除道路冰雪所用的盐的伤害。在严冬里，需要撒大量的盐来维持路面不结冰，这不仅杀死了路边大量的树苗，而且使成年的树木也难以幸免。

在城市街道和快行道两侧只种植耐盐的树木是解决方案之一。所有的树木都会受到盐的影响，但有些树种受影响较小，如橡树和白杨树。只要它们长大以后，就具备了抗盐的能力，但这是一项长期的解决方案。在将来，如果市政当局下决心采取另一种对环境很友好的除冰方案取代撒盐的做法，那么树木就得救了。这一方案就是利用醋酸钙镁(CMA)。它是由美国和欧洲的化学家研制出来的。与盐相比，它不但对植物的危害要小，事实上，它还能通过使土壤渗入更多的水和空气，从而有利于植物的生长。来自美国的基本检验结论表明，CMA对树木不会产生能够观察得到的危害，相比而言，相同浓度的盐却会使树木死亡。此外，钙和镁是植物必需的营养物质。

CMA所含的醋酸根对植物也大有好处。醋酸根是该化合物带负电的部分，它与氯离子不同，尽管氯离子是盐的带负电的部分，醋酸根不会像氯离子那样对路基和桥梁中用来加固混凝土的钢柱和钢筋起腐蚀作用。从长远考虑，CMA 的这一优点是它优于其他解冻剂的主要原因，甚至比保护路边的树木和其他植物不受盐的危害更为重要。即便如此，它还要和那些不含氯离子的解冻剂竞争，争出一个孰优孰劣来。不含氯离子的解冻剂有很多，如尿素和乙二醇。尿素虽然便宜，但效率不高，而且会引起其他的环境问题。尿素是农业上常用的氮肥，它会分解成氨水，而氨水对河里的鱼类是有毒害作用的。它会污染排出尿素和氨水的下水道，下水道中的物质流入小溪和河流，又进一步引起污染。乙二醇是汽车用的防冻剂，但令人遗憾的是，它有一定的毒性。所以它的广泛使用必定会遭到反对。不仅如此，它还有点打滑，使得喷洒了乙二醇的道路更像滑道。乙二醇常用于飞机起飞之前除去机翼上的冰霜。CMA 没有尿素和乙二醇提到的上述缺点，毒性检验也表明它的毒性甚至比盐还小。

解冻剂背后包含的化学原理是，任何化学物质溶液的凝固点总是低于水的凝固点。化学物质的溶解度越高，其溶液的凝固点越低。普通盐的浓溶液在 -21℃时仍能保持液态。正因为如此，在冰和雪上撒盐就可以使它们融化，通过排水道排走。

用盐解决问题的最大优势即在于它便宜，但我们也要看到，盐对钢筋混凝土制成的桥梁和高架车道产生的破坏作用是很大的，其修理费是盐本身价值的 1 000 倍。建路时所用的钢材和铁件只要接触了盐的溶液就会很快锈蚀。锈蚀产生膨胀，膨胀又会使混凝土发生断裂，于是钢件就需要重新加固。在英格兰西北部的柴郡，有一座位于 M6 快车道上的塞尔沃尔高架桥，该桥是一座长约 1 英里(约合 1.6 千米)的高架公路桥。在一个普通的冬天，要除掉这样一座桥上的冰雪大约需要 15 吨的盐，在迄今为止的 25 年里，这些盐的总成本约为 1 万英镑(约合1.5万美元)。然而，这座桥因撒盐而遭到了严重的破坏，为了修复这座桥却要花掉1 000万英镑(约合1 500万美元)。发生在威尔士的事故更牵动人心，1985年阿尼西格沃斯桥坍塌，桥体落入塔尔伯特港附近的阿凡河中，坍塌的直接原因就是盐的侵蚀。

再说CMA，由于它的成本是盐的10倍甚至20倍，即使CMA的使用比盐的使用延续时间更长，但由于价格上的差异，目前CMA还是无法和盐一争高下。但由于CMA对桥梁、高架桥和城市街道两侧的树木的影响几乎可以忽略，所以它实际上是一种很经济的解冻剂。事实上，对CMA所做的检验证明，它不但不使钢铁生锈，而且能保护它不生锈。

CMA是用含镁的石灰石生产出来的，这种石灰石的储量很大。这种矿石是碳酸钙和碳酸镁的混合物，加热之后就可以转变为各自的氧化物，然后让氧化钙、氧化镁和醋酸反应就会生成CMA。迄今为止，CMA的成本一直限制着它的应用，可能在将来，它的使用还会受到制约。但也许我们应该为保护树木和其他植物多付出一些代价，因为正是树木和我们一起在自然环境中和谐共存。在炎炎盛夏，它为城市里的居民提供了可供乘凉的亭亭华盖，难道我们不应该努力保护它们吗?

展位10　“轰”！你还没死！——叠氮化钠

如果你驾着车撞到了路边的一棵树上，你可能会对这些美丽的树木对环境所作出的美学意义上的贡献略有微词，但当你从扭曲的汽车里狼狈地爬出来时，你会由衷地感谢本展位展出的化合物，正是它救了卿卿性命。叠氮化钠看起来是一种非常危险的化学物质——毕竟它具有强烈的毒性和爆炸性，但它能在瞬间发挥作用，挽救你的生命。

现代汽车工业生产出来的汽车是工程技术的伟大创举，生产时为在撞车事故中挽救车内人员生命所采取的安全性措施不少，包括有缓冲能量的汽车保险杠、具有缓冲作用的仪表盘、车门上的压缩卷轴、汽车司机和乘客的头部保护装置、安全带、防锁定的制动装置以及加固过的车顶篷。尽管有了这些保护性措施，但仍然不够，人们还是会在事故发生时死于车内，危险最大的是司机和坐在前排的乘客。根据美国国家公路交通安全管理局的调查，每年都有 2 万名坐在汽车前排的人因事故丧生，3 万人受伤后需要接受医院的治疗。

挽救这些人生命的方法之一就是把本展位展出的这种相当危险的化学物质叠氮化钠放入车中，只需 250 克(约合半磅)即可救人于危难之中。当汽车发生剧烈碰撞时会触发这种化学物质产生爆炸，使气袋立即膨胀，从而保护车中乘员的安全。气袋可以保护坐在车前排的乘员在发生撞击时不致使头部和颈部撞在钢架、仪表盘或挡风玻璃上。迄今为止，仅在美国，这种气袋就挽救了超过 1 200 名乘客的生命，然而，也有大约 50 位乘客因颈部折断而死亡。但这些乘客大多数是因遭受其他伤害而死亡，与气袋关系不大。现在，几乎所有的新车都配备了为司机和前排乘客准备的气袋。有些汽车还安装了侧部的保护气袋，以防来自汽车侧面的撞击。这样一来，就可以使乘客受到伤害的可能性又降低 1/3 左右。

生产商在 20 世纪 50 年代就为气袋申请了专利。当时的设计是使气体从一个压缩气罐里释放出来，填充气袋。由于压缩气罐不可预料的特性和气罐内压力变化的原因，这种做法很不可靠，所以流行不起来。解决之道就是用叠氮化钠来取代压缩气罐，通过在碰撞时使叠氮化钠“爆炸”来产生大量气体。一定数量的叠氮化钠可以在极短的时间内放出数量一定的氮气，这有利于整个过程的控制。

使气袋充气的过程如下。假设你正在驾驶着一辆汽车，撞到了另一辆车或某个固定物体。如果撞击速度高于每小时10英里(约合16千米)，就会记录在电子控制器的传感器内，由电子控制器决定是否打开气袋。此控制器可能位于汽车的前部，或者靠近司机放脚的地方，或者可以和气袋放在一起。控制器会分析汽车产生的负加速度，以区分出产生的碰撞是来自于撞车或撞墙之类有生命危险的事故，还是仅仅由于颠簸造成的。如果是前者，它将发动起爆器(也叫爆筒)，接下来就点燃叠氮化钠。叠氮化钠的爆炸会产生大量气体，当这些气体充入尼龙气袋时会受到过滤。当司机和前排乘客向前冲时，气袋可以起到缓冲作用，从而使他们免受致命的伤害。控制器分析撞击并能使气袋膨胀在0.025秒之内完成，这比一眨眼的速度还快4倍。千分之几秒后，司机和前排乘客会撞在气袋上，然后气袋会立即收缩，热的氮气能在可控方式下从两旁泄掉。

在美国，司机所用的气袋在膨胀时会产生70升气体。由于乘客席所占的空间较大，因此乘客所用的气袋也较大，膨胀时会有两倍于司机所用气袋的气体。这些气袋之所以设计得比较大，原因是为了保护不系安全带的乘员。在欧洲，系安全带是强制性的规定，所以所需的气袋就小一些(司机用气袋内含30升气体)，主要用来保护头部和颈部免受致命的伤害。

能使气袋正常发挥作用的混合化学物质就是所谓的爆炸剂，其中包括叠氮化钠、硝酸钾和二氧化硅。这一系列化学反应是从电子打火装置点燃叠氮化钠(化学分子式是 NaN_3)开始的。这能使局部温度上升到300℃，足以使大部分爆炸物迅速开始分解。首先，叠氮化钠燃烧产生出熔化的金属钠和氮气的混合物。然后，金属钠和硝酸钾反应释放出更多的氮气并形成氧化钾和氧化钠。这些氧化物会立即与二氧化硅结合，形成无害的硅酸钠玻璃。然后经过过滤，只有氮气充进了气袋。

叠氮化钠是一种白色的晶体状粉末，含有带正电的钠离子和带负电的叠氮离子。叠氮离子是该反应的主角。这种奇怪的化学物质是由三个氮原子结合在一起形成的。既然是这样，这种化学物质具有转化为更为稳定的氮气分子的特性就不让人觉得惊奇了。氮气分子是两个氮原子的结合，叠氮离子有50%的概率变为氮气。在实验室里，当叠氮化钠转化为氮气分子后，就会产生出金属钠，这是提取研究用的超级纯净的钠样品的方法之一。

工业上生产叠氮化钠是利用酰胺钠和二氧化氮气体反应生成的。除了用于气袋中的爆燃物，它还有许多其他的用途。叠氮化钠可以转化为叠氮氢酸，然后变成其他的无机盐，如叠氮化铅，可以用作起爆剂。叠氮化钠的毒性很强，在农业上曾被用作杀灭线虫和杂草的药品，另外它还可以减缓水果的腐烂。叠氮化钠对人类也是危险的，它的毒性甚至比氰化物还强烈。如果吸入了它的尘埃，就会产生鼻部、喉部和肺部的强烈刺激。叠氮化合物是一种代谢类毒药，它能寄存在酶之中，如细胞色素氧化酶和过氧化氢酶，并会严重影响心血管系统，导致高血压、呼吸异常、心律不齐、体温过低、痉挛，甚至可能死亡。然而，叠氮化钠不是致癌物质。

很显然，我们最好尽可能避开叠氮化钠。实际上，在欧洲和亚洲的一些地区，生产商已经在使用其他的爆燃剂来代替叠氮化钠产生气袋所需的气体，如氨基四氮杂茂和硝酸氨基胍。这些爆燃剂在爆炸时会生成少量的一氧化碳，但当气袋收缩时，排出的气体不会对车内人员产生严重的影响。

气袋解决了一个问题却又产生了另一个有关它们自身的问题：

在汽车最后废弃时，如何处理气袋里的叠氮化钠？要处理这些 100 克至 250 克的叠氮化钠或其他爆燃剂，需要运用怎样的手段？对它们进行可控的焚化是使它们转化为无害物质的方法之一。但还有一条更好的方案：利用超临界水的氧化作用(见第六展馆里的展位 8)来处理，这样可以使这些爆燃剂转化为无毒的气体，如氮气和二氧化碳。

另一种方案是试图绕过这个令人头疼的处理问题，用其他能产生气体的物质来代替各种爆燃剂。现在，有一种重新回归最早期的气袋的倾向，那时的气袋就是把压缩气体(如氩)放在压缩气罐之中。在一个被称为“混合器”的装置里，由极少量的爆燃物触发，可以瞬时加热氩气，一下子冲开压缩气罐，把原先装入的压缩气体排入气袋中。在许多车辆里，更紧凑的叠氮化钠驱动的气袋被安装在方向盘上，而乘客所用的气袋就采用混合压缩气驱动的大一些的气袋，因为在仪表盘上有更多的地方可以容纳下这一装置。

如果在压缩气罐中装入一点爆炸性的混合气体，则可以完全不用爆燃剂。这些爆炸性混合气体有氢气加空气或丁烷加二氧化氮等。这些混合气体可以被点燃，立即发生爆炸，然后惰性气体就会充满整个气袋。这种气袋的膨胀速度比叠氮化钠气袋的膨胀速度更快。对于放置在汽车侧面的气袋这是一大优点，因为侧面的空间小，在碰撞时只有膨胀得更快才能起到保护作用。

人们对气袋普遍有一种畏惧心理。首先，他们害怕爆炸物发生爆炸时产生的巨响会把他们震聋；其次，他们害怕仍会被撞得失去知觉，导致脸埋在气袋里产生窒息。事实上这两种危险都从未发生过，所以这些担心都是不必要的。大多数遭遇撞车的人都注意不到气袋张开时产生的声响，因为碰撞本身产生的轰响会淹没气袋的声音。其次，人也不会产生窒息，因为设计人员在设计气袋时就已考虑到了这一点，在乘员扑到气袋上1秒钟之内，气袋就会完全收缩。

但几乎有一半的人遇到撞击事故时，都会在气袋打开的情况下受到某些形式的损伤，尽管一般只是轻微的受伤。少数不走运的人还会因为撞击的力量太大出现脑震荡和骨折。1996年11月，弗吉尼亚州阿灵顿的公路安全保险协会的弗格森(Susan Ferguson)，在德国卡尔斯鲁厄召开的2000年气袋研讨会上提交了一份气袋致死案例的详细研究报告。那些因气袋致死的案例大多是婴儿、小孩或者老年人，他们往往把头放得过于靠近方向盘，当气袋迅速膨胀时，头部会被猛烈地撞到后面去。如果母亲坐在前排座位上，面对面地怀抱婴儿，那么孩子在事故中是最危险的。一个快速充气的气袋在膨胀时产生的冲力如果方向不对，会对婴儿有致命的伤害。1996年，在美国爱达荷州的商业中心发生了一起事故，一个小女孩被她母亲用带子捆扎在汽车的前排座位上，可她母亲驾车撞到了一辆停泊着的汽车，气袋打开时产生的冲力把小女孩子的头都削掉了。这种恐怖的事故容易让我们怀疑气袋的价值，但这也许是为了更好地保护和挽救许多生命不得不付出的极少发生的不幸代价。

第八展馆
来自地狱的元素
——恶毒的分子

“通向地狱的道路是由善意铺成的”，这句古代谚语所言非谬。在本展馆你将体会到这一点。但同样正确的是“通向地狱的道路可以由恶意铺成”这句话——有时候所有的路都直通到烈焰般的地狱里。我们不能说某某元素真是从地狱里来的，也不能说某某分子来自地狱，但它们能够造成的后果甚至连魔鬼撒旦也不能比肩。

天然存在的一些元素可能毒性非常强烈，比如铍和铅；有些天然存在的一些分子毒性也会很强，比如颠茄碱。我们在其他展馆已经看到，当化学家发现了一种天然存在的分子有着他们想要得到的性质时，他们常常有可能制造出一个与这种分子相似但更为安全的新“版本”，它能保留这些性质，甚至能加强这些性质。与此同时他们不想要的副作用就可能被去除，至少也能得到抑制。反之亦然，如果人们对某种分子的杀灭功能感兴趣，化学家就会把这一功能提取出来。恰恰是该分子极其危险的性质可以成为恶意暴徒的杀手锏。现在就开始我们的地狱之旅吧，我们首先遭遇的是一种名叫沙林的可怕的分子。

展位 1　生者与死者——沙林

希特勒(Adolf Hitler)有没有可能挽救他的第三帝国覆灭的命运呢？我以一个化学家的眼光来看，极有可能。他所需的仅仅是一种秘密武器，在盟军于 1944 年 6 月 6 日(即 D 日)在法国北部诺曼底海岸登陆的当天，用这种武器把他们全部消灭。然后乘着西线这种迅猛的胜利势头把大军调往东线迎击苏联人，就很有可能把这些已打到德国境内的苏联红军一举歼灭。

希特勒对秘密武器很着迷。有些秘密武器正是工程技术的伟大创造，而且具有极大的杀伤力，如喷气式战斗机、V1 导弹和 V2 火箭弹。但这些武器研制得太慢了，还来不及为挽救第三帝国的厄运出一把力。但实际上，希特勒手中有一种造价低廉并很容易制造的王牌武器，它原本能够阻止盟军锐不可挡的进攻势头，但希特勒从来没有用过它。这种武器就是神经性毒气沙林。对这种毒气，盟军没有丝毫的防范能力，因为他们压根儿就不知道它的存在。1944 年底，德国已在批量生产这种毒气，但纳粹集团基于一个错误的判断，以为盟军会用同样的毒气予以报复，以牙还牙，所以收回了所有的毒气。

然而，希特勒在第二次世界大战期间弃而不用的东西，后来倒是被另一些人变本加厉地使用起来，从而导致了 12 人死亡、5 000 多人受伤的悲惨事件。这就是日本奥姆真理教的教徒于 1995 年 4 月 19 日上午，在上班的人流高峰期，向东京地铁里施放沙林毒气造成的惨剧。这伙人于前一年，在日本的松本已施放了沙林毒气，并夺去了 7 个无辜平民的生命。

奥姆真理教的计划是在早上 8 点 15 分，即东京地铁人流的高峰时刻向 5 列在霞关地铁站集中的地铁列车内施放沙林毒气，使东京陷入一场混乱。这伙人很清楚，东京都警察局和国家警事厅的很多工作人员都在使用这一地铁站，在那个时刻，无论是列车内或站台上都会有很多警员和警官。沙林被装进密封的塑料袋内，再将塑料袋放在卷起的报纸里，由这个邪教的恐怖分子丢在列车的地板上，然后他们用带尖头的雨伞把塑料袋戳破，在列车到达霞关站前的某一站时，他们就从各自乘坐的列车上下来。

纯净的沙林气体是没有气味的，因此人们本来应该感觉不到。但奥姆真理教的教徒们使用的只是纯度为 30% 的沙林气体，由于杂质带来的气味引起了乘客们的警觉，还有人开始觉得不舒服。但当有人步履艰难地从车上下来、咳嗽着倒下之际，列车沿线各站的上班族还是不停地向车内涌。当周围一些乘客倒在车厢地板上痛苦地打滚并口吐白沫时，车厢里的其他乘客真的慌了。

丸内线上一个地铁站站长注意到了引起混乱的报纸包扎物，他迅速地用扫帚和簸箕把它扫出了列车。于是列车又开动了，而且还开了一个小时，其间还是不停地上下乘客。这辆列车不仅经过了霞关站，而且又开到了终点。继而又折回，又经过霞关站。等到该列车再次折回第三次经过霞关站时，由于车内的沙林气体在不断折磨车上的乘客，该列车才在 9 点 27 分停了下来。

在所有乘客中共有 5 500 多人受到伤害，幸运的是只有 12 人死亡。东京 169 所医院挤满了病人，从第一个病人进医院到首次正确诊断之间隔了 2 个小时，那位作出英明判断的医生是一位军医，他认为这些患者是受到了神经性毒气的侵袭。随后的几天和几周里，不断有病人被送进医院，他们已经出现了因延误治疗时间而引起的症状。

由于沙林具有施用量很少而杀伤力极大(夺去人这种生物的生命不成问题)的特点，有人也把它比喻为穷人的原子弹。沙林不是一种气体，而是一种无色的液体，沸点为 147℃。然而，它的挥发性已足以使它的气雾污染空气，达到致命的浓度。它可以使吸入了该气雾的人产生中枢神经系统混乱，在东京地铁事件中就有许多人出现了这种症状。而且吸入了这种气雾的人并不会感到任何危险的存在，因为纯净的沙林是没有气味的，你根本意识不到危险已经临近。沙林能通过麻痹肺部和心脏的神经与肌肉夺去人们的生命。

沙林是由甲基磷酸的二氯化物、异丙醇和氟化钠制造出来的，这些化学药品到处都可以买到。但这些原料的贸易在世界范围内受到监督机构的严格管制，原因就在于用它们能合成沙林。那些希望合成沙林的生产者面临的危险将来自于他们将要合成的最终产品本身，即沙林。如果直接接触沙林，一不小心，只要有一滴沙林液体落到皮肤上就能致命。仅1毫克沙林就足以夺去一位成年人的生命，而事实上，只需把1盎司(约合28克)沙林喷向空中形成细雾飘散，就可以夺去一个中等大小的镇子里所有2.5万人的生命。

德国化学家施拉德尔(Gerhard Schrader)于1937年发现了神经性毒气塔崩(tabun，二甲氨基氰磷酸乙酯，也是一种神经性毒气)和沙林。那时，他正在联合化学企业法尔本公司工作，他测试了多种磷化物的杀虫特性，想找出一种理想的杀虫剂。施拉德尔并不是第一个合成了这两种分子的科学家。早在1902年的科技杂志上就有关于这两种分子的报道，但施拉德尔是第一个意识到这两种分子具有极强杀灭功能的科学家。他还找到了一条更合理的生产方法，1938年法尔本公司还为此申请了专利。当纳粹意识到了这两种新化合物的毒性有多么强烈时，他们立即对此严格保密，并给了这两种新的化合物一个名为N-施托夫的代号。他们不但用豚鼠做实验，而且用猿，甚至用集中营内密集的人群做实验。

在第二次世界大战的扫尾阶段，位于法兰克福的法尔本公司总部的工作人员焚毁了所有的试验记录，但是，德军对沙林进行测试的细节在纽伦堡审判的过程中又被揭发出来。不管怎么样，在第二次世界大战快要结束时，盟军找到了大量神经性毒气制成品，堆积在德军的仓库里。德国的化学工厂曾经以月产量几百吨的速度生产这些毒气产品，它们足以把地球上所有的活人变成僵尸。

在斯皮尔(Albert Speer)的回忆录《第三帝国内幕》(*Inside the Third Reich*)一书中，这位曾任德军战略物资和军备部部长的作者说，他曾慎重考虑过，在1945年初，利用位于柏林地下暗堡内的德军大本营的通风管道施放神经性毒气来暗杀希特勒。然而，通风管道的入口突然被堵上了，目的就是为了防范突如其来的毒气攻击，所以他的计划也落空了。

英国化学家在第二次世界大战期间也在类似的含磷分子上下了功夫，但他们没有发现塔崩，也没有发现沙林。尽管他们也合成出了类似的分子，但这些分子的毒性连第一次世界大战期间使用的光气和芥子气的毒性都赶不上，所以当时盟军储备的还是那些早期毒性较差的战争用毒气。

沙林是一种有机磷酸酯类化合物，这个名称常常容易和有机磷酸盐混淆。而后者是一类常用的杀虫剂，可用于杀灭绵羊滴虫。实际上，这两种化合物都能用于杀死害虫，沙林就曾被试验用于杀死一种叫木虱的植物寄生虫，这种虫子会破坏葡萄藤。将浓度为0.1%的沙林喷在葡萄树根附近的土地上，就能够彻彻底底地杀灭木虱。它的功效如此之强，作为杀虫剂是过于危险了。

沙林分子含有一个磷原子，它被另外四个原子或原子基团束缚住，也就是氧原子、氟原子、一个丙氧基和一个甲基。最后这个甲基基团决定了该分子是一种有机磷的化合物，因为这种化合物分子中都有一个碳磷键。而有机磷酸盐杀虫剂就缺少这样的碳磷键，这使得它在大多数情况下对哺乳动物的毒性大大降低，但对昆虫来讲，它仍是致命的。

沙林之所以被称为神经性毒气，就因为它作用于人体的方式是麻痹中枢神经系统。它正是通过破坏人体中一种关键的酶——胆碱酯酶达到这种效果的。当充当信使的化合物乙酰胆碱跨越神经末梢—神经末梢接头区，完成了它传递信号的使命后，就需要这种酶来消除乙酰胆碱的有效性。一个电脉冲沿着神经纤维传导并使神经末梢释放出乙酰胆碱，乙酰胆碱就在下一个神经细胞的神经末梢触发一个脉冲。一旦乙酰胆碱完成了它的任务，它就必须被清除掉。至于清除工作，那就是胆碱酯酶所要做的了。如果传递信号的化学分子乙酰胆碱没有被清除掉，它就会持续刺激未受抑制的神经末梢，从而导致肌肉痉挛、剧烈抽搐。如果心脏或肺部受到影响就可能导致死亡。神经性毒气能极有效地抑制胆碱酯酶的产生，因而只需一小滴就可以夺人性命。

沙林中毒的第一个征兆是半失明，这是由沙林分子作用于眼部神经和肌肉导致的现象。在起始阶段并不会导致全部失明。现在，战场上的部队和医院的药库里都配有对付沙林的解毒剂。令人遗憾的是，这些解毒剂恐怕早晚有一天会派上用场，因为沙林一直都是能够引起大规模恐慌的武器，它的威慑力从未消失。幸好我们可以利用成本相对较低的方法使沙林失效。这种方法是用解毒剂治疗或者用清洗手段。沙林分子很容易被碱性溶液消解毒性，把清洗用的苏打和家用漂白剂混合在一起制成的溶液就能除去沙林分子里的氯原子，从而使它变成不挥发而且无毒性的物质。

神经性毒气的解毒剂包括阿托品(颠茄碱)，它能和肟一起抵消掉沙林分子的作用。其中阿托品能抵消未受抑制的乙酰胆碱的作用，而肟能够释放出受沙林阻抑的胆碱酯酶，从而使神经系统的机能恢复正常。阿托品在这里所起的作用的确很有意思，这是典型的以毒攻毒，因为阿托品本身就是毒药。蓄意利用阿托品下毒的案例现在看来很少，但并不是没有。在下一个展位我们就会讨论这种自然存在的分子。

展位 2　亲爱的，杜松子酒和补酒的滋味怎么样？——阿托品

买 1 克阿托品花不了 5 英镑(约合 8 美元)，但它足以毒死自己的妻子，并在当地超市的货架上留下掺入烈酒的补酒的伪装痕迹。这就是苏格兰爱丁堡的生物化学讲师保罗 · 阿古特(Paul Agutter)想的美

事。当他准备在1994年8月杀掉妻子亚历山德丽娅(Alexandria)时，他的计划虽几近成功却终又露了马脚。一个极巧合的事情使他的恶毒阴谋败露，挽救了他妻子的生命。事发后，阿古特被拘捕，通过审讯，警察发现了他的阴谋和企图谋杀的动机。随后他被判了12年监禁。

上面所说的令人惊叹的巧合是指被阿古特做了手脚的第一批补酒中有一瓶恰恰落到了沙伍德-史密斯(Geoffrey Sharwood-Smith)博士的家中，这位博士是位资深麻醉医师，对阿托品中毒的征兆很熟悉。沙伍德-史密斯的妻子和儿子在喝了杜松子酒和补酒之后就生病了，沙伍德-史密斯立即通知了他们就诊的医院，认为他们中了阿托品的毒。

在此后的几天里，5位当地的居民承认自己也出现了阿托品中毒的症状，其中包括阿古特夫人这位唯一的设伏对象。人们对阿古特夫人所饮的杜松子酒和补酒化验后，证明了她所饮的酒中阿托品含量高于超市里卖的酒中的阿托品含量，因此揭露出她丈夫谋杀的意图。阿古特的原定计划是杀掉自己的“黄脸婆”，继承她的家庭的遗产份额，然后同他的情妇结婚。阿古特真是机关算尽，他选择了阿托品实为“明智之举”。阿托品这种毒药可以由身体进行代谢，到导致死亡时，只会在体内留下细微的痕迹而已。阿托品不会引起发炎，因此在做尸体解剖时，病理学家也不会观察到体内脏器有炎症。

在美国，阿托品致死的案例往往发生在十几岁的少年身上。有些十几岁的孩子为了长高，会摘采一种叫“天使的喇叭”的装饰用灌木的叶子制成茶叶泡水饮用。这种植物能产生大量的阿托品，而很少剂量的阿托品就能使人产生幻觉，服用过多会引起麻痹和记忆丧失，有时连命也保不住。美国疾病预防与控制中心已向全国发出警告，以防止来自“天使的喇叭”的阿托品中毒症的蔓延。在佛罗里达州梅特兰，市政参议会则更进一步，宣布种植“天使的喇叭”这种植物为非法行为。

阿托品这种毒药的一个更广为人知的自然来源就是可以致命的龙葵。龙葵的植物学名称是*阿托品颠茄*，正是从龙葵的植物学名称中才诞生了阿托品这个名称。龙葵的一颗浆果就足以杀死一个儿童。当然，这种事情极少发生，因为龙葵的果实很苦，人们吃下之后会立即把它吐出来。阿托品的浓度为万分之一时就能被人尝出来，这就是阿古特要偷偷地把阿托品加入补酒中的原因。因为杜松子酒的基本成分中含有奎宁，味道已经比较苦了，这可以掩盖阿托品的苦味，不会引起人们的注意。

曼(John Mann)写了一本很有意思的书，叫《谋杀、巫术和药品》(*Murder, Magic and Medicine*)。书中谈到埃及女王克娄巴特拉(Cleopatra)曾对毒药进行过仔细的研究，试图找到一种最适宜于自杀的毒药，以便在她失败之时使用，其中就包括颠茄。她的情人安东尼(Anthony)在公元前31年的亚克兴战役中临阵脱逃，她命令一个奴隶把毒药送给他，他吃下之后很快就死了，当然他死得十分痛苦。(进一步的研究发现，有一种非洲小毒蛇角蝰的毒液也能迅速致死，而且会死得相当平静，所以克娄巴特拉自己选择了角蝰。)曼怀疑另一桩古代谋杀案用的也是阿托品。莉维娅(Livia)是罗马皇帝奥古斯都(Augustus)的妻子，她设计了对贵族的系列谋杀。她可能就是用颠茄来消灭那些可能继承她丈夫的皇位成为罗马皇帝的贵族的。为了保证她的儿子提比略顺利登基继承帝业，她决心采用谋杀达此目的。后来她成功了，提比略成了罗马皇帝。我们已在第四展馆里看到过由此产生的颇为遗憾的后果。

到了文艺复兴时期，颠茄成了人们进行眼部装饰的时髦化妆品。事实上，颠茄这一名称就来自于意大利语的“漂亮女人”一词。女人们把颠茄的浆果压出汁，将其涂在眼部，颠茄里含的阿托品能引起瞳孔放大的生理反射，从而使女人的眼睛看上去像时髦的雌鹿的眼睛。这样涂抹一次效果可持续好几天。在20世纪，一些女演员仍用此法来美化自己的眼睛。而且，眼科大夫要仔细检查病人眼睛内部时，也用它来放大瞳孔。

阿托品是一种白色无味的结晶粉末，熔点是114℃，由两位德国化学家盖格(Geiger)和赫斯(Hess)在1833年首次分离出来。他们从黑色、泛着光泽、樱桃大小而又致命的龙葵浆果里分离出了阿托品。地中海周围的森林地带有很多这种长得高高的灌木，而且，在法国还有人种植龙葵。纯净的阿托品在水中的溶解度并不高。医生要把它用于治疗目的时，常选择它的一种易溶解的衍生物，如阿托品的硫酸盐。用于治疗目的时，给予病人的含量是很低的，一般小于1毫克。如果大剂量服用会引起视力模糊、兴奋、谵妄。要想利用阿托品杀人，被暗算的人至少需要服下1克才能成功。

阿托品本身是一种可以致命的毒药，然而它又是其他毒药，如氨基甲酸酯剂和有机磷化物等农用杀虫剂的解毒剂。正如我们在上一个展位看到的那样，它还是最致命的化学药品——神经性毒气的解毒剂。1991—1992年，在海湾战争中作战的美国士兵就背着阿托品和磷定，万一出现神经性毒气的侵袭，他们就给自己注射这种解毒剂。该物质奇妙的二重性和治疗特性来源于阿托品作用的部位——神经末梢。阿托品能立即使神经末梢恢复平静，而磷定能重新释放出被毒气阻抑的酶，使这种酶重新发挥作用，从而使神经系统又能正常地发挥功能。

在体内，阿托品能阻止信号传递分子乙酰胆碱的形成。第一步的影响就是它能吸收体液，如唾液、泪液、黏液、痰、汗液和尿液等。这也是医生在手术前会让病人服下阿托品以减少体液的原因。在不同的时期，阿托品曾被作为一个治疗多种不适症的药方，如出现体液分泌过多的病情时，像花粉热、感冒和腹泻。它还一度被当作治疗尿床的药。

并非所有的生物体都会受到阿托品的负面影响。有一种生活在泥土里的细菌叫假单孢菌，能安然无恙地对付阿托品，它能把阿托品分子解构，然后提取出其中的碳原子和氮原子。由于好几种植物都能自然产生少量阿托品这种有毒物质，如果没有细菌来分解，阿托品在自然界中的数量就会逐渐增加。

展位 3　对付骚乱的人群——CS 气

并非所有刺激人体并产生不适反应的化学药品都是危险的有毒物质。有几种化学药品(如 CS 气)已被用于遏制罪犯，甚至用于更大范围地控制闹事的人群。有些事情往往是这样的，你可能很欣赏它的某一方面的用途，却极其反感它的另一方面的用途，尤其是当你很同情进行抗议的一方，却又不得不动用 CS 气来应付局面时，就会感到左右为难。

世界各地的警察都常会携带一个装有 CS 气的罐子。实际上，CS 气不是一种气体而是一种白色固体，熔点为 96℃。罐子里装的是溶解在一种溶剂里的 CS 溶液。CS 在水中不会溶解，警察携带的是溶于甲基异丁基酮的浓度为 5% 的 CS 溶液，这种溶剂是一种安全溶剂。当把 CS 喷向抗议者的眼部时，被喷洒的人会立刻无法控制地流泪。有人认为 CS 是瓦解攻击的最安全的方式，但它也会引起伤害。

北英格兰利兹大学的海(Alastair Hay)对毒理学进行了长期专门的研究。他是英国化学战与生物战工作小组的主席，该小组对类似于CS这样的药剂进行了多年的监控。海对CS气的看法是，从理论上讲，尽管那些患有哮喘病的人会对它反应很强烈，但总的来说它很安全。他还指出，受到CS喷洒的人往往需要几周的时间才能恢复。

CS和其他一些眼部刺激物已被防暴警察们使用了50多年。警察向人群投掷随身携带的罐子，从罐子里会冒出烟态的CS气并在人群中扩散，因此也有人称之为“催泪弹”。大多数催泪弹是在20世纪早期被发现的，它们当时被当作军事上化学战制剂的一部分来研究。在第一次世界大战期间，德军首次使用了催泪弹，他们把装有苯甲基溴化物的炮弹射向东线靠近博利穆夫的俄军阵地，也向西线新沙佩勒附近的法国军队发射这种炮弹。然而，东线的俄军和西线的法军，都没有意识到自己正遭到德军花样翻新的进攻，后来人们发现，当时当地的天气状况有效地阻止了这种化学武器产生的烟雾迅速扩散。

在第一次世界大战期间，总共发现了20多例眼部刺痛的病例，人们对催泪气体的兴趣也一直持续到战后。在1928年，两位美国化学家佛蒙特州米德尔伯里学院的科森(Ben Corson)和斯托顿(Roger Stoughton)合成了一系列新的化合物，每种化合物都各含有两个氰基团。这两位化学家发现这些化合物大多数是无毒的，只有一种在使用时能产生“灾难”性后果。它就是我们今天称之为CS气的一种相对简单的分子。该分子含有一个苯环，该苯环与一个氯原子和一个碳碳双键相连接，而两个氰基团就连在这个碳碳双键的一端。该分子的化学名称是2-氯苯亚甲基-丙二腈。在军队里，它的代号是CS，并被归入C类制剂。另一种眼部刺激物是CN，化学名称是ω-苯乙酮。它一直被用作催泪弹，直到人们发现它有致癌之嫌时才让它退役，不再使用。最糟的眼部刺激物是 CR，其化学名称是二苯并-1，4-氧杂吖庚因。人们认为，在使用催泪弹就可解决问题的情况下使用 CR 有些过分。

所有的眼部刺激物都是通过触发某些关键的酶，作用于位于眼部黏膜的敏感的神经末梢。这些酶能促使泪腺分泌出大量的泪水，用以冲刷掉刺激眼睛的异物。眼部刺激物的作用机理就是附着在这些酶中所含的硫原子的位置上，正是刺激物的分子能够在这些位置上进行化学反应，引起眼部的保护性反应。只需很少量的这种催泪分子，便能打开眼泪的“闸门”。

上面提到的这种酶，能够监控和保护眼睛。当我们遭遇到其他的所谓“催泪剂”时，也会产生这种反应。有些催泪剂完全是自然产生而非人工合成的，如烟中所含的一种甲醛，以及切洋葱时挥发出的硫代丙醛。一种越来越受到人们关注的问题是，催泪剂硝酸过氧化乙酰使得城市夏日里的烟雾变得刺激性很强。所有这些具有催泪效果的催泪剂都能使体内的某种酶发挥过度的活性，从而产生刺激性的感觉，人会立即把眼皮合上，流出眼泪，眼部产生灼烧的感觉。把这些刺激物拿走，过几分钟眼部的上述症状就消失了。上述情形对 CS 气也一样适用，如果把 CS 气取走，因它产生的症状在 15 分钟后就会消失。在 1 立方米的空气中只要含有 1 毫克的 CS，大多数人就受不了了。这就是用催泪弹能高效地驱散人群的直接原因。当用催泪剂对付个别人时，只需要将 CS 溶解，直接向攻击目标喷射即可。

关于 CS 对人体健康和安全方面的影响的争论持续了许多年，英国政府分别于 1969 年和 1971 年公布了一个报告的两个部分，即《关于 CS 药性和毒性方面的研究报告》(*Report of the Enquiry into the Medical and Toxicological Aspects of CS*)。该报告认为，CS 是一种适合于驱散暴乱人群的武器，因为它满足有效而且无害的基本要求。受到CS催泪弹影响的人很快就能康复，无需进医院治疗。CS能够引起健康问题，但只有当其浓度为现在一般用于控制骚乱时喷射的CS催泪弹的浓度几千倍时，才会对人体造成伤害。当CS浓度很高时，它对人体的威胁相当大，会引起诸如水肿(肺部充水)这样的症状。

诸如沙林、阿托品和CS这样的化学毒剂常常能被很轻易地用某种方式把它们的毒性破坏掉，原因即在于这类有机分子的毒性很大程度上依赖于它们的分子结构。只要稍稍改变它们的结构，就可以把它们转化为无毒性的分子。金属就不同了，没有人能够破坏金属原子，一旦对身体有毒害作用的金属物质进入了体内，最好的办法就是尽快将它排出体外，换了砷和锑也是一样。如果实在没有办法将它排出体外，就需要把它转移到一个相对安全的部位，使它的毒副作用发挥得最小。例如把金属物质“锁定”在骨骼或者肝脏。铍、铅、镉这三种对身体有毒害作用的金属就很难从体内清除掉，它们通过不断地在体内缓慢沉积威胁人体的健康。我们将在以下三个展位详细讨论这三种物质与我们健康之间的关系。

展位4　奇怪的死亡——铍

1990年，在靠近中国边界的苏联乌蒂卡发生了一次军工厂爆炸事件。爆炸产生的烟尘形成了厚厚的尘埃云雾，笼罩了附近的小镇乌斯季卡缅诺戈尔斯克，有12万人直接接触到了一种会引起肺部不适的化学物质。这种化学物质就是二氧化铍，所引起的疾病叫铍中毒。

因为铍的含量过高而受到影响的受害者会患上肺炎，从而导致呼吸困难。与某几种金属打交道的工人中，肺炎早已被认为是这类产业工人的职业病了。幸好，那次爆炸引起的肺炎人数很少，几乎没有得到报告。由于这样引起的肺炎无法完全康复，只能用类固醇来减轻痛苦，所以极少人患上肺炎是万幸的事。如果人们在铍含量很高的环境下与铍有短暂但直接的接触，或者长期和含量不高的铍直接接触，都会患上铍中毒。

在苏联发生的那次军工厂爆炸事件告诉人们，苏联方面很有可能在乌蒂卡这个地方制造核武器。要产生核能或制造核炸弹都需要能够吸收中子的金属。中子是一种亚原子粒子，能使原子分裂，释放出核内被禁锢的能量。在核反应堆内部或在核弹头的内部组分中，一般是用铍或者锆来吸收中子。西方国家的锆矿丰富，而且锆是无毒的，所以一般用锆作吸收物质。而苏联人则选择了铍，他们已为选择这种较轻的金属作为吸收物质付出了沉重的代价。

40 年前，阿西莫夫(Isaac Asimov)写了一篇预言性的短篇小说，叫作《诱饵》(Sucker Bait)，这是《通向火星之路》(*The Martian Way*)这本文集中的一篇。这个故事讲述的是一个太空探险队来到一个富饶的行星上，调查一桩集体死亡案的原因。这个星球上原有的殖民者全都死于一种神秘的疾病，症状是呼吸越来越困难，几年之内患病者便全死了。然而，这颗行星上植物茂密、物种繁多，很显然是人类理想的居住环境。那么那里到底发生了什么事情呢？症状表明，死者患的是慢性中毒，起初做的化验看不出任何问题，但谜底终于还是被揭露出来了，原来该行星的土壤里的铍含量很高。

铍在地球上是一种稀有金属。岩石和土壤里的铍含量只有 2ppm，海洋里的含量更少，100 万吨的海水中含的铍不足 1 克。然而，地球上也有值得开采的铍矿，如绿玉，也就是硅酸铍和硅酸铝。

这种矿石中如果含有少量的铬就呈绿色，被称为翡翠。绿玉中呈蓝白色的叫蓝绿玉。

铍很有价值，原因即在于它是所有轻金属中唯一具有高熔点(1 278℃)的金属。即使在赤热的状态下，空气和水也无法腐蚀铍。铍和铜的合金有一些很难得的特性，如具有很高的电导率，并在石油工业中被广泛用作不会起火花的工具。另外，由于它的强度高、耐磨损，航空工业的工程师也使用这种合金。

从化学特性上说，铍与镁有些相似。对于镁，我们已在第二展馆里见过了，它是人体必需的一种元素。在人体中铍可以模仿镁并取代镁作用于某些关键的酶上，会使这些酶不能正常发挥作用。人体的肺对此尤其敏感。在工业生产中使用铍合金的工人面临的危险性最大，那些制作荧光灯管的工人也一样，因为荧光灯管的管壁上需要涂敷一层二氧化铍。但是，没有人能够完全和铍隔绝，人体内平均含有的铍约为 0.03 毫克，相当于 1 盎司的一百万分之一。由于大部分铍都储存在人体的骨骼中，它还不足以影响人们的健康。

铍有一种放射性同位素，即铍 10。铍 10 这个称谓源于它的原子量是 10（4 个质子和 6 个中子组成了铍 10 的原子核）。其他所有的铍都是铍 9（4 个质子和 5 个中子组成了铍 9 的原子核），铍 9 没有放射性。铍 10 的半衰期是 160 万年，它是由于宇宙线在大气层顶部撞击形成的。1990 年，在苏黎世水科学和水污染研究所工作的比尔(Juerg Beer)在格陵兰的冰核中检测到了铍 10。他发现，在过去的 200 多年里，当太阳活动(太阳活动可以由太阳黑子出现的频率反映出来)极小时，放射性同位素的数量就极少。比尔相信，利用冰核里的铍作为依据，再综合考虑气候变迁的情况，我们有可能把史前的太阳活动记录下来，制成图表，一目了然地了解太阳的演变过程。

展位 5　不知不觉地中毒——铅

瑞典于默奥大学的伦贝格(Ingemar Renberg)专门分析湖底的沉积物，年复一年，他积累了一套数据，该数据是描述雨水和降雪把空气中的尘埃冲入湖中的记录，这份记录可以追溯到几千年前的情形。1994 年，伦贝格惊奇地发现了大约 250 年前的空气中存在铅污染的证据，这说明铅污染早在工业革命之前就发生了。

在法国格勒诺布尔的多迈纳大学工作的布特龙(Claude Boutron)，通过分析格陵兰岛上的积雪，证实了伦贝格的发现，格陵兰地区的积雪至今还在冰核中保留着空气污染的记录。布特龙发现，在公元 1 世纪，自然背景的铅含量从 0.5ppt 上升到 2ppt。这是罗马帝国造成的。此后，随着罗马帝国的向外扩张，铅成了一种很有价值而且必不可少的日用品，当时铅的年产量高达 8 万吨。铅的化学符号为 Pb，这个符号源于铅在罗马时期的拉丁语名 plumbum，我们现在用的英文 plumber(铅管工人)和 plumb-bob(铅垂)这些词也来源于这一拉丁语名。

公元 43 年，罗马人征服了英国，他们发现英国有丰富的铅矿藏，于是在那里开始了长达 1 000 年的炼铅产业，并一直延续到中世纪。伦敦帝国学院的桑顿(Iain Thornton)和马斯卡尔(John Maskall)长期以来一直在研究德比郡(英格兰中部的一个郡)和北威尔士的老铅矿和老冶炼厂附近的铅污染情况。他们发现，尽管在这些地点的附近有很严重的表层污染，可是几乎没有证据表明铅渗入了周围的土壤中，或污染了附近的地下水源。

罗马帝国的兴盛期大约从公元前 350 年到公元 400 年。在这一段时间，铅被广泛地用在屋顶、管道、蓄水池和器皿之中。铅矿石很容易熔化并容易加工，因为铅的熔点仅为 328℃。罗马人还制造白铅涂料，并用铅糖浆来使调味汁有甜味(这里的铅糖就是醋酸铅)。铅的这些应用使老百姓患上了铅中毒。有人认为，铅是罗马帝国从鼎盛走向衰败的原因。当然，使罗马帝国衰败(大约出现在公元250年)最有可能的原因是气候、瘟疫和政治。在这一时期，地球的气候开始变冷，北方居民开始南迁，对罗马帝国造成了很大的压力。这时瘟疫也出现了，该帝国多次遭到传染性疾病大规模暴发的蹂躏。同时，由于内部的军事斗争和宗教争端，罗马帝国开始分裂，而所有这些现象之上又存在着一个庞大的官僚机构。看来，铅在罗马帝国衰亡的各种因素中只不过是一个较为次要的因素。

在罗马帝国于公元476年最终灭亡后，中世纪这一“黑暗时代”又延续了500年。在此之后，人们又重新燃起了开采铅矿的热情。人们找到了使用铅的新方法，如使陶器光滑、制造枪弹以及制作铅字等。在维多利亚时代，醋酸铅被用作治疗腹泻的药物，另外人们还用铅来染发。那时候的人还用铅来焊接食品罐头。这一用法可以解释约翰·富兰克林爵士(Sir John Franklin)率领的探险队神秘失踪的事件。1848年，这支探险队出发去寻找到太平洋的西北通道。20世纪80年代，人们发现了保存得很完好的船员尸体，这些尸体长期被冰冻着，分析表明，这些人都死于铅中毒。原因就是他们吃的锡皮包装的食品罐头是铅封的。在这些船员体内，铅的同位素比例与罐头焊接处铅的同位素比例恰好相符。(铅的两种同位素铅206和铅204的比例依赖于这些铅是从哪个矿里开采出来的。)

但是，空气中最严重的铅污染却发生在把铅掺入汽油中的20世纪。1921年，米奇利(Thomas Midgley)发现添加四乙铅能够使发动机更好地发挥作用，20世纪60年代末，几乎所有的汽车都使用了含铅汽油。这种含铅汽油对人体健康有害，但对发动机有利。即使到了今天，虽然大多数的汽油都标明是无铅汽油，但无铅汽油中仍含有少量的铅，以用来保护发动机。

正如保存在湖底的沉积物和格陵兰的冰雪中所证实的那样，空气中的铅含量在20世纪70年代后期迅速上升，达到了历史上的最高点——330ppt。好在随着无铅汽油这一新的汽油配方的出现，才使得空气中的铅含量开始下降。1994年，有关铅含量的一项令人惊奇的发现由比利时安特卫普大学的洛宾斯基（Richard Lobinski）在葡萄酒生产商的地窖里获得。他对在法国罗讷河地区A7和A9快车道交汇处的一个葡萄园里生产的“教皇的新宫殿”牌的葡萄酒进行了分析，发现在这些交通道路修筑起来几年后，葡萄酒中的铅含量升高了。

洛宾斯基的发现甚至能够反映出制造含铅汽油的化合物的变化。20世纪50年代以后，四乙铅在葡萄酒中的含量下降，替代它的四甲基铅在葡萄酒中的含量上升。到1978年，这两种化合物加起来的含量达到最大值0.5ppb。由此，研究人员得出结论，如果有人经常喝1978年的葡萄酒并且每喝必醉，此人很有可能会患上中度的铅中毒。然而，由于1978年是酿制好酒的年份之一，并且所酿的优质葡萄酒一瓶售价高达25英镑（约合40美元），看来我们无需担心铅中毒事件的发生。自1980年以来，该品牌葡萄酒中的铅含量已不断下降，到20世纪90年代中期，其铅含量只有高峰期的1/10了。陈年葡葡酒也有可能因在瓶子颈部用铅或锡封口而引起污染，这种用铅或锡封口的老方法在20世纪80年代才被逐渐禁用。

当然，这并不是历史上第一次葡萄酒被铅污染的案例。古希腊人曾经用铅来使葡萄酒变甜，尽管这些酒很流行，但它也有会引起不适的坏名声。中世纪，有些葡葡酒商人把铅掺入便宜的葡萄酒中，有时就会出现当地居民神秘地突然患上腹部绞痛、便秘、疲倦、贫血、精神错乱并导致缓慢死亡的病例。在18世纪英国的德文郡，那些喝苹果酒的人中，许多患上了腹部绞痛，其中很多人因此而死去，后来女王的医生贝克(George Baker)发现榨苹果的榨汁机是用铅制造的，从而揭开了神秘死亡之谜。

钓鱼的人用铅锤作坠子，这也会引起铅污染。天鹅会沿河床扒泥土里的食物吃，有可能把丢失的铅锤也吃到肚子里去，引起许多天鹅死亡。现在这种铅锤已被无毒的东西取代了。

奇怪的是，当铅污染的一种方式结束时，另一种方式又出现了。1994年，在匈牙利又爆发了铅中毒事件，原因是有人用红铅给灯笼辣椒上色，再用干红辣椒制作辛辣风味的菜。红铅便是氧化铅，作为涂料使用的历史已有数百年。后来有18个与此案有关的人被捕，但因此而铅中毒的人数可能已无法得知了，因为在匈牙利，人们广泛使用红辣椒给许多食品上色，如炖牛肉、香肠和萨拉米肠等。

为什么铅对健康这么有威胁呢？从食物中摄入的铅大部分都通过身体直接排出体外了，但有少量会被吸收进入血液循环。在血液中，铅会被一种协助形成血红蛋白的酶吸收，一旦吸收了铅，这些酶就失去了它们正常的生理功能。其结果就是血红蛋白的前身氨基酮戊酸在体内聚积，而这种物质就是使我们中毒并引起中毒症状的原因。相关的症状有肠麻痹，以及由此产生的胃痉挛、便秘和脑积水引起的头痛、失眠。另外生殖系统也会受到影响，出现不育或胎儿畸变等症状。贫血则是一种长期的影响。

人们认为，在城市里生活的儿童受到铅中毒的威胁最严重。有些环境学家指责汽车尾气中含的铅使儿童表现出学习困难和犯罪倾向。在美国，人们批评了老房子里所用的含铅涂料。在城市里生活的美国儿童，在学前要接受国家例行的血液中铅含量的化验。现在，上述的两种污染源已明显减少，但是，这是否会导致我们的儿童的身心更加健康，仍有待进一步观察。

展位6　电池耗尽——镉

即使我们不希望铅留在体内，我们不可能很轻易地把它完全排出体外，所以我们只能把它储存在骨骼之中。另一方面，对于镉而言呢，我们也不希望它在体内滞留，但没办法，我们只能把它储存在肝脏里。与铅相比，镉更令人担心。镉会使大鼠产生癌症，但并不会使小鼠和仓鼠生癌。镉能诱发人体出现癌变吗？对大鼠的成功诱导似乎说明它也能诱导人体产生癌变。得出这样的结论，是基于流行病学研究的这样一个结果：与镉打交道的人群中患癌症的比例比预期的高。但是正如经常发生的那样，后来由另一些研究人员所做的流行病学研究并没有得出原来的使人警觉的发现。伦敦大学专门研究职业病的一位教授卡赞齐斯(George Kazantzis)对7 000名在含镉工作环境下工作的人进行研究，结果发现镉与癌症发病率之间并无关系。

无论如何，镉都是一种应尽量避免与之接触的有害金属。在美国，工作场所的空气中镉的允许含量在持续下降，欧洲颁布的规定则要求塑料制品中几乎要完全消除镉的存在。

然而，迄今为止还没有人死于镉中毒，而且专家认为，一个人体内平均含有40毫克镉，并不会在有生之年影响人体健康。环境学家谈到镉时把它当作现代生活中极受欢迎的东西而不是极讨厌的东西。因为镉常被用作使塑料制品呈鲜艳红色的涂料。事实上，镉涂料的颜色可以从黄色变到褐色，这取决于涂料中硫和硒的比例。塑料里使用的镉在塑料老化或燃烧时最终都成了污染物。正如我们在第七展馆里见到的那样，未来的红色涂料很可能是由铈的化合物制成的。

镉的一些用途很难被取而代之。举个例子，在用途广泛并可以充电的镍镉电池中，镉能够有效地节省自然资源，从而对环境大有好处。这些电池应该在用完后重新回收利用。它们很可能在将来有更加广泛的用途，甚至有一天会成为城市中的汽车的动力。

尼桑汽车公司的全电动汽车(它的行驶距离最长可达 250 千米)，就装备了一种新式的镍镉电池，完成一次充电仅需 15 分钟。这一技术上的突破可以刺激对金属镉的需求。现在世界上镉的年产量为 1.9 万吨，其中的一半以上被用于制造镍镉电池(其中的镉占 25%)。对于电动汽车来说，镍镉电池比传统的铅酸电池的效率高得多，因为前者只有后者重量的 1/3。但重量减轻并非仅有的一项技术突破，尼桑公司生产的电池板也很薄，可以使充电过程中产生的热量迅速释放掉。

从 20 世纪 60 年代开始，对镉有害于健康提出警告的呼声越来越强烈。与镉有关的行业已经不得不对卖给消费者的产品含不含镉做出选择。根据镉工业协会的报告，进入环境中的镉是很少的，可以忽略不计。由于镉能够制造出更好的电池，制造出更合用的塑料，镉工业协会不愿意放弃镉的使用。航天工业、矿业、海洋石油业都需要用镉来保护钢铁设备，因为给钢镀镉比镀锌效果更好。

原来，人们在铁制的螺帽和螺栓上镀一层镉，目的是使汽车驶过冬天撒了盐的路面时，溅起的有腐蚀作用的水雾不致使这些零件生锈。即使是这样，现在也不用镉了。镉对保护钢件效果特别好。钢常常被盐水或海水中的氯离子腐蚀，而镀镉后在钢的表层形成的氯化镉是不易溶解的。相比之下，镀锌形成的氯化锌表层是可溶解的，而且可以被清洗掉，起不到保护作用。

即使镉在工业中很有用，人们仍然认为镉是对人体有害的金属。但因为它是在环境中自然形成的，我们早已找到了对付它的办法。我们即使有意不摄入镉，但要完全从饮食中杜绝镉的摄入是办不到的。我们每周平均摄入0.1毫克镉，其中大多数来源于食物，如动物肾脏、介壳类海产品、稻米等。抽烟会在很大程度上增加这种负担。人体常会因镉与锌类似而吸收镉。锌是人体必需的一种元素，这在第二展馆里已详细介绍过。

一个普通的半磅重的汉堡包含有0.03毫克镉，我们可以从食物链中追溯这些镉的来源。汉堡包里夹的是牛肉，牛吃的是草，草长在泥土上。我们甚至可以追踪到其中一部分镉来源于农民在土壤里所施的磷肥。在产于摩洛哥的含磷酸盐的岩石内，每吨岩石所含的镉超过了50克，这就是用这种岩石制成的磷肥不再被允许进入欧洲的原因。而以前欧洲曾经是这种磷肥的主要市场。把污泥作为肥料施在土地上也会使镉的含量增加，尤其是当这些污泥来源于工业区排出的废物时就更为明显。大多数土壤里的镉含量不超过1ppm，但有些地方的土壤含镉量超过了欧洲共同体保护土地的建议指标——3ppm。有些“热点”地区的土地含镉量甚至超过了40ppm。镉污染来源于三个方面：旧的铅矿和锌矿，锌的熔炉(镉是该熔炉生产锌时的一种副产品)，某些富含镉的矿脉的天然露头(如石炭纪的海洋黑页岩)。英国镉污染最严重的地区是萨默塞特郡希芬地区，这个地方在大约1850年以前一直在开采锌矿，土地遭到破坏，镉含量高达500ppm，创造了一个令其他地区望尘莫及的世界纪录。

那么，为什么生活在受到严重镉污染地区的人们并没有出现镉中毒事件呢？答案在于人体内部的运行机制。人体摄入的大部分镉不能被小肠吸收，镉通过消化道，最终来到肾脏，会被一种叫金属硫蛋白的蛋白质安全地“锁定”住。金属硫蛋白里含有许多个硫原子，这些硫原子会把镉原子和自身连在一起，使镉原子不能动弹。然而，硫原子捉住了镉原子，镉原子也就不能从体内排出。在人体内金属镉的“半衰期”是30年左右，这意味着人体通过饮食摄入的大部分镉原子将伴随我们度过余生。这就是镉是如此对人体不利的原因。联合国环境规划大纲列出的前十位有害污染物中就有镉的大名。

成年人的体内平均含有50毫克镉。人体还能继续储存镉，但最终还是有一个极限，超过了这个极限肾脏就不能应付了。如果人体中的镉含量超过200ppm，这时肾脏就无法再吸收蛋白质、葡萄糖和氨基酸了，并且会破坏泌尿系统的功能，有时甚至会导致肾功能衰竭。如果我们要想得到镉给生活带来的裨益而不受它的损害，就必须严格控制镉的使用，通过立法来要求回收所有废弃的镍镉电池。通过这种途径，全世界每年可以回收10 000吨镉，而现在我们只能回收这个数字的很小一部分。

展位7　下毒的新手段——铊

硒这种金属我们已在第一展馆里展出过了。与硒相似的是，铊的发现也与硫酸有关。如果我们摄入过多，铊也会和硒一样是致命的。但与硒不一样的是，铊不起代谢的作用。然而，铊有一段很有意思的作为谋杀武器的历史。

铊的发现是1862年的事，它的发现还在那一年的伦敦国际展览会上引起了一场国际性事件。克鲁克斯(William Crookes)是皇家科学院的一位化学家，他在测试一些不纯净的硫酸时观察到了绿色的火焰，就是在那时他发现了这种金属。硫酸呈现出的绿色导致了铊这个名称的诞生，因为铊的英文thallium来源于希腊语单词thallos，意为“绿色的蓓蕾”。克鲁克斯制备了好几种铊盐，也就是他展出的那些，但他并没有设法分离出纯净的铊金属。拉米(Claude Auguste

Lamy)是法国里尔的一位物理学家，他成功地分离出了铊金属，并展示了这种样子很像铅的铊样品，并作为这种新元素的发现者，接受了一枚展览会奖章。一得知此事，克鲁克斯便大发雷霆，声称自己才是铊元素的发现者，事实上他的确发现了这种元素。一时间，控告与反控告穿梭于伦敦和巴黎这两个城市之间，最后法官裁决的结果是授予了克鲁克斯一枚安抚性的奖章。

硫酸铊是一种无色、无味的无机盐，可以溶于水，也可以给任何一个你想谋害的人“享用”。它不是一种即刻见效的毒药，其毒效发挥得很隐蔽，过一星期左右才开始起作用。它的毒性发作时产生的症状又很容易和诸如脑炎、癫痫、神经炎等疾病的症状混淆。当然，普通人是不可能使用甚至滥用硫酸铊的。因为在大多数西方国家，这种化学药品是被严格禁用的。

有人指责克里斯蒂(Agatha Christie)的侦探小说，说正是她的小说让那些准备害人的阴谋分子注意上了硫酸铊这种药品。1961年，她写了一本侦探小说《白马》(*The Pale Horse*)。在这部小说里，她把硫酸铊的毒效比作黑色魔咒的法力。她把铊中毒的症状描绘得十分真切——无力、麻痹、暂时性的失去知觉、发音含糊不清、全身虚弱。但她并不是第一个在小说中使用铊作为毒药的神秘作家。1947年，小说家马什(Ngaio Marsh)写了一部小说，名叫《最后一幕》(*Final Curtain*)，在作者还不清楚硫酸铊是如何起作用时，就让她笔下的恶人使用了这种药品。她的确没搞清铊中毒是缓慢发作的，因为她笔下的受害者在几分钟内就死掉了。学着马什笔下的谋杀者搞谋杀的人一定会觉得奇怪，怎么他想谋害的人在吃下硫酸铊之后并没有在短时间内出现中毒的迹象呢？但他的失望只会持续几天，几天之后害人者一定会满意的。

在现实生活中，利用铊来杀人的最臭名昭著的凶手是连环杀手杨(Graham Young)。杨于1971年在英格兰赫特福德郡巴温顿一个照相设备厂在自己同事的咖啡里放了硫酸铊。他伪装成一名化学研究人员，在伦敦的一家化学药品商店里买了铊。下毒后，几名同事都病倒了，其中两名死于神秘的"细菌"，后来，恰恰是杨本人向一位视察的卫生专家建议：会不会是铊中毒呢？医生正确诊断出了这种怪病，按铊中毒治疗，果然就治好了。这一下子人们把注意力都集中到杨的身上了。后来人们发现杨在以前还曾向他的亲戚们用这种方式下过毒，于是他被捕了。1972年法庭宣判杨犯有杀人罪，判处其终身监禁。1990年他在狱中自杀。

这一案件是刑事侦破的一个里程碑。在伦敦警察局刑事实验室里，法医分析了一名叫埃格勒(Bob Egle)的被杨焚尸的受害人的骨灰，使用的技术就是原子吸收光谱法。法医利用这种技术检测出死者骨灰里含5ppm的铊，表明埃格勒被杨用铊下了毒。

以前，铊很容易弄到。铊甚至是治疗发癣时用作预处理药物的一种成分。铊并不能杀死癣菌，但能使头发脱落，这样可使治疗更容易。在约100年前，这种奇怪的作用被偶然发现。那时，医生在试用铊治疗结核病人夜间盗汗时，发现铊不能治疗夜间盗汗，倒会使病人脱发。巴黎圣路易医院的皮肤科主任医师萨布朗(Sabourand)在1898年报告了铊的除毛作用，此后50年里，铊成了流行的除毛发剂。在20世纪30年代，妇女们甚至在柜台上买回铊的化合物，像涂抹克拉罗霜一样涂在想脱去毛发的部位。

铊并不是一种稀有金属，它的储量是银的10倍。它广泛地分布在自然界之中，在像葡萄、甜菜和烟草这样的农作物里都能测得铊。在炼铅和炼锌时每年可以得到约30吨的副产品铊。其中部分用于制造特殊玻璃以磨制具有高折射率的透镜，部分用于化学研究，部分在中东和第三世界国家被制成硫酸铊。在这些国家里，铊仍被允许用作杀死害虫的药剂。1976年，上文提到的小说家克里斯蒂去世了。就在这一年，卡塔尔有一位19个月的女孩被带到伦敦的医院治疗一种神秘的疾病。后来，这一病例因一位护士而著名。这位护士名叫梅特兰(Marsha Maitland)，她注意到这个小女孩的病症很像她当时正在读的克里斯蒂的小说《白马》里描写的铊中毒症状，就向医生谈了自己的想法。于是医生立即给这位小女孩检查体内的铊含量，果然如此。医生们改变了治疗方案，最终挽救了她的生命。询问后人们才了解到，原来小女孩的父母本想用硫酸铊杀灭家中的蟑螂，想不到误伤了女儿。

铊是一种非常“狡猾”的毒药，因为它能模仿人体必需的钾元素。铊对成年人的致死剂量是800毫克左右(不到一茶匙的1/4)，然而，在以前，医生给患头癣菌病的人会开500毫克剂量的铊盐。对放射性铊的研究表明，铊很容易被身体的某些部位吸收，如脑、肌肉、皮肤，它能严重影响存在于这些部位的一种使钾活跃的酶，从而产生中毒症状。人体不会长时间被吸收的铊所欺骗，而会把它排入肠道。但这种方式没有多大效果，因为在肠道的下一小段里，人体又会错把铊当作钾吸收进去。要治疗铊中毒，就需要打破这种排出和再吸收的循环。最好的解毒剂就是普鲁士蓝。普鲁士蓝是用来制造蓝墨水的颜料，是一种由钾、铁和氰化物合成的复合盐。20年前，一位卡尔斯鲁厄的德国药理学家海德劳夫(Horst Heydlauf)在世人普遍认为铊中毒无药可救的时候，提出用普鲁士蓝进行治疗。普鲁士蓝中的钾离子与体内的铊离子交换，会使铊牢固地与此颜料结合，而不会被肠道再吸收。

铊在争议中诞生，至今仍处于争议之中。这种金属始终和事故联系在一起，又和有意滥用联系在一起。1987 年，圭亚那数百人受到铊的侵袭，其中 44 人丧生。原来，他们喝了含铊的牛奶。此牛奶来源于奶牛，奶牛吃了糖蜜，而为了毒死咬甘蔗的田鼠，人们在这些糖蜜中掺入了硫酸铊。

展位 8　为莫扎特奏响安魂曲——锑

与铊相似，对锑的生物作用我们还一无所知。但我们在饮食中会无可避免地摄入一些锑元素。在许多年前，锑是医生药箱中必备的一种药的成分，这种药原来叫解酒药，现在叫酒石酸锑钾。顾名思义，它是一种催吐剂。实际上这种药就是医生们专为解酒这一目的开的。很多极能喝酒的人常会在用锑制成的高脚杯中留下一口酒，到第二天早上再喝，目的是引起呕吐，治疗宿醉。酒石酸和酒里的其他酸能溶解部分锑，生成催吐剂。锑这种奇特的性质使人们一般不会把它误用成毒药，但偶尔锑也能致死，原因是药方开出的剂量接近了致死剂量。锑致死剂量仅为 100 毫克。

锑的黄金时代是在把它当作药物的 18 世纪。那时，人们几乎把锑当成包治百病的万灵丹了。锑的最著名的受害者很可能就是莫扎特(Mozart)，他于 1791 年秋病倒了。1791 年的 10 月 20 日，莫扎特告诉他的妻子康丝坦萨(Constanza)，说他感到有人对他下毒，也许是这样。尽管莫扎特的竞争对手萨列里(Antonio Salieri)在很多年后承认自己对莫扎特下了毒，但那时他已患了老年痴呆症，他的证词已不足为信了。那些相信有人曾阴谋毒死莫扎特的人认为，害人者可能是用水银下毒。1991 年，伦敦皇家自由医院的詹姆斯(Ian James)提出了一个更有说明力的理论。詹姆斯认为莫扎特死于金属锑，莫扎特的医生很可能把锑作为药品来治疗莫扎特的病，不想却害死了他。

简而言之，情形可能是这样的：1791年秋，莫扎特因沉重的债务负担、过度的创作和对批评意见过于敏感而出现严重的抑郁症。有些评论家不喜欢他的新作《蒂托的仁慈》(*La Clemenza di Tito*)。莫扎特还收到一位神秘陌生人的委托，写一支安魂曲。随着秋天渐渐逝去，他开始认为这支曲子是为他自己的葬礼写的。这一想法困扰着忧郁的莫扎特。他一直认为有人要暗算他，也许是这样吧。莫扎特是一位忧郁症患者，他自己给自己开各种处方，定时吃药。这样，他很快就欠了维也纳的药剂师一大笔钱，用今天的货币来衡量，大约有2 000英镑(约合3 000美元)。11月20日，莫扎特的病情突然恶化，出现发烧的症状，手、脚和腹部开始肿胀，并且呕吐起来。另有人提出莫扎特患的是军营热，然而这种病现在已无法辨识了。莫扎特在12月5日死于这一让人费解的疾病，由于一贫如洗，他被安葬在赤贫者的墓地里。如果真是以萨列里为首的妒忌的宫廷乐师小团伙害死了莫扎特，他们除了希望莫扎特的乐曲和他的尸骨一起埋葬之外，实在没有什么可贪图的。

詹姆斯认为，由于莫扎特临死前出现的症状与锑中毒很相像，他很可能死于锑中毒。在莫扎特生活的那个时代，人们把锑作为无所不能的万灵药。剂量较小时，锑中毒会引起头痛、虚弱和忧郁。如果剂量过大，会出现严重而持续的呕吐，可以在几天内致死。医生，尤其是兽医常开出含有锑盐的药方，这一做法从18世纪持续到了19世纪。一些著名的维多利亚时代的谋杀者就是用锑盐来除掉不再需要的搭档，被害者出现的症状就是胃的正常功能变得紊乱。化名为查普曼(George Chapman)的克洛索斯基(Severin Klosowski)，就是用这种方法杀死了他的三名同事，1902年被判处死刑。

直到最近人们才停止使用锑盐来治疗一种热带寄生性传染病——血吸虫病。锑原子能够使自己紧紧地贴在某些酶的硫原子活跃的位置上，如果这些酶对寄生物的重要性比对人体的重要性更大，那么锑就可能杀死寄生物而较少地伤害人体。如果锑在体内积聚太多，人体的酶系统会陷于混乱，也许在几天后引起死亡。我们每天摄入锑元素的量取决于饮食结构，平均来说大约为 0.5 毫克以下，人体平均含有金属锑的总量约为 2 毫克。幸好人体可以迅速把锑排出体外，否则没有一个器官能够储存它。

世界上锑的年产量约为 5 万吨，主要产地是中国、俄罗斯、玻利维亚和南非，这些地方的锑矿主要是硫酸锑矿石。另外，有些铜矿石在冶炼过程中，也能产生出副产品锑。

锑是有限的几种在冷却和固化的情况下能够膨胀的物质之一。在 5 000 年前的古文明时期的人们就知道它，那时的工匠们已开始利用锑这种神奇的特性来制造精美的铸造品。到了中世纪，一位不知名的炼金术士重新发现了锑，把它制成合金，用在铃铛上，后来人们又用铅锑合金铸造模子。在铅里加入少量的锑不但能使合金的强度变大，而且能使它在降温时膨胀，这一特性使铸造过程中形成尺寸准确的模子，并使模子的表面非常干净。直到今天，铅锑合金仍很重要，主要用在使汽车电池的铅板更加坚固。对锑的研究还在持续，研究它的化学家们用锑制造出了新型的半导体材料，如砷锑化镓。

锑的另一种主要用途是把氧化锑掺和到塑料里去，以产生阻燃效果。当塑料开始燃烧时，它就会与氧化锑反应，生成一种化学薄膜，阻止燃烧，直至熄灭火苗。这样，家具和床垫里放的泡沫塑料就能够更安全，但这种做法在 1994 年的英国引起了意想不到的结果。当时有些婴儿死在婴儿床上，人们对这些孩子的尸体进行解剖时发现，其体内的锑含量远高于正常婴儿体内的锑含量。这些婴儿体内的锑来自于床垫里面的锑，细菌使锑的化合物以挥发性气体的形式散发出来。有些人认为，这些婴儿就是吸入了锑气才死亡的。当锑气的浓度很高时，它的确是致命的。于是英国出现了一个著名的恐慌场面，成千上万的父母把孩子床上的床垫扔掉。然而这对孩子是没有任何影响的，因为床垫并不能造成任何伤害，错误出在对婴儿器官的化学分析和对锑含量数据的解释上。实际上，没有一个死在婴儿床上的孩子是因体内数量极少的锑引发死亡的。

展位 9 污染我们的行星——钚

1945 年 8 月，一种用新的人造元素钚制成的炸弹在日本长崎上空爆炸，杀死了 7 万名对危险毫无察觉的普通人。(在此之前另一枚炸弹在广岛爆炸，这是颗铀弹。)今天，地球上大约存在 1 200 吨钚，其中 200 吨已被制成炸弹，其余的钚是人们逐渐积累核能工业的副产品得到的。看来，人类注定要与这种不讨人喜欢的金属打上几百年甚至几千年的交道了。

西博格(Glenn Seaborg)、瓦尔(Authur Wahl)和肯尼迪(Joseph Kennedy)是第一个制造钚元素的科学家小组的成员。1940 年 12 月，他们在加利福尼亚的伯克利，用氘轰击氧化铀，把轰击产生的新元素用太阳系最外面的行星 Pluto(冥王星)的名字将其命名为 plutonium(钚)。当西博格和他的同事们对这种新元素的性质进行深入研究时，很快意识到他们自己与一种性能非凡的金属不期而遇了。这种金属最吸引人的特点是它的可分裂性，也就是说，当一个中子撞击一个钚原子时，钚原子就产生分裂，释放出更多的中子并放出大量的能量。接下来，这些中子又使更多的钚原子分裂，这就是链式反应。使用“数量极少”的这种金属就能引发爆炸。这里所说的“数量极少”，指的是所谓的临界质量，对于钚来说只有 4 千克，大小有一只苹果那么大。

一年内，西博格的小组已制备了足以用肉眼看得到的那么多的钚，而不再需要通过该元素的放射性来探明它的存在了。1941 年底，他们已得到可以进行称量的钚，尽管它只有百万分之三克。如果他们就此罢手，也就只能得到这么多的钚。但他们继续努力，到 1945 年夏天，他们得到的钚已足以制成两颗原子弹。7 月份，第一颗原子弹在新墨西哥州的阿拉莫戈多做了试验，从此我们的这颗行星开始受到这种最不受欢迎的元素的污染。

一颗原子弹里，只有 1/4 左右的钚会发生爆炸，其余的都蒸发了。氢弹也是同样，氢弹的核心有一个起引爆作用的钚弹。结果，在 20 世纪 50 年代，由于许多钚弹在地表进行了核试验，没有爆炸的钚在风力的吹动下四处飘散。现在，我们每个人体内都含有数千个这种原子。

钚与其他重金属不同，不会均匀地分布在骨骼系统内，而是往往集中沉淀在我们骨骼的表面。所以钚是一种危险的元素。基于此，在各种放射性元素中，钚在体内的允许含量是最低的。钚通过放出 α 射线进行衰变，α 射线的穿透力很差，一张纸或人体的皮肤就足以把它挡住。在体内，α 射线会破坏人体的 DNA，并可能引发癌症，如白血病。可以肯定地说，我们不希望钚元素在我们生活的环境里自由地飘荡。

把一小块钚放在铁皮罐甚至塑料袋里，钚都是安全而且易于处理的。由于它具有放射性，你可能会发现钚块总是热的。这种热可以用于发电，用钚制成的发电装置还上了阿波罗宇宙飞船，放在月球上为月震仪供电。深海潜水衣和心脏起搏器也用钚作动力，制造较重的、释放中子的元素锎时也要用到钚。现在，癌症治疗仪、湿度计中需要用到锎，就地勘探金砂和钻探油井的分析仪器也要用到锎。

钚的密度是20克/厘米^3，比金略重一些，其熔点为641℃。钚这种金属的不同凡响之处在于它能以6种不同的形态存在，而且可以在内部温度自然改变的情形下发生形态的转变。当它的温度接近熔点时，钚就收缩，从一种形态转变为另一种形态。钚与其他金属的不同之处在于它的传热性和导电性相对较差。纯的钚金属和铸铁一样脆，但是往纯钚里掺入1%的铝形成钚铝合金后，它就会变得和铜一样柔软。

在化学性质上，钚很活泼，它能与氧气结合形成氧化物。1993年，位于新墨西哥州的洛斯阿拉莫斯国家实验室的科学家发现氧化钚是一种潜在的很危险的化合物。一罐金属钚，如果没有密封好，进了空气，产生的氧化钚会使体积增大40%，产生很大的压力，能撑破罐子。

这类事故很使人焦虑，因为不需要的钚将必须通过这种方式安全地贮存几十万年，它的半衰期是24 100年。一种大家现在较能接受的方法是把钚以玻璃棒的形式掩埋起来。有些美国人在拆除己方或俄罗斯的核武器时专门收集钚，有计划地把氧化钚与氧化硅、氧化硼和氧化钆熔合在一起制成玻璃。玻璃中的硼和钆能够保证中子被安全地吸收。我们也不必担心“玻璃棒”会慢慢地被水侵蚀，水虽然能部分溶解钚，但氧化钚却是所有氧化物中最不溶于水的一种。100万升水只能溶解氧化钚中的一个钚原子，而陷入“玻璃棒”里的氧化钚比常态的氧化钚更难溶于水。

展位 10 具有放射性的救生员——镅

1945 年，除钚之外，另一种新元素以一种完全不同于钚的方式被人们津津乐道。这就是镅。媒体选择了如下的信息向公众发布，使镅具有很高的新闻价值。美国有一个儿童广播节目，叫“神童”。那一周请来的嘉宾是科学家西博格。这位西博格我们已在上一个展位介绍过，他在第二次世界大战期间，率领他的研究小组在伊利诺伊州的芝加哥大学秘密制造新元素。镅是第 95 号元素，它是在用核反应堆里生成的中子轰击钚时制得的。

西博格宣布新元素已经制成，但还没有给它命名。第二年，即 1946 年的 4 月 10 日，在大西洋城的一个会议上，有人提出，应用 America（美洲大陆）将这种新元素命名为 americium（镅）。在元素周期表上，镅在铕元素的正下方。铕是 1901 年在巴黎由德马尔赛（E. A. Demarçay）发现的，铕就是采用了铕的诞生地 Europe（欧洲大陆）被命名为 europium，镅与铕同族，所以镅也沿用了铕的命名方式。于是，西博格和他的同事们决心用镅的诞生大陆为命名依据，镅这个词就这样诞生了。

此后不久，人们渐渐了解了镅的特性。现在我们知道，镅是一种银色的、能发出光泽的金属，容易被空气、蒸汽和酸腐蚀。它的密度比铅大，熔点是 994℃。人们已制出几种镅的化合物，其中一些（比如氯化镅）是很好看的粉红色。

镅具有很强的放射性，当它嬗变成镎* 时，能放射出 α 粒子和 γ 射线。现已制成了镅的两种同位素：利用中子轰击钚 239 能够制成千克数量级的镅 243。镅 243 的半衰期比较长，为 7 370 年。也就是说，经过 7 370 年，原有的镅恰好有一半发生放射性衰变。镅的另一

* 镎的英文是 neptunium，来源于海王星的英文名 Neptune。——译者

种同位素是镅 241，它是从核反应堆中提取出来的。它的半衰期是 432 年。由于镅有放射性，它是一种有潜在危险性的元素，如果进入体内，就会集中在骨骼系统。但是，尽管它有放射性，镅实际上能挽救人们的生命，正因为这个原因，每年都有数千克的镅被生产出来。

今天，在大多数家庭里都能找到放射性的镅，因为镅是烟雾探测器中不可缺少的部分。这种金属能够使探测器里的空气分子电离。当镅衰变时放射出 α 粒子，α 粒子能使空气分子变成离子。当 α 粒子与空气中的分子相撞时，比如与空气中的氧分子或氮分子相撞，它会撞掉分子上的一个电子，使该分子成为正一价的离子。探测器里的阴极吸引正离子，正离子就向阴极飞去，带着正电荷的正离子在运动时能产生弱电流。探测器里的电流检测系统能检测到这一很微弱的稳定电流。如果电流被截断，探测器就会发出警报。烟气之所以能截断电流是因为烟气里的煤烟微粒能吸收空气中的离子。

烟雾探测器里的放射性元素镅 241 数量很少，大多数像镀金緘封的簿片一样。每个探测器里约含 150 微克氧化镅。这些镅可靠而且便宜。这就是这种类型的探测器如此流行的原因。美国原子能委员会于 1962 年 3 月首次出售氧化镅，价格是每克 1 500 美元，今天的价格仍然没变。1 克氧化镅足以供 6 000 多台探测器使用。英国产的烟雾探测器必须符合由全国放射保护委员会制定的安全标准。尽管该委员会承认具体生产并没有在监督下完成，但也无需担心。因为与探测器挽救人们的生命相比，镅的放射性产生的危害微不足道。在一个烟雾探测器里，每秒钟都有 3.3 万个镅原子通过衰变放射出 α 粒子，但 α 粒子不会穿透容器壁，所以不会逃逸到空气中。即使在空气里它也只能飞行几英寸(1 英寸约等于 2.5 厘米)，然后很快就会与空气中的氧分子或氮分子相撞，α 粒子得到一个电子，成为氦原子。

镅也可以用来产生中子，而中子可以用在分析探测仪中。当一个 α 粒子撞击铍原子时，它就使铍元素嬗变为碳元素，同时释放出一个中子。由镅—铍源产生的中子流能够检验用于盛放放射性物质的金属容器是否有缺陷，以保证容器完全是防辐射的。

镅释放出的 γ 射线比 X 射线的波长还短，所以穿透性比 X 射线强。γ 射线和 X 射线曾用于放射成像，检测骨骼里的无机物含量以及软组织中的脂肪含量。但现在仅用来检测玻璃板和金属片的厚度。利用射线的传播能测量出材料的厚度。

自然界中不存在镅元素，而且地球上也不可能存在镅元素。即使在地球最初形成时有镅元素存在，它也不会长久保存下来。镅的两种同位素中，较稳定的是镅 243，它的半衰期是 7 370 年。如果在地球最初形成时有 10 亿吨镅，在不到 100 万年的时间里，它就会减少到一个镅原子了。

在生物体中，镅没什么作用，但由于它能放射出 α 粒子，所以危险性很高。正如我们在上一个展位讨论钚时提到的，一张纸就把 α 粒子挡住了。但是，如果 α 粒子在体内生成，它就会对邻近的细胞造成灾难性的破坏。大多数的镅会聚集在骨骼系统内，幸好我们不大可能摄入镅，否则后果会很严重。我们也许会对随便乱扔烟雾探测器感到不安，如果把探测器焚化掉，就会使大气中放射性物质的含量升高，但由此释放出的镅元素并不会使原来就存在于这个天然具有放射性的行星上的放射性物质的总水平升高，因为这种增加是微不足道的。

展位 11　啊！陆地！陆地！——114 号元素

第二次世界大战期间发展的核武器以及后来实行的核能规划有一个意想不到的副产品，就是产生了一系列新的原子序数较大的人造元素。铀的原子序数是92，尽管它是人们发现的地球上存在的原子序数最大的元素，但它并不像以前的化学家认为的那样，是按照自然顺序排列的最后一个元素。现在，元素周期表的范围已突破了铀的局限，但还没有证据能够表明，新的元素曾经在自然界中存在过。即使它们存在过，到现在也全部衰变而不复存在了。

如果某种元素的半衰期与地球的寿命相比更短一些，则衰变就会发生，而地球的寿命约为45亿年。现在我们知道，即使地球上曾经存在过铀之后的第一个元素镎，且储量为100万吨，而镎的半衰期长达214万年，若镎存在于地球形成初期，那么到现在它也一无所剩了。也就是说，在半衰期这一时段结束时，100万吨镎只剩下50万吨，又过了一个半衰期，则只剩25万吨了，依此类推，就可以算出剩下的数量。地球的寿命允许镎的半衰期重复2 000次。事实上，镎的半衰期只需要重复91次，即经过1.95亿年，就能使100万吨镎只剩下一个镎原子。即使在地球形成初期存在1万亿吨镎元素，到现在也会衰变得一个原子都剩不下来。1万亿吨镎只需经过114个半衰期，即大约2.5亿年，就能全部衰变成其他元素。

铀之后的元素有两种制造方法。有一些是用中子轰击已存在的元素，这些元素的原子核比较容易吸收中子，原因是中子不带电，原子核对它不产生排斥力。原子核吸收一个原本不属于自身的中子，就会产生新的元素。然后，原子核放射出一个带负电的β粒子，这样，就形成了一个带正电、原子序数比靶元素的原子序数大一号的新元素。*这就是93号元素镎、95号元素镅、99号元素锿和100号元素

---

* β粒子就是带负电的电子，β射线就是电子流，靶元素的原子核吸收一个中子后放出一个电子，就形成了一个带正电的质子，所以产生了一个带正电的、原子序数大一号的新元素。——译者

锁的制造方法。

另一种制造新元素的方法是用一种元素的原子核来轰击另一种原子序数较大的靶元素。可用于轰击的元素有1号元素氢、2号元素氦、6号元素碳、7号元素氮和8号元素氧。科学家希望通过轰击能够使两个原子核发生聚变，从而形成一个新的、原子序数更大的元素。目前已知的原子序数最大的元素就是用这种方法合成的。这里的难点在于轰击用的原子核与靶元素的原子核都带正电，在接近过程中会产生排斥。如果要形成一个由原子核聚变而成的新原子核，则轰击用的核必须有极高的能量。这一能量可由回旋加速器产生。回旋加速器在极高的电压下运行，使轰击用的核加速并最终获得很高能量，从而能够克服排斥力，撞开靶核。那些原子序数更大的元素就是这样获得的。

美国人在连续30年的时间里，一直处在这项研究的前沿。与发现许多新元素紧密联系在一起的科学家有吉奥尔索(Albert Ghiorso)，他在伯克利实验室领导了一个由化学家和物理学家共同组成的科研小组；另外还有他的同事西博格，他对制造许多人造元素都作出过贡献。一开始，美国科学家用太阳系的外行星给新元素命过名。这一做法可追溯到1789年用天王星(Uranus)给铀(uranium)元素命名。利用这种命名方式我们也为93号元素镎和94号元素钚命过名，这两种元素我们在本展馆的前几个展位已经介绍过了。

当要给第95号元素命名时，太阳系外行星的名字已各有所指，于是科学家们就把眼光收回到自己的所在地。这并不奇怪。把95号新元素命名为镅的原由已如前述。把97号元素命名为锫和98号元素命名为锎，则是用这两个元素诞生的实验室所在的城市名和州名分别命名的。锫的英文是berkelium，来源于Berkeley(伯克利市)；锎的英文是 californium，来源于 California(加利福尼亚州)。

96 号元素锔(curium)的命名源于皮埃尔·居里和玛丽·居里(Pierre and Marie Curie)这一对夫妻搭档，99 号元素锿(einsteinium)则是为了纪念爱因斯坦(Albert Einstein)。100 号元素镄(fermium)是为了纪念费米(Enrico Fermi)。费米是一位意大利物理学家，因为在核物理领域做了许多开拓性工作，获得了 1938 年的诺贝尔物理学奖。101 号元素钔(mendelevium)源于俄国化学家门捷列夫(Dimitri Mendeleyer)，他于 1869 年绘制了第一幅元素周期表。102 号元素锘(nobelium)是根据诺贝尔(Alfred Nobel)的名字命名的。诺贝尔是一种烈性炸药的发明者，他用自己的收入设立了诺贝尔奖金，成为全世界最激动人心的荣誉。103 号元素铹(lawrencium)是为了纪念劳伦斯(Ernest Lawrence)，他发明了回旋加速器，使许多新元素的诞生成为可能。他于 1939 年获得诺贝尔奖。

在镄之后，原子序数超过 100 的元素，它们的原子核很不稳定，随着原子序数的增大，要生成或检测到它们的存在便成为一件越来越困难的事。因此，在发现 104、105 和 106 号元素时，就产生了发现权的争执。1964 年，苏联杜布纳的科学家宣布合成了 104 号元素，但到了 1969 年，对此发现却产生了争议。美国伯克利的科学家也报告发现了 104 号元素，并机灵地把 104 号元素命名为 (rutherfordium)，以纪念卢瑟福勋爵(Lord Rutherford)，他是第一位新西兰人，是第一个使原子分裂的科学家。与苏联人不同，美国人努力造出了几千个 104 号元素的原子。

105 号元素同样使双方争执不下。1967 年苏联杜布纳的科学家报告说合成了 105 号元素，美国伯克利小组再一次提出异议，他们于 1970 年宣布合成了 105 号元素并把它命名为 (hahnium)，以纪念哈恩(Otto Hahn)，他是一位德国化学家，首次观察到了铀的裂变。伯克利小组用氮核轰击锎核，得到了几个105号元素的原子。1977年，被改名为 (dubnium)，说明国际科学界也公认了苏联杜布纳小组在这一领域做出的非凡成就。

就106号元素而言，也同样经历了要求承认对它的发现权与反对承认其发现权的冲突过程，但这一次几乎可以肯定是由伯克利小组和劳伦斯利弗莫尔国家实验室于1974年首次合成的。1994年，他们把该元素命名为 (seaborgium)，以纪念西博格。他们利用直径为88英寸(约合224厘米)的回旋加速器加速氧核，用其轰击锎核，结果便得到了几个 原子。回旋加速器每小时能产生约10亿个原子，其中只有一个是 原子。

此后，德国达姆施塔特(位于德国西部的城市)出现了一个新的原子核研究小组——GSI小组，从此美国和苏联的新元素制造者都退到了后台，该轮到德国人一领风骚了。GSI小组由安布鲁斯特(Peter Armbruster)和明岑伯(Gottfried Münzenber)领导。他们于1981年报告说成功合成了107号元素。该小组使用的是所谓“冷聚变”的方法，用铬核轰击铋核得到了107号元素。他们检测到了一个107号元素的原子，并把它命名为 (bohrium)，以纪念丹麦的大物理学家玻尔(Niels Bohr)。玻尔第一个提出了成功解释原子本质的理论，他本人于1922年获得诺贝尔物理学奖。

GSI小组于1982年发现了109号元素，事实上它要比108号元素发现得更早，因为108号元素是1984年才宣布发现的。GSI小组仍然用冷聚变的方法，用铁核轰击铅核得到108号元素。他们将其命名为 (hessium)，这一次是用该元素的发现地德国的黑瑟州命名的。他们把109号元素命名为 (meitnerium)，以纪念奥地利物理学家迈特纳(Lise Meitner)。迈特纳是第一个认识到自发核聚变的可能性的科学家。铋核与铁核的聚变合成了新元素 ，GSI 小组检测到了一个这样的原子。迄今为止，人们制造出的 109 号元素的原子总共还不到 10 个。

1994 年下半年，德国科学家又合成出了 110 号和 111 号元素，只是到现在还没有命名。再一次通过镍核与铅核的冷聚变，他们合成了一个 110 号元素的原子。该原子的半衰期是 107 微秒，它的衰变是放射出一个 α 粒子，不是经由核裂变而衰变。类似地，他们也合成了一个 111 号元素。这两种新元素的半衰期都比元素周期表中原子序数比它们小的元素的半衰期短。

1996 年 2 月，德国的研究小组合成了第一个 112 号元素的原子，尽管这种元素存在的时间还不到 1 微秒，但他们发现这种元素的半衰期比预计的略长一些。这种原子序数较大的元素的原子核的稳定性，较前几位元素的原子核的稳定性强，这并不奇怪。几年之前就有科学家提出，随着原子序数的不断攀升，将会逐渐到达一个所谓的“稳定岛”，该岛的中心就是 114 号元素，因为 114 号元素有一个特别稳定的原子核。也就是说，在元素易于衰变的一片汪洋大海中，将出现一个较为稳定的岛屿。114 号元素附近的元素也含有较为稳定的原子核。这样，112、113、115 和 116 号元素可能都足够稳定，因而有可能收集到它们的几个原子。随着这些德国探索者合成了 112 号新元素，他们有可能通过匆匆一瞥见到这个“神话传说”中的岛屿。

他们可能会发现些什么呢？原来的设想认为，114 号元素将有一个长达数小时的半衰期，这样，我们甚至能对该元素的化合物进行研究，由此，我们有可能发现它的性质与铅相似。为什么与铅相似呢？因为在元素周期表中，114 号元素与铅是同族的，都处在同一列，所以它们具有相似的化学特性。例如，我们预期 114 号元素有两种氯的化合物，一种是二氯化物，含两个氯原子，另一种是四氯化物，含四个氯原子。

这些化合物几乎不可能是稳定的，因为这些化合物的组成元素有极强的放射性，它们一合成就会分崩离析。这些化合物可能确实是“稳定岛的居民”，但这只是相对于原子序数略小的元素而言，它们显得比较稳定。事实上，它们仍然是来自“地狱”的放射性极强的元素。

幸好我们生活在一个大多数放射性同位素随着漫长的时光流逝早已衰变完了的行星上。然而，在自然界这个大背景里，仍然存在着威胁人类生活的放射性物质。在地壳里就包含一些放射性元素，如钍、铀。有几种元素的放射性同位素的半衰期很长，如钾，但残存下来的这种放射性同位素现在已很少了。放射性碳 14 在地球大气层中形成，无处不在，每一种生物体内都能找到碳 14 的踪迹。我们对这些放射性物质一无所能。在过去，通过核弹、核试验和核事故，人类在生活环境中又增加了放射性同位素和放射性元素的数量。相比之下，用于医疗和分析测试，以及用于烟雾探测器的放射性元素的数量是极小的，它们对生活环境的威胁显得微不足道。

进一步的读物

如果你想更多地了解本书中提及的分子和元素的化学性质，可以阅读如下几本参考书：

H.-D. BELITZ and W. GROSCH, *Food Chemistry*, Springer, Verlag, Berlin, 1987.

S. BUDAVARI (editor), *The Merck Index*, IIth edition, Merck, Rahway, N. J. 1989.

H. G. ELIAS, *Mega Molecules*, Springer Verlag, Berlin, 1985.

J. EMSLEY, *The Elements*, 3rd edition, Oxford University Press, Oxford, 1998.

N. N. GREENWOOD and A. EARNSHAW, *Chemistry of the Elements*, Pergamon Press, Oxford, 1984.

G. M. LOUDON, *Organic Chemistry*, 2nd edition, Benjamin/Cummings, Menlo Park, CA, 1988.

对于想更深入地研究某些问题的读者，可以参阅下列图书：

A. ALBERT, *Xenobiosis, Food, Drugs and Poisons in the Human Body*, Chapman and Hall, London, 1987.

M. ALLABY, *Facing the Future*, Bloomsbury, London, 1995.

P. W. ATKINS, *Molecules*, Scientific American Library, New York, 1987.

P. W. ATKINS, *The Periodic Kingdom*, Weidenfeld & Nicolson, London, 1995.

A. E. BENDER, *Health or Hoax*? Sphere Books, London, 1986.

S. BINGHAM, *The Everyman Companion to Food and Nutrition*, J. M. Dent, London, 1987.

S. BRAUN, *Buzz: the science and lore of alcohol and caffeine*, Oxford University Press, New York, 1996.

W. H. BROCK, *The Fontana History of Chemistry*, Fontana Press, London, 1992.

A. R. BUTLER, 'Pass the rhubarb', *Chemistry in Britain*, June, 461, 1995.

C. COADY, *Chocolate, the Food of the Gods*, Pavilion Books, London, 1993.

P. A. Cox, *The Elements: Their Origin, Abundance and Distribution*, Oxford University Press, Oxford, 1989.

P. A. Cox, *The Elements on Earth*, Oxford University Press, Oxford, 1995.

T. P. COULTATE, *Food, the Chemistry of its Components*, 3rd edition, Royal Society of Chemistry, London, 1995.

H. D. CRONE, *Chemicals & Society*, Cambridge University Press, Cambridge, 1986.

J. DAVIES and J. DICKERSON, *Nutrient Content of Food Portions*, Royal Society of Chemistry, London, 1991.

B. DIXON, *Power Unseen*, W. H. Freeman/Spektrum, Oxford, 1994.

H. G. ELIAS, *Mega Molecules*, Springer Verlag, Berlin, 1985.

H. B. GRAY, J. D. SIMON and W. C. TROGLER, *Braving the Elements*, University Science Books, Sausalito, CA, 1995.

J. EMSLEY, *The Consumer's Good Chemical Guide*, Spektrum, Oxford, 1994.

G. HAISLIP, 'Chemicals in the Drug Traffic', *Chemistry & Industry*, 20 September, 704, 1993.

C. A. HEATON (editor), *The Chemical Industry*, Blackie, Glasgow, 1986.

M. HENDERSON (editor), *Living with Risk*, British Medical Association/John Wiley, Chichester, 1987.

H. HOBHOUSE, *Seeds of Change: Five Plants that Transformed Mankind*, Sidgwick & Jackson, London, 1985.

J. T. HUGHES, *Aluminium and Your Health*, Rimes House, Cirencester, UK, 1992.

R. J. KUTSKY, *Handbook of Vitamins, Minerals and Hormones*, 2nd edition, Van Nostrand Reinhold, New York, 1981.

J. LENIHAN, *The Crumbs of Creation*, Adam Hilger, Bristol, 1988.

J. MANN, *Murder, Magic and Medicine*, Oxford University Press, Oxford, 1994.

J. L. MEIKLE, *American Plastic: a Cultural History*, Rutgers University Press, New Brunswick, NJ, 1995.

P. J. T. MORRIS, *Polymer Pioneers*, The Center for History of Chemistry, publication no. 5, Philadelphia, 1986.

S. T. I. MOSSMAN and P. J. T. MORRIS (editors), *Development of Plastics*, Royal Society of Chemistry, London, 1994.

M. A. OTTOBONI, *The Dose Makes the Poison*, 2nd edition, Van Nostrand Reinhold, New York, 1991.

J. POSTGATE, *Microbes and Man*, 3rd edition, Penguin Books,

London, 1992.

J. V. RODRICKS, *Calculated Risks*, *Understanding the Toxicity and Health Risks of Chemicals in Our Environment*, Cambridge University Press, 1992.

B. SELINGER, *Chemistry in the Market Place*, 4th edition, Harcourt Brace Jovanovich, Sydney Australia, 1988.

N. M. SENOZAN and J. A. DEVORE, 'Carbon Monoxide Poisoning', *Journal of Chemical Education 1996*, volume 73, number 8 (August), page 767.

C. H. SNYDER, *The Extraordinary Chemistry of Ordinary Things*, John Wiley, New York, 1992.

J. A. TIMBRELL, *Introduction to Toxicology*, Taylor & Francis, London, 1989.

N. J. TRAVIS and E. J. COCKS, *The Tincal Trail*: *a History of Borax*, Harrap, London, 1984.

D. M. WEATHERALL, *In Search of a Cure*, *a History of Pharmaceutical Discovery*, Oxford University Press, Oxford, 1990.

E. M. WHELAN, *Toxic Terror*, Prometheus Books, Buffalo, NY, 1993.

G. WINGER, F. G. HOFMANN and J. H. WOODS, *A Handbook on Drug and Alcohol Abuse*, *Biomedical Aspects*, 3rd edition, Oxford University Press, Oxford, 1992.

图书在版编目(CIP)数据

分子探秘:影响日常生活的奇妙物质/(英)埃姆斯利(Emsley, J.)著;刘晓峰译.—上海:上海科技教育出版社,2012.7(2022.7重印)
(世纪人文系列丛书.开放人文)
ISBN 978-7-5428-5404-9

Ⅰ.①分… Ⅱ.①埃… ②刘… Ⅲ.①分子—普及读物 Ⅳ.①O561-49

中国版本图书馆CIP数据核字(2012)第079067号

责任编辑 洪星范 何妙福 伍慧玲
装帧设计 陆智昌 朱赢椿

分子探秘——影响日常生活的奇妙物质
[英]约翰·埃姆斯利 著
刘晓峰 译

出版发行 上海科技教育出版社有限公司
(201101 上海市闵行区号景路159弄A座8楼)
网　　址 www.sste.com www.ewen.co
印　　刷 天津旭丰源印刷有限公司
开　　本 635×965mm 1/16
印　　张 22.25
插　　页 4
字　　数 265 000
版　　次 2012年7月第1版
印　　次 2022年7月第2次印刷
ISBN 978-7-5428-5404-9/N·844
图　　字 09-2012-256号
定　　价 68.00元

Molecules at an Exhibition:
Portraits of Intriguing Materials in Everyday Life
by John Emsley

"Molecules at an Exhibition: Portraits of Intriguing Materials in Everyday Life, First Edition" was originally published in English in 1998
This Translation is published by arrangement with Oxford University Press

世纪人文系列丛书（2012年出版）

一、世纪文库

《中国南洋交通史》 冯承钧 撰 谢方 导读
《中国近代文学之变迁·最近三十年中国文学史》 陈子展 撰 徐志啸 导读
《中国传统思想总批判(附补编)》 蔡尚思 撰 李妙根 导读
《书林清话》 叶德辉 撰
《中国修辞学》 杨树达 著
《中国文字学概要·文字形义学》 杨树达 著
《中国民族史·中国民族演进史》 吕思勉 著
《中国封建社会》 瞿同祖 著
《神话与诗》 闻一多 著
《汉语方言地理学》 [比利时]贺登崧 著 石汝杰 [日]岩田礼 译
《论自由》 [英]约翰·穆勒 著 徐大建 译
《人类与大地母亲——一部叙事体世界历史》 [英]阿诺德·汤因比 著 徐波等 译 马小军 校
《新工业国》 [美]约翰·肯尼思·加尔布雷思 著 嵇飞 译
《实用人类学》 [德]康德 著 邓晓芒 译
《道德形而上学原理》 [德]康德 著 苗力田 译
《神话研究(上)》 [德]汉斯·布鲁门伯格 著 胡继华 译
《人的行动》 [奥]路德维希·冯·米塞斯 著 余晖 译

二、袖珍经典

三、世纪前沿

《历史的逻辑——社会理论与社会转型》 [美]小威廉·休厄尔 著 朱联璧 费滢 译
《政权与斗争剧目》 [美]查尔斯·蒂利 著 胡位钧 译
《大革命与现代文明》 [以]S.N.艾森斯塔德 著 刘圣中 译
《复杂的适应系统——社会生活计算模型导论》 [美]约翰·米勒 斯科特·佩奇 著 隆云滔 译
《强制、资本和欧洲国家(公元990—1992年)》 [美]查尔斯·蒂利 著 魏洪钟 译
《权力的批判——批判社会理论反思的几个阶段》 [德]阿克塞尔·霍耐特 著 童建挺 译
《文化与权力——布尔迪厄的社会学》 [美]戴维·斯沃茨 著 陶东风 译

四、大学经典

《白香词谱》 [清]舒梦兰 撰 丁如明 注评
《孙子兵法》 [春秋]孙武 撰 [三国]曹操 注 郭化若 校笺
《白话本国史》 吕思勉 著

五、开放人文

(一) 插图本人文作品

(二) 人物

(三) 插图本外国文学名著

(四) 科学人文

《千年难题——七个悬赏1000000美元的数学问题》 [美]基思·德夫林 著 沈崇圣 译

《分子探秘——影响日常生活的奇妙物质》［英］约翰·埃姆斯利 著　刘晓峰 译
《技术的报复——墨菲法则和事与愿违》［美］爱德华·特纳 著　徐俊培　钟季康　姚时宗 译
《意识探秘——意识的神经生物学研究》［美］克里斯托夫·科赫 著　顾凡及　侯晓迪 译